Mastering Bitcoin
Unlocking Digital Cryptocurrencies
ビットコインとブロックチェーン
暗号通貨を支える技術

アンドレアス・M・アントノプロス

今井崇也・鳩貝淳一郎 訳

NTT出版

- 本書は、Mastering Bitcoin（© 2014, Andreas M. Antonopoulos LLC）の日本語翻訳版です。原著者ホームページ（https://www.bitcoinbook.info/translations-of-mastering-bitcoin/）において公開されているバージョンを大幅に修正し、内容を追加したものです。

- 本書は、Creative Commons Attribution Share-Alike License（CC-BY-SA）http://creativecommons.org/licenses/by-sa/4.0/ の下で刊行されています。このライセンス（CC-BY-SA）は、以下の条件を満たす方に対し、本書または本書の一部について、読み、共有し、複製し、印刷し、販売し、再利用することを許可するものです。ただし、訳者あとがき、解説はライセンスの対象から除かれます。

・同じライセンスを適用すること
・以下の出典を明記すること

［出典］
『ビットコインとブロックチェーン──暗号通貨を支える技術』
（著：Andreas M. Antonopoulos　訳：今井崇也、鳩貝淳一郎　発行：NTT出版）

目次

まえがき ・・・・・・・・・・・・・・・・・・・・・ ix
用語解説 ・・・・・・・・・・・・・・・・・・・・・ xv

第1章　イントロダクション ・・・・・・・・・・・・ 001

- ビットコインとは ・・・・・・・・・・・・・・・・ 001
- ビットコインの歴史 ・・・・・・・・・・・・・・・ 003
- ビットコインを誰がどのように使うのか ・・・・・・ 004
- ビットコインをはじめよう ・・・・・・・・・・・・ 005
  - クイックスタート ・・・・・・・・・・・・・・・ 007
  - 最初のビットコインを手に入れる ・・・・・・・・ 009
  - ビットコインを送る／受け取る ・・・・・・・・・ 010

第2章　ビットコインの仕組み ・・・・・・・・・・・ 015

- トランザクション、ブロック、マイニング、ブロックチェーン ・・・ 015
  - ビットコイン概観 ・・・・・・・・・・・・・・・ 016
  - コーヒー代金の支払い ・・・・・・・・・・・・・ 016
- ビットコイントランザクション ・・・・・・・・・・ 018
  - 一般的なトランザクション形式 ・・・・・・・・・ 020
- トランザクションの構築 ・・・・・・・・・・・・・ 022
  - 正しいインプットをどのように得るか ・・・・・・ 022
  - アウトプットの作成 ・・・・・・・・・・・・・・ 024
  - トランザクションを元帳にどうやって取り込むか ・・ 025
- ビットコインマイニング ・・・・・・・・・・・・・ 026
- ブロック内のトランザクションのマイニング ・・・・ 028
- トランザクションの使用 ・・・・・・・・・・・・・ 030

第3章　ビットコインクライアント ・・・・・・・・・ 031

- ビットコインコア：リファレンス実装 ・・・・・・・ 031
  - 最初にビットコインコアを実行するには ・・・・・ 032
  - ソースコードから行うビットコインコアコンパイル ・・ 033
- コマンドラインからビットコインコア JSON-RPC API を使う ・・ 040
  - ビットコインコアクライアントのステータスの取得 ・・ 042

ウォレットのセットアップと暗号化 ・・・・・・・・・・・ 043

ウォレットのバックアップ、プレインテキストダンプ、リストア ・・・ 044

ウォレットアドレスと受信トランザクション ・・・・・・・・ 045

トランザクションの探索とデコード ・・・・・・・・・・・ 047

ブロックの探索 ・・・・・・・・・・・・・・・・・・ 051

未使用アウトプットに基づくトランザクションの生成、署名、送信 ・・ 053

| その他のビットコインクライアント、ライブラリ、ツールキット ・・・ 060

Libbitcoin と Bitcoin Explorer ・・・・・・・・・・・ 061

pycoin ・・・・・・・・・・・・・・・・・・・・ 062

btcd ・・・・・・・・・・・・・・・・・・・・・ 064

第 4 章　鍵、アドレス、ウォレット　067

| イントロダクション ・・・・・・・・・・・・・・・・・・ 067

公開鍵暗号と暗号通貨 ・・・・・・・・・・・・・・・ 068

秘密鍵と公開鍵 ・・・・・・・・・・・・・・・・・ 068

秘密鍵 ・・・・・・・・・・・・・・・・・・・・ 069

公開鍵 ・・・・・・・・・・・・・・・・・・・・ 071

楕円曲線暗号 ・・・・・・・・・・・・・・・・・・ 071

公開鍵の生成 ・・・・・・・・・・・・・・・・・・ 074

| ビットコインアドレス ・・・・・・・・・・・・・・・・・ 076

Base58 と Base58Check エンコード ・・・・・・・・・・ 078

鍵フォーマット ・・・・・・・・・・・・・・・・・ 082

| 鍵とビットコインアドレスの Python での実装 ・・・・・・・・ 088

| ウォレット ・・・・・・・・・・・・・・・・・・・・・ 092

非決定性（ランダム）ウォレット ・・・・・・・・・・・ 092

決定性ウォレット ・・・・・・・・・・・・・・・・ 093

Mnemonic Code Words ・・・・・・・・・・・・・・ 094

階層的決定性ウォレット（BIP0032／BIP0044） ・・・・・ 095

| 高度な鍵とアドレス ・・・・・・・・・・・・・・・・・・ 104

暗号化秘密鍵（BIP0038） ・・・・・・・・・・・・・ 104

Pay-to-Script Hash（P2SH）とマルチシグネチャアドレス ・・ 105

Vanity Address ・・・・・・・・・・・・・・・・・ 107

ペーパーウォレット ・・・・・・・・・・・・・・・・ 112

第 5 章　トランザクション　117

| イントロダクション ・・・・・・・・・・・・・・・・・・ 117

| トランザクションのライフサイクル ・・・・・・・・・・・・ 117

| トランザクションの生成 ・・・・・・・・・・・・・・・・・・・・・・ 118
| ビットコインネットワークへのトランザクションのブロードキャスト ・・・ 118
| ビットコインネットワーク上でのトランザクションの伝搬 ・・・・・・ 119
| トランザクションの構造 ・・・・・・・・・・・・・・・・・・・・・・・・・ 119
| トランザクションアウトプットとインプット ・・・・・・・・・・・・・・・ 120
　　トランザクションアウトプット ・・・・・・・・・・・・・・・・・・ 122
　　トランザクションインプット ・・・・・・・・・・・・・・・・・・・ 124
　　トランザクション手数料 ・・・・・・・・・・・・・・・・・・・・・ 127
　　トランザクションへの手数料の追加 ・・・・・・・・・・・・・・・・ 128
| トランザクションの連鎖とオーファントランザクション ・・・・・・・・・ 129
| トランザクション script と Script 言語 ・・・・・・・・・・・・・・・・ 130
　　script の構築（Lock+Unlock）・・・・・・・・・・・・・・・・・ 131
　　Script 言語 ・・・・・・・・・・・・・・・・・・・・・・・・・・ 132
　　チューリング不完全性 ・・・・・・・・・・・・・・・・・・・・・ 135
　　ステートレスな検証 ・・・・・・・・・・・・・・・・・・・・・・ 135
| 標準的なトランザクション ・・・・・・・・・・・・・・・・・・・・・・ 135
　　Pay-to-Public-Key-Hash（P2PKH）・・・・・・・・・・・・・・ 136
　　Pay-to-Public-Key ・・・・・・・・・・・・・・・・・・・・・ 137
　　マルチシグネチャ ・・・・・・・・・・・・・・・・・・・・・・・ 138
　　データアウトプット（OP_RETURN）・・・・・・・・・・・・・・ 140
　　Pay-to-Script-Hash（P2SH）・・・・・・・・・・・・・・・・・ 141

第 6 章　ビットコインネットワーク ・・・・・・・・・・・・・・・・ 147

| Peer-to-Peer ネットワークアーキテクチャ ・・・・・・・・・・・・・・ 147
| ノードタイプと役割 ・・・・・・・・・・・・・・・・・・・・・・・・ 148
| 拡張ビットコインネットワーク ・・・・・・・・・・・・・・・・・・・ 149
| ネットワークの発見 ・・・・・・・・・・・・・・・・・・・・・・・・ 151
| フルノード ・・・・・・・・・・・・・・・・・・・・・・・・・・・・ 155
| 「在庫（Inventory）」の交換 ・・・・・・・・・・・・・・・・・・・・ 156
| SPV ノード ・・・・・・・・・・・・・・・・・・・・・・・・・・・・ 157
| ブルームフィルタ ・・・・・・・・・・・・・・・・・・・・・・・・・ 161
| ブルームフィルタと在庫の更新 ・・・・・・・・・・・・・・・・・・・ 165
| トランザクションプール ・・・・・・・・・・・・・・・・・・・・・・ 166
| アラートメッセージ ・・・・・・・・・・・・・・・・・・・・・・・・ 167

第 7 章　ブロックチェーン ・・・・・・・・・・・・・・・・・・・・ 169

| イントロダクション ・・・・・・・・・・・・・・・・・・・・・・・・ 169

| ブロックの構造 170
| ブロックヘッダ 171
| ブロック識別子：ブロックヘッダハッシュとブロック高 171
| genesis ブロック 172
| ブロックの連結 174
| マークルツリー 176
| マークルツリーと SPV 181

第8章 マイニングとコンセンサス 183

| イントロダクション 183
　ビットコインの経済学と通貨の発行 184
| 分散化コンセンサス 187
| 独立したトランザクション検証 188
| マイニングノード 189
| ブロックへのトランザクション集積 190
　トランザクション年齢、トランザクション手数料、トランザクション優先度 ... 191
　generation トランザクション 193
　coinbase 報酬と手数料 194
　generation トランザクションの構造 196
　coinbase data 196
| ブロックヘッダの構築 198
| ブロックのマイニング 200
　Proof-Of-Work アルゴリズム 200
　difficulty の表現 207
　Difficulty Target と Retargeting 208
| うまくいったブロックのマイニング 210
| 新しいブロックの検証 210
| ブロックのチェーンの組み立てと選択 211
　ブロックチェーンフォーク 213
| マイニングとハッシュ化競争 218
　extra nonce による解決 220
　マイニングプール 220
| コンセンサス攻撃 224

第9章 その他のチェーン、通貨、アプリケーション 229

| オルトコインとオルトチェーンの分類 229
| メタコインのプラットフォーム 230

| Colored Coin · 231
| Mastercoin · 232
| Counterparty · 232
| オルトコイン · 233
| オルトコインの価値評価 · 234
| 通貨発行パラメータに関する代替案：Litecoin、Dogecoin、Freicoin · · · · · 235
| コンセンサスのイノベーション：Peercoin、Myriad、Blackcoin、Vericoin、NXT · · 236
| 二重の目的を持ったマイニングのイノベーション：Primecoin、Curecoin、Gridcoin · · 238
| 匿名性に集中したオルトコイン：CryptoNote、Bytecoin、Monero、
      Zerocash/Zerocoin、Darkcoin · 239
| 通貨ではないオルトチェーン · 241
| Namecoin · 241
| Ethereum · 243
| 通貨の未来 · 244

第10章　ビットコインの安全性　245

| 安全性の原則 · 245
| ビットコインのシステムを安全に開発する · 246
| 信用の根源 · 247
| 安全性に関するベストプラクティス · 248
| 物理的なビットコインの保管 · 249
| ハードウェアウォレット · 249
| リスク配分の適正化 · 250
| リスク分散 · 250
| マルチシグネチャと管理 · 250
| サバイバビリティ · 251
| 結び · 251

Appendix A　トランザクションScript言語オペレータ、定数、シンボル · · · · 253
Appendix B　ビットコイン改善提案（BIP）· 257
Appendix C　pycoin、ku、tx · 261
Appendix D　Bitcoin Explorer（bx）コマンド · 273

訳者あとがき · 278
解説 · 283
さくいん · 297

まえがき

ビットコインの本を書く

　私は、2011年の中頃、ビットコインに偶然出会いました。そのときの私の反応は、「ふふっ！ オタクの通貨じゃないか！」というもので、それ以上でも以下でもありませんでした。そしてその後6か月間、その重要性を理解することなく無視していました。多くの賢い人々がこのような反応をすることを繰り返し見てきましたが、このことはいくばくかの慰めを私に与えてくれます。私は、メーリングリストでのディスカッションで再びビットコインに出会ったとき、サトシ・ナカモトによって書かれたホワイトペーパーを読むことにしました。正式な情報のソースから学んで、それが何であるのかを知るためです。9ページのペーパーを読み終えた瞬間のことを、今でも覚えています。私は、ビットコインが単なるデジタル通貨ではなく、通貨を含むさまざまなものに基盤を提供する信用のネットワークなのだ、とそのときに理解したのでした。「これはお金ではない。これは分散型の信用ネットワークなのだ」という認識に至ってから4か月間、私は見つけられる限りどんな細かいビットコインの情報も貪り読みました。私は取り憑かれ、魅了されました。そして毎日12時間以上、可能な限り画面に食いつき、読み、書き、プログラムし、学びました。熱狂状態から戻って来たときには、それまでまともに食事も取らなかったので、9キロ以上も瘦せていていましたが、ビットコインに専念することに決めました。

　2年後、ビットコイン関連のサービスやプロダクトを調べるための、小さなスタートアップをいくつか作った後に、まさに今が私の最初の本を書くときだと決心しました。ビットコインは、私を創造力の狂乱へ導き、頭の中を一杯に埋め尽くしたテーマです。そして、ビットコインはインターネット以降に出会った中で、最もエキサイティングなテクノロジーです。より多くの人と、この素晴らしいテクノロジーへの情熱を共有するときでした。

想定される読者

　本書は、主にプログラマー向けに書かれています。もしプログラム言語を使えるのであれ

ば、どのように暗号通貨が動くのか、どのように暗号通貨を利用するのか、どのように暗号通貨のソフトウェアを開発するのかが分かるでしょう。最初のいくつかの章は、ビットコインや暗号通貨の内部の動きを理解したいものの、プログラマーではない方向けのビットコイン入門として最適でしょう。

本書で使用される書体

本書では以下の書体を使用します。

太字：新しい用語、URL、Eメールアドレス、ファイル名、ファイル拡張子を表す

等幅：プログラムを表示するときに使用され、また変数や関数名、データベース、データタイプ、環境変数、ステートメント、キーワードなどプログラムの一要素を表現するときにも使用される

等幅太字：ユーザに文字通り入力されるべきコマンドやその他テキストを表す

等幅イタリック：ユーザ側の環境や文脈によって変わる値によって置き換えられるべきテキストを表す

　このアイコンは、ヒントや提案、一般的な示唆を表します。

　このアイコンは、警告や注意を表します。

　このアイコンは、注釈を表します。

プログラムコード例

コード例はPythonやC++で説明されており、LinuxまたはMac OS XのようなUnixに似たOSのコマンドラインを使って実行できます。すべてのコードスニペット［訳注：よく使われるコードで、再利用しやすいように短く断片化されているコード］はGitHubリポジトリ（https://github.com/aantonop/bitcoinbook）のメインリポジトリのcodeディレクトリにあります。本書にあるコードをフォーク［訳注：git上で、リポジトリをコピーし新しいリポジトリを作ること］して、コード例を試してみてください。そして、修正点があればGitHubを通してご連絡をお願い

します。

　すべてのコードスニペットは、ほとんどの OS において、対応する言語のコンパイラとインタプリタを最小限インストールすることで置き換えられます。本書では必要に応じて、基本的なインストールの命令と、その命令のアウトプットについて順を追った例を提供します。

　コードスニペットやコードアウトプットには、紙上で読むのに適するよう、ある行がバックスラッシュ（\）で分けられて改行されているものがあります。読者がこれらを書き移すときは、バックスラッシュを除いて行をつなげば、本書で示した通りの正しい結果を得られます。

　すべてのコードスニペットは、読者が本書と同じ計算をすれば同じ結果になることを確認できるよう、できる限り現実の数値と計算を使用しています。例えば、秘密鍵と、これと対応する公開鍵およびアドレスは、すべて現実に存在するものです。本書に掲載されたトランザクション、ブロック、ブロックチェーンの事例は、実際のビットコインのブロックチェーンに存在しており、公開された元帳の一部ですので、読者は実際にこれらを確認することができます。

謝辞

　本書は、多くの人の努力と献身によってできています。暗号通貨とビットコインについての技術的な本を書くことに協力してくださった友人、同僚、そして面識がないにもかかわらず協力してくださった方々に感謝しています。

　ビットコインの技術とビットコインのコミュニティを切り分けて考えることは不可能です。本書は、コミュニティによる本でもあります。私の本書への取り組みは、まさに本を書き終わるときまで、ビットコインのコミュニティ全体から励まされ、応援され、支えられ、報いられました。これは何よりもかけがえのないことであり、本書のおかげで私は、2年間素晴らしいコミュニティの一員でいることができました。このコミュニティに私を受け入れてくれたことに対して、いくら感謝してもしきれません。名前を挙げるにはあまりにも多くの方々の支え、例えば、カンファレンスやイベント、セミナー、ミートアップ、ピザを食べる集まり、小さな個人的な集まり、Twitter、Reddit、bitcointalk.org で私と交流して下さった方々がいます。あらゆるアイディアやアナロジー、質問、回答や、あなたが本書でご覧になった説明のいくつかは、コミュニティとの交流の中でインスパイアされ、検証され、改善されてきました。支えて下さった皆さん、ありがとうございます。皆さんなくして本書は完成しませんでした。私の一生の喜びです。

　もちろん、最初の本の著者となるずっと前から、著者となるための道のりは始まっていました。私の母語（と学校教育）はギリシャ語で、そのため、大学の最初の年に英語の筆記をより良いものにするためのコースを取らなければなりませんでした。Diana Kordas は私の英語筆記の先生で、自信とスキルをつける手伝いをしてくださいました。そして私は、プロフェッショナルとして、データセンターについての技術的なライティングのスキルを磨き、そして Network World magazine に寄稿しました。私は John Dix と、John Gallant に感謝して

います。彼らは私にNetwork Worldにて初めての仕事をくれ、そして編集者のMichael Cooneyと同僚のJohna Till Johnsonは、私の原稿を編集して出版できるものにしてくれました。1週間に500語を書くことを4年間続けたことは、私が最終的に著者になるために十分な経験を与えてくれました。Jean de Veraは、私が執筆者となることを早い頃から促してくれ、私が自分の中に既に本を持っているということを信じ、そのように言ってくれました。

私が本書をO'Reillyに提案する際に、推薦をしてくれたり、企画書のレビューをしてくれたりして、私をサポートして下さった方々にも御礼申し上げます。とりわけ、John Gallant、Gregory Ness、Richard Stiennon、Joel Snyder、Adam B. Levine、Sandra Gittlen、John Dix、Johna Till Johnson、Roger Ver、Jon Matonisに感謝しています。Richard Kagan、Tymon Mattoszkoは、初期の企画書をレビューしてくれました。Matthew Owain Taylorは、企画書の編集をしてくれました。

Cricket Liu（O'Reilly社刊「DNS and BIND」の著者）は、私にO'Reillyを紹介してくれました。Michael Loukidesと、O'ReillyのAllyson MacDonaldは、何か月も本書を実現するために手伝ってくれました。締め切りが過ぎて、私達が予定していたスケジュールから納品が遅れたときにも、Allysonは極めて忍耐強く待ってくれました。

最初のいくつかの章のドラフトが、最も大変でした。なぜなら、ビットコインは分かりやすく説明することが難しいからです。ビットコインの技術に関して、ある話題を1つ扱おうとすると、すべての内容が関わってくるということが常でした。私は、何とかこのトピックを簡単に理解できるようにできないかと格闘し、何度もつまずき落ち込みながら、高度に技術的なテーマについての物語を作りました。最終的に、ビットコインを実際に使う人々を通じて、ビットコインの物語を語ることにしたことで、本書全体がとても書きやすくなりました。私の友人でありメンターでもあるRichard Kaganに感謝します。彼は、物語を分かりやすくし、行き詰まりを乗り越えることを手伝ってくれました。Pamera Morganさんは、早い段階のドラフトのレビューをしてくれ、本書をより良いものにするために難しい質問をしてくれました。San Francisco Bitcoin Developer Meetup Groupと、同グループの共同創設者Taariq Lewisは、早い段階で内容を検証してくれました。

私は、早い段階のドラフトをGitHub上に公開してコメントをもらいつつ、本書を執筆しました。何百ものコメント、提案、訂正、支援を頂きました。こうした支援に対するお礼は、私の感謝と共に、以下の「初期のドラフト（GitHub上での貢献）」のリストで述べられています。特にMinh T. Nguyenは、GitHub上の貢献をボランティアで管理してくれ、彼自身が多大な貢献をもたらしてくれました。Andrew Nauglerは、インフォグラフィックデザインを担当してくれました。

ドラフトの完成後、全体を通して技術的なレビューを何度も行いました。Cricket LieとLorne Lantxのすべてのレビューとコメント、そして支援に感謝します。

何人かのビットコイン開発者の方は、コードのサンプル、レビュー、コメント、そして励ましの言葉をくれました。Amir Taaki、Erik Voskuilは、いくつかのコードのスニペットと、多くの重要なコメントをくれました。Vitalik Buterin、Richard Kissは、楕円曲線とコードについて手伝ってくれました。Gavin Andresenは、訂正とコメントと励ましの言葉をくれました。Michalis Kargakisは、コメントと貢献とbtcdの記事を、Robin Ingeは、第二版のための

誤記の訂正をしてくれました。

　私の母、Theresa のおかげで、言葉や本に愛着を持つことができました。母は、壁一面に本が並ぶ家で私を育ててくれました。母は、自称ハイテク恐怖症であるにもかかわらず、1982年に初めてのコンピュータを買ってくれました。私の父、Manelaos は、80歳のときに初の著書を出版した市井のエンジニアでしたが、私に、論理的で分析的な思考、科学とエンジニアリングへの愛を教えてくれました。

　この旅を支えて下さったすべての方々に感謝します。

初期のドラフト（GitHub 上での貢献）

　多くの方々が、コメントや、訂正や、加筆を GitHub 上の初期のドラフトに寄せてくださいました。本書に貢献して下さったすべての皆様に感謝します。GitHub 上で多大な貢献をして下さった方々は、以下の通りです。カッコ内は、GitHub ID です。

* Minh T. Nguyen, GitHub contribution editor（enderminh）
* Ed Eykholt（edeykholt）
* Michalis Kargakis（kargakis）
* Erik Wahlström（erikwam）
* Richard Kiss（richardkiss）
* Eric Winchell（winchell）
* Sergej Kotliar（ziggamon）
* Nagaraj Hubli（nagarajhubli）
* ethers
* Alex Waters（alexwaters）
* Mihail Russu（MihailRussu）
* Ish Ot Jr.（ishotjr）
* James Addison（jayaddison）
* Nekomata（nekomata-3）
* Simon de la Rouviere（simondlr）
* Chapman Shoop（belovachap）
* Holger Schinzel（schinzelh）
* effectsToCause（vericoin）
* Stephan Oeste（Emzy）
* Joe Bauers（joebauers）
* Jason Bisterfeldt（jbisterfeldt）
* Ed Leafe（EdLeafe）

用語解説

ここでは、ビットコインに関連して使われる用語の多くを解説します。これらの用語は本書全体を通じて使われますので、クイックリファレンスとしてブックマークしてください。

アドレス

ビットコインアドレスとは、1DSrfJdB2AnWaFNgSbv3MZC2m74996JafV といった、「1」から始まる文字と数字の連なりです。ユーザは、Eメールを自分のEメールアドレスに送るよう誰かに依頼するのと同じように、ビットコインを自分のビットコインアドレスに送るよう依頼します。

bip

ビットコイン改善提案（Bitcoin Improvement Proposals）の略称で、ビットコインコミュニティのメンバーがビットコインを改善するために提出してきた一連の提案のことを指します。例えば、BIP0021はbitcoin uniform resource identifier（URI）スキームを改善するための提案です。

ビットコイン（bitcoin）

通貨単位または通貨そのもの、ネットワークおよびソフトウェアの総称。

ブロック

グループにまとめられたトランザクションのことで、タイムスタンプと1つ前のブロックのデジタル指紋が刻印されています。ブロックヘッダのハッシュ値が求められることでproof of workが作られ、それによってトランザクションが検証されます。検証されたブロックは、ネットワークにおける合意によりブロックチェーンに加えられます。

ブロックチェーン

検証されたブロックの連なり。各ブロックは1つ前のブロックと繋がっており、genesisブ

ロックに至るまで続いています。

承認（confirmation）

トランザクションがブロックに含められると、承認数は1となります。同じブロックチェーンにおいて、そのブロックにもう1つのブロックが繋がるとすぐに、トランザクションの承認数は2となります。6またはそれ以上の承認数があることは、トランザクションが覆されない十分な証拠とみなされます。

difficulty

proof of work を作るために必要な計算量を制御する、ネットワーク全体に適用される設定のこと。

difficulty target

ネットワークにおける計算によって、概ね10分ごとに新たなブロックが加わるような、difficulty の設定のこと。

difficulty retargeting

ネットワーク全体にわたる difficulty の再計算のことを指します。2,106ブロックごとに一度、直前の2,106ブロックにおけるハッシュを算出するパワーを考慮して、再計算を行います。

手数料

トランザクションの送り手は、そのトランザクションの処理のために、ネットワークへの手数料をしばしば追加します。ほとんどのトランザクションは0.5 mBTC という最少の手数料で処理されます。

ハッシュ

2進法の入力に対する、デジタルな指紋のこと。

genesis ブロック

この暗号通貨を起動するために使われた、ブロックチェーンにおける最初のブロック。

マイナー

ハッシュの算出を繰り返すことで、新しいブロックのための有効な proof of work を見つけ出すネットワークノード。

ネットワーク

トランザクションやブロックをすべてのビットコインノードに拡散する P2P ネットワークのこと。

Proof-Of-Work

見つけるために相当量の計算を要するデータ。ビットコインにおいてマイナーは、ネットワーク全体に設定されたdifficultyターゲットを満たすSHA256アルゴリズムに対し、解を見つけなければなりません。

報酬

新たなブロックのproof-of-workとなる解を発見したマイナーに対し、ネットワークから払われる報酬のこと。報酬は当該ブロックに含まれ、現在の金額は1ブロックに対し25 BTC［2016年4月現在］となっています。

秘密鍵

紐づけられたアドレスに送られたビットコインを解錠するための秘密の番号で、5J76sF8L5jTtzE96r66Sf8cka9y44wdpJjMwCxR3tzLh3ibVPxh といった形をとります。

トランザクション

ビットコインをあるアドレスからほかのアドレスに送ること。より正確に言えば、トランザクションとは、価値の転移を表した、署名されたデータ構造です。トランザクションは、ビットコインネットワークに伝えられ、マイナーによって集められ、ブロックにまとめられ、ブロックチェーンに固定されます。

ウォレット

ビットコインアドレスと秘密鍵を格納するソフトウェアのこと。ビットコインを送ったり受けたり保有したりすることに用います。

第1章　イントロダクション

ビットコインとは

　ビットコインは、デジタルマネーのエコシステムの基礎となるコンセプトと技術の集合体です。ビットコインという名の通貨によって、ビットコインネットワークの参加者の間で、価値の保有と移転が行われます。ユーザ間のやり取りは、主にビットコインプロトコルに基づいてインターネットを通じて行われますが、他のネットワークを使うこともできます。ビットコインのプロトコルスタックはオープンソースソフトウェアとして利用可能であり、ノートパソコンからスマートフォンまでさまざまなデバイス上で動作し、この技術を簡単に使えるようにしています。

　ユーザはネットワークを通じてビットコインをやり取りすることで、従来の通貨で行うほぼすべてのこと、つまり物品の売買から個人や組織への送金、融資まで行うことが可能になります。ビットコイン自体も売買が可能であり、専門の両替機関で他の通貨と交換することも可能です。ビットコインは高速かつ安全であり、国境を越えて取引が可能であることから、ある意味でインターネットに使うための最適な通貨ともいえます。

　伝統的な通貨と異なりビットコインは完全に仮想的なものです。物理的なコインは存在せず、またデジタルコイン自体が存在するわけでもありません。コインは「送信者から受信者へある一定量の額面を移動させる」という取引（トランザクション）の中で暗に示されるものです。ビットコインのユーザはトランザクションの所有権を証明する鍵を所有し、そのトランザクションの中に記載された額面を使用したり新しい所有者に送金したりすることができます。この鍵は、多くの場合、ユーザ個人のコンピュータ上の電子財布（ウォレット）に保持されます。ビットコインのトランザクションを使用するために唯一必要なことは、この鍵を持っていることであり、鍵の管理は完全に各ユーザにゆだねられています。

　ビットコインは分散された peer-to-peer のシステムであり、何らかの「中央」サーバや管理者が存在するものではありません。ビットコインは「マイニング」と呼ばれるプロセスにより、新たに生み出されます。これは、ビットコインの取引の過程で行われる、数学的な問題の解を見つける競争です。ビットコインネットワーク参加者であれば誰でも（すなわち、フ

ルプロトコルスタックを動作させている者であれば誰でも）、自身のコンピュータの処理能力を用いて取引の検証と記録を行うことで、マイニングを行う「マイナー」となることができます。平均して10分に1回の頻度で、誰かが解を見つけることで過去10分の取引が検証され、その解の発見者にはビットコインが新たに与えられます。つまるところビットコインのマイニングとは、中央銀行の通貨発行と決済の機能を分散化し、グローバルな競争に置き換えたものなのです。

ビットコインプロトコルにはマイニングの機能を規定するアルゴリズムが組み込まれています。マイナーが行わなければならないタスクの難易度は、参加しているマイナーが何人いても（CPUがいくつでも）平均して10分ごとに解が見つかるように自動的に調整されます。またプロトコルでは、新たに発行されるビットコインの数が4年ごとに半減されることや、ビットコインの総発行量が2100万bitcoinを超えないことが規定されています。その結果、流通しているビットコインの数は、2140年に2100万に到達するカーブを描くことになります。ビットコインの発行が徐々に少なくなっていくことから、長期的には、ビットコインはデフレーション的な傾向を示すことになります。また、ビットコインでは、定められた発行頻度や金額を超えて通貨が「印刷」されることが原因となって、インフレーションが起こることはありません。

ビットコインはプロトコル名でもありネットワーク名でもあり、さらには分散コンピューティングのイノベーションの名称でもあります。通貨としてのビットコインは、このイノベーションの最初の応用に過ぎません。開発者の視点から私は、ビットコインを通貨のインターネットのようなものとして、つまり分散コンピューティングによって価値のやり取りやデジタル資産の所有権の保証を行うためのネットワーク基盤として捉えています。ビットコインは見た目よりも大きな可能性にあふれているのです。

この章では、主な概念と用語を説明することから始め、必要なソフトウェアを用意し、簡単な取引にビットコインを使ってみます。その後の章でビットコインが動作する技術的な側面を明らかにし、ビットコインネットワークとプロトコルの仕組みを見ていきます。

ビットコイン以前のデジタル通貨

持続可能なデジタルマネーの出現には、暗号技術の発展が深く関わっています。このことは、モノやサービスと交換可能な価値をデジタルな情報を用いて表わすことに、根源的な難しさがあることを考えれば、理解できるでしょう。デジタル通貨を使おうとする人であれば誰でも、次の2つの基本的な疑問を持つでしょう。

1. このデジタルマネーは本物と信じてよいか？　偽物ではないのか？
2. このデジタルマネーが、私ではなく他人のものと主張されることはないか？（二重支払問題）

紙幣の発行者は、製紙技術と印刷技術をより高度にすることで、常に偽造と戦っています。物理的なお金は、そもそも同じものが2か所に存在することがないため、二重支払問題とは無縁です。もちろん、伝統的なお金の貯蓄や送金が電子的に処理されることもあります。この場合、通貨の流れを世界規模で把握している中央組織を通じて、そうした電子的な取引が決済されることで、偽造問題や二重支払問題に対処しています。特殊なインクやホログラムを利用す

ることができないデジタルマネーにとって、ユーザの所有の正当性を担保する基盤となるものは、暗号技術です。ユーザは、デジタル資産や電子取引データに、暗号によるデジタル署名を施すことで、その正当な所有者であることを証明できます。適切なシステム設計を行えば、デジタル署名を用いることで二重支払問題にも対処できます。

1980年代後半に、暗号技術がより広く利用され理解されるようになると、多くの研究者が暗号技術を利用したデジタル通貨の開発を試みました。これらの初期のデジタル通貨プロジェクトは、国の通貨や金のような貴金属を裏づけにデジタルマネーを発行するものでした。

これらの初期のデジタル通貨は、機能はしたものの中央管理されたものであったため、政府やハッカーたちに容易に攻撃されるものでした。これらの通貨は伝統的な銀行システムと同様に、中央に手形交換所のような組織を置き、定期的に取引を決済する仕組みをとっていました。残念ながらこのような黎明期のデジタル通貨は、ほとんどの場合、政府に目をつけられ、訴訟の末、廃止に至りました。また親会社の突然の破綻により、劇的に消滅したケースもあります。正当な政府であれ犯罪分子であれ、敵対者の介入に対してより強固な通貨であるためには、分散化された仕組みにより、単一の攻撃点がない状態にすることが必要です。ビットコインはまさにそのようなシステムであり、完全に分散化されるよう設計され、攻撃や破壊の標的となる中央組織や司令塔を持たずに動作します。

ビットコインは、暗号技術や分散システムの何十年にもわたる研究の集大成であるとともに、次の4つの鍵となるイノベーションを独創的かつ効果的に組み合わせることで成り立っています。

- 分散化された peer-to-peer ネットワーク（ビットコインプロトコル）
- 公開された取引元帳（ブロックチェーン）
- 数学に基づきかつあらかじめ決定された、分散化された通貨発行（分散マイニング）
- 分散化された取引検証システム（トランザクション script）

ビットコインの歴史

ビットコインは、2008年に、"Bitcoin: A Peer-to-Peer Electronic Cash System" というサトシ・ナカモト名義の論文の公表とともに発明されました。ナカモトはb-moneyやハッシュキャッシュといった先行する発明を組み合わせることで、完全に分散化され、いかなる中央機関を持たずとも、通貨発行や決済、取引の検証を行える電子通貨システムを作り出しました。最も重要なイノベーションは、「proof-of-work」アルゴリズムと呼ばれる分散計算システムを取り入れたことです。このシステムは、10分ごとにグローバルな「選挙」を行うことで、分散ネットワークが取引状態について合意に達することを可能にするものであり、これにより、一度支払われたはずのお金が再び支払いに使用され得るという二重支払問題が、巧みに解決されました。それまで二重支払問題はデジタル通貨の弱点で、すべての取引を中央の手形交換所を通じて決済する方法で対応せざるを得ないものでした。

ビットコインネットワークはナカモトがリリースしたリファレンス実装に基づいて、2009年にスタートし、それ以降、多くのプログラマーにより改良され続けてきました。ビットコインにセキュリティと堅牢性を与える分散コンピュータの規模は指数関数的に増大し、現在では世界中のトップクラスのスーパーコンピュータの処理能力の合計を超えています。ビットコインの総市場価値は、交換レートにもよりますが50億〜100億ドルと推計［訳注：2016年

6月上旬現在は約90億ドル（blockchain.info による）］されています。ビットコインネットワークで行われたこれまでで最大の取引は1億5000万ドルであり、これが瞬時に手数料もかからず送金されました。

　2011年4月、サトシ・ナカモトは、ビットコインに関連した開発の責任を、活発なボランティアグループの1つに引き渡し、公の場から身を引きました。ナカモトの正体は、個人なのかグループなのかも含めて、現在まで不明です。ただし、ビットコインのシステムは、ナカモトや特定のグループが運営しているわけではなく、完全に公開された数学的な原則に則って動作しています。この発明自体が極めて革新的であり、分散コンピューティング、経済学、計量経済学などの分野で新たな研究が始まっています。

分散コンピューティングにおける難問への解

　サトシ・ナカモトの発明は、「ビザンチン将軍問題」と呼ばれる、分散コンピューティングにおける未解決の問題に対し、現実的な解を示すものです。この問題は、信用できない潜在的に危ういネットワークにおいて、情報を交換することで、構成員全体の行動について合意できるか？　というものです。proof of work というコンセプトにより、信用のおける中央機関を必要としない合意形成を可能にしたナカモトの発明は、分散コンピューティングにおける大きな躍進と言えるものであり、通貨という枠にとどまらず幅広く応用されるものです。例えば、分散化されたネットワークにおいて、選挙、宝くじ、資産登記、デジタル公証などの正当性について合意を形成する際に、この技術を利用することができます。

ビットコインを誰がどのように使うのか

　ビットコイン自体は技術ですが、人々の間で価値を交換するための言語、つまりお金を表すものでもあります。ここで、ビットコインを実際に使う人に着目し、彼らの事例を通じて一般的な利用法を見てみましょう。本書全体を通じて、ここで示した事例を再び用いて、実生活においてビットコインがどのように利用されているのか、また、それを実現する技術がどのように動作しているのかを説明します。

北アメリカでの少額物品の販売

　北カリフォルニアのベイエリアに住んでいるアリスは、エンジニアの友人からビットコインについて聞き、それを使ってみたいと思っています。彼女がビットコインについて学び、入手し、パロアルトにあるボブのカフェでビットコインを使ってコーヒーを買う例を見ていきましょう。この例を用いて、消費者の視点から、ビットコインのソフトウェア、取引所、基本的な取引について説明します。

北アメリカでの高額物品の販売

　キャロルはサンフランシスコで画廊を経営しており、高額な絵画をビットコインで販売しています。この例を用いて、「51% 合意攻撃」というものが、高額商品を扱う業者にとっ

てどのようなリスクとなるのかを説明します。

海外請負サービス
パロアルトでカフェを経営しているボブは新しいウェブサイトを作ろうと考えています。彼はインドのバンガロールに住むウェブサイト開発者のゴペッシュと契約し、ビットコインで料金を支払うことにしました。この例を用いて、ビットコインを用いたアウトソーシング、請負サービス、国際電信送金について説明します。

慈善募金
ユージニアは、フィリピンでの児童への慈善団体のディレクターです。彼女は最近ビットコインを知り、これを用いて新たな国内外のグループから寄付を募ろうと思っています。また、ビットコインを用いて、寄付金を必要な地域に素早く分配できないかと考えています。この例を用いて、ビットコインを用いることによる通貨や国境を越えたグローバルな資金調達や、公開された元帳を用いることによる慈善団体の透明性向上について説明します。

輸出入
ムハンマドはドバイで電化製品の輸入業を営んでいます。彼は、アメリカや中国からUAEへ電化製品を輸入する際の支払処理をより速やかに進めるために、ビットコインを利用しようとしています。この例を用いて、大規模なBtoBビジネスで、商品に紐づいた国際的な資金決済にどのようにビットコインが利用できるのかを説明します。

ビットコインのマイニング
ジンは上海に住むコンピュータ工学を学ぶ学生で、副収入を得るために彼のスキルを活かしてビットコインを採掘する「マイニング」システムを構築しています。この例を用いて、ビットコインの「産業」基盤、すなわち、ビットコインネットワークの堅牢性を高め、また通貨発行を担っている専用システムを見ていきます。

ここに示したそれぞれの例は、現実の人々や産業がもとになっています。彼らはビットコインを使うことで、新たな市場や産業、またグローバルな経済問題に対する革新的なソリューションを生み出そうとしています。

ビットコインをはじめよう

ビットコインネットワークに参加しビットコインを利用するためにユーザが行わなければならないことは、専用のアプリケーションをダウンロードするかウェブアプリケーションを利用することだけです。ビットコイン自体は規格でしかないため、その規格に準拠するクライアントソフトウェアは数多く存在します。その中には、サトシ・ナカモトのオリジナルの実装から派生し、オープンソースプロジェクトとして開発チームが管理している、Satoshi ク

ライアントと呼ばれるリファレンス実装もあります。

ビットコインクライアントには主に次の3つのタイプがあります。

フルクライアント

フルクライアントまたは「フルノード」と呼ばれるタイプのクライアントは、ビットコインが始まって以来の取引の履歴全体、すなわちすべてのユーザのすべての取引情報を保持しています。またユーザのウォレットの管理を行い、ビットコインネットワーク上の取引を始めることができます。これは、他のサーバや第三者のサービスに依ることなく、Eメールの送受信全般を扱えるスタンドアロンのメールサーバに似ています。

軽量クライアント

軽量クライアントと呼ばれるクライアントは、ユーザのウォレットは保持するものの、ビットコインの取引情報やビットコインネットワークへのアクセスは、第三者が管理するサーバを介して行います。このクライアントはすべてのトランザクション情報を保持していないため、取引の正当性を認証するために、第三者のサーバを信用し依存することになります。これは、メールサーバに接続してメールボックスにアクセスするメールクライアントが、ネットワークとのやり取りのために第三者に依存していることに似ています。

ウェブクライアント

ウェブクライアントは、ウェブブラウザを通じてアクセスするもので、ユーザのウォレットを第三者のサーバに保持しています。これは、第三者のサーバに完全に依存しているウェブメールに似ていると言えるでしょう。

モバイルでのビットコイン

アンドロイド端末のようなスマートフォン上で動作するクライアントも、フルクライアント、軽量クライアント、ウェブクライアントの形態をとります。いくつかのクライアントは、ウェブやデスクトップのクライアントと同期することで、同じ資金をいくつかのデバイスにまたがるウォレットで使用できるようにしています。

どのタイプのクライアントを選ぶかは、ユーザが資金の管理をどの程度自分で行いたいかによります。フルクライアントを利用することで、ユーザは最大限のコントロールと独立性を確保できますが、一方でバックアップやセキュリティ確保を自身で行う必要があります。対極にあるのがウェブクライアントです。セットアップも利用も最も簡単ですが、セキュリティや管理はユーザとサービス提供者が共に行うものとなるため、カウンターパーティリスクは避けられません。これまで幾度となくあったように、ウェブウォレットサービスに不正アクセスが発生した場合には、そのサービスを利用するユーザは全資金を失う可能性もあります。逆に言えば、フルクライアントを利用しているユーザも、自分自身で適切なバックアップを行っていなければ、コンピュータの故障により全資金を失うリスクがあります。

本書では、リファレンス実装（Satoshi クライアント）からウェブウォレットまで、実際にダウンロードできるさまざまなクライアントについて、その使用例をデモンストレーションします。これらの例では、リファレンス実装のクライアントが必要になるものもあります。これはリファレンス実装が、フルクライアントであることに加え、ウォレットやネットワーク、取引サービスに対して API を公開しているからです。ビットコインのシステムのプログラム用インターフェイスを調べる場合には、リファレンス実装が必要です。

クイックスタート

前述のアリスについて見てみましょう。彼女は技術者でなく、最近になって友人からビットコインについて教わりました。彼女はビットコインの公式サイトである bitcoin.org を訪問し、いくつものビットコインのクライアントの種類があることを知りました。彼女はサイトのアドバイスに従い、軽量クライアントである Multibit を選びました。

アリスは bitcoin.org サイトからリンクをたどって Multibit をダウンロードし、彼女のデスクトップ PC にインストールします。Multibit は Windows、Mac OS、Linux のデスクトップ PC で利用可能なクライアントです。

> ビットコインウォレットは必ずパスワードまたはパスフレーズで保護されていなければなりません。多数の悪意ある人間が脆弱なパスワードを解読しようとしているため、簡単には破れないパスワードを利用するべきです。大文字・小文字・数字・記号の組み合わせでパスワードを生成し、誕生日のような個人情報やスポーツチームの名前は避け、どの言語であれ辞書に載っている一般的な単語は避けてください。可能であれば、完全にランダムなパスワードを生成するパスワードジェネレーターのようなものを利用し、12 文字以上のパスワードにするべきです。ビットコインがお金であること、世界のどこにでも一瞬のうちに移動させることができることを、ぜひとも忘れないでください。ビットコインは適切に守られていなければ、簡単に盗まれてしまうものなのです。

アリスが Multibit クライアントをダウンロードしインストールした後、アプリケーションを起動すると図 1-1 のようなウェルカム画面が表示されます。

図1-1　Multibitクライアントのウェルカム画面

　Multibitは自動的にアリスのためにビットコインアドレスとウォレットを生成し、図1-2に示されているようにそのアドレスはRequestタブに表示されます。

図1-2　Requestタブに表示されたアリスのビットコインアドレス

　この画面で最も重要なのはアリスのビットコインアドレスです。Eメールのアドレスと同様、他者とこのアドレスを共有することで、その人が彼女のウォレットに直接お金を送信することが可能になります。アドレスは、スクリーン上に、数字とアルファベットで構成された文字列1Cdid9KFAaatwczBwBttQcwXYCpvK8h7FKとして表示されています。ビットコインア

ドレスの横にあるのは QR コードです。これは、スマートフォンのカメラで読み取り可能なように、白黒の四角形で表されるバーコードの形式にビットコインアドレスを変換したものです。アリスは、ビットコインアドレスまたはその QR コードを、それぞれの近くにあるコピーボタンをクリックすることでクリップボードにコピーできます。QR コード自体をクリックして拡大表示し、スマートフォンで容易に読み取れるようにすることも可能です。

アリスは、自分のアドレスを渡した人が、長い文字と数字の列を打ち込まなくても済むように、QR コードを印刷することもできます。

ビットコインアドレスは数字の 1 か 3 で始まります。E メールアドレスのように、他人にこのビットコインアドレスを教え、あなたのウォレットにビットコインを直接送金してもらうことができます。一方で、E メールアドレスとは異なり、ビットコインアドレスは好きなだけ作ることができ、それらをあなたのウォレットに紐づけることができます。ウォレットは、単にビットコインアドレスと、そのアドレスが持つビットコインを使うための鍵を集めたものです。取引のたびにアドレスを生成することで、プライバシーを守ることができます。ユーザが作成できるアドレスの数には、事実上制限がありません。

さあ、アリスは新しいビットコインウォレットを使う準備ができました。

最初のビットコインを手に入れる

現在のところ、ビットコインを銀行や外貨両替所で買うことはできず、2014年時点では、ほとんどの国でビットコインを手に入れることはまだ極めて難しい状況です。もっとも、各国の通貨とビットコインを交換できる以下のようなウェブサービスは、数多く存在します。

Bitstamp（http://bitstamp.net）

電信送金により、ユーロ（EUR）やドル（USD）を含むいくつかの通貨をサポートするヨーロッパのビットコイン市場です。

Coinbase（http://www.coinbase.com）

米国に拠点がある、ビットコインで商品が売買可能なプラットフォームを持つビットコインウォレットです。ACH システムを通じて米国の当座預金口座にアクセス可能とすることで、容易にビットコインの売買ができるようになっています。

こうした暗号通貨の取引所は、国家の通貨と暗号通貨が交わるところでサービスを提供しています。国の規制と国際的な規制の対象となるため、これらのサービスは、しばしば特定の国または地域の通貨のみを専門に扱います。選んだ取引所が、あなたが使う通貨を専門に扱っていれば、あなたの国の司法権が及ぶ範囲内で業務を行う取引所ということになります。銀行口座の開設と同様に、これらのサービスに必要な口座を開設するためには、KYC（know your customer）や AML（anti-money laundering）といった規制に従い、さまざまな本人確認を行う必要があるため、数日から数週間がかかります。ビットコイン取引所の口座を開設すれ

ば、外貨取引のようにビットコインを素早く売買することが可能になります。

より詳細な取引所のリストは、bitcoin charts (http://bitcoincharts.com/markets) を参照するとよいでしょう。ここには、さまざまなビットコイン通貨取引所における価格情報やマーケットデータが掲載されています。

その他にもビットコインを入手する方法が4つあります。

- ビットコインを持つ友人から直接ビットコインを買う。多くのユーザはこの方法から始めます。
- localbitcoins.com のようにあなたの住む地域でビットコインを売ってくれる人を探すサービスを利用する。
- 商品やサービスをビットコインで売る。例えばあなたがプログラマーであれば、あなたのプログラミングスキルを売ることもできます。
- ビットコイン ATM を利用する。あなたの住む町の ATM は、CoinDesk (http://www.coindesk.com/bitcoin-atm-map/) のような地図サービスを利用することで見つけることもできます。

アリスは、ビットコインを友人から紹介してもらったので、カリフォルニアの通貨市場に自分の口座が開設されるのを待つ間、その友人から最初のビットコインを簡単に手に入れることができます。

ビットコインを送る／受け取る

アリスはビットコインウォレットを既に作成しており、ビットコインを受け取る準備は整っています。彼女のウォレットアプリケーションは秘密鍵（第4章を参照）をランダムに生成し、同時にそれに対応したビットコインアドレスも生成しました。この時点では彼女のビットコインアドレスはビットコインネットワークに伝えられていませんし、またビットコインシステムに何らかの「登録」が行われたわけでもありません。彼女のビットコインアドレスは、資金へのアクセスを管理できる鍵に紐づけられた、単なる番号でしかありません。ビットコインアドレスと口座には何の繋がりもないのです。このビットコインアドレスは、公開元帳（ブロックチェーン）に取り込まれたトランザクションにおいて受け手として指定されるまでは、有効なアドレスの候補の1つに過ぎません。一度アドレスがトランザクションと紐づけられ公開元帳に書き込まれると、ネットワークはそのアドレスを認識し、アリスもそのアドレスの資金の残高を元帳から参照できるようになります。

アリスはドルとビットコインを交換するために、ビットコインを紹介してくれた友人のジョーにレストランで会うことにしました。彼女は、自分のアドレスとその QR コードをプリントアウトして持参しています。ビットコインアドレスには、セキュリティの観点から注意すべきことは何もありません。ビットコインアドレスをどこに書き込んでも、彼女の口座のセキュリティを脅かすことはありません。

アリスは、この新しいテクノロジーに多くの金額を賭けることを避けるため、10ドルだけ

ビットコインに替えたいと思っています。彼女は、10ドル相当のビットコインを送ってもらうよう、ジョーに10ドルと彼女のアドレスを渡しました。

次に、ジョーは適切な額のビットコインをアリスに送るために交換レートを確認します。アプリケーションやウェブサイトを通じて市場の交換レートを提供するサービスは数多く存在し、例えば下記のものが有名です。

Bitcoin Charts（http://bitcoincharts.com）
ビットコイン市場のデータ提供サービス。世界各国の取引所における、ビットコインと各国通貨との交換レートを各国の通貨建てで提供。

Bitcoin Average（http://bitcoinaverage.com/）
売買高で加重平均したビットコインの価格を、各国通貨に対する交換レートとしてシンプルに表示してくれるサイト。

ZeroBlock（http://www.zeroblock.com/）
いくつかの取引所でのビットコイン価格を表示してくれる無料のAndroid/iOSアプリ（図1-3を参照）。

Bitcoin Wisdom（http://www.bitcoinwisdom.com/）
上記以外の市場データ提供サービスの一例。

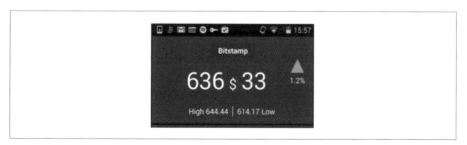

図1-3　ZeroBlock：ビットコインの市場情報を提供してくれるAndroid/iOSアプリ

ジョーは、上記のアプリやウェブサイトを確認して、交換レートを1 bitcoinあたり100ドルと決めます。このレートでは、アリスから渡された10ドルの代わりに、彼は0.10 bitcoin（100 millibitともいう）をアリスに渡すことになります。

適切な交換価格を決定した後、ジョーは携帯端末のウォレットアプリケーションを起動し、ビットコインの「send」メニューを選択します。例えば彼がAndroidのBlockchain mobile walletアプリを使用していたとしたら、図1-4に示されたような2つの入力を求める画面が表示されます。

- 今回のトランザクションにおける送信先ビットコインアドレス

- 送信するビットコインの金額

　ビットコインアドレスを入力する欄には、QR コードのアイコンがあります。これによってジョーは、長くて入力が大変なアリスのビットコインアドレス（1Cdid9KFAaatwczBwBttQcwXYCpvK8h7FK）を直接打ち込まなくても、彼のスマートフォンのカメラで QR コードを読み取ることで、アドレスを入力できます。ジョーは QR コードのアイコンをタップし、スマートフォンのカメラを起動してアリスが印刷した QR コードを読み取ります。ジョーは、自動的に入力されたアドレスの文字列のいくつかの部分を、アリスが印刷したアドレスと比較して、正しくアドレスが読み込まれていることを確認します。

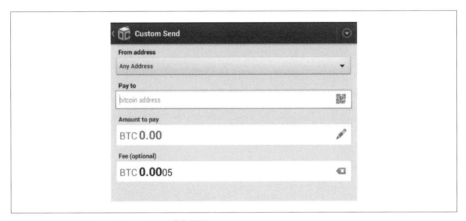

図1-4　Blockchain mobile walletの送信画面

　ジョーは、今回のトランザクションで送信するビットコインの金額、つまり0.10 bitcoin を入力します。彼はお金を送ろうとしていて、どんな誤りもお金の損失につながりかねないため、ジョーは正しい金額が入力されていることを入念に確認した上で、送信ボタンを押してトランザクションを送信します。

　ジョーのウォレットは、ジョーの資金から0.10 bitcoin をアリスのアドレスに送るというトランザクションを生成し、ジョーの秘密鍵で署名します。この署名があることで、ネットワークは、このトランザクションがジョーから承認された正当なものと認識します。peer-to-peer プロトコルにより、このトランザクションの情報はビットコインネットワーク上に素早く伝搬されます。ネットワーク上で密につながったノードのほとんどが、このトランザクションを1秒以内に受け取り、アリスのアドレスを初めて認識します。

　アリス側でもスマートフォンやノートパソコンから、このトランザクションを確認することができます。ビットコインの元帳は、ビットコインが始まって以来のすべてのトランザクションを記録し続けているファイルであり、公開されています。このため、トランザクションの確認のために行うことは、この元帳で自分のアドレスを検索し、ビットコインを受け取ったかを見るだけです。これは blockchain.info というサイトで、検索ボックスに自分のアドレスを入力することで、簡単に行うことができます。このサイトは、アリスのアドレスが

受け取ったトランザクションと、送ったトランザクションのすべてを、http://bit.ly/1u0FFKL のページに表示します。アリスがこのページを見ていれば、ジョーが送信ボタンを押した後すぐに、0.10 bitcoin を彼女のアドレスに入金するトランザクションが表示されることになります。

トランザクションの承認

ジョーからのトランザクションは当初、「未承認」として表示されます。これはトランザクションの情報がネットワーク上に伝搬したものの、ブロックチェーンと呼ばれる公開元帳にまだ取り込まれていないことを意味しています。取り込まれるためには、マイナーがこのトランザクションを「拾い上げ」ブロックチェーンに記載する必要があります。トランザクションは、約10分ごとに生成されるブロックに記載されることで、初めてネットワーク上で「承認済み」として受け入れられ、受け取ったビットコインを使用できるようになります。つまりトランザクション自体は瞬時に閲覧可能になりますが、新しいブロックに取り込まれて初めて「信用ある」ものとして認められるのです。

これで、アリスは晴れて0.10 bitcoin の所有者となり、これを使用できるようになりました。次の章では、アリスがビットコインを使って初めて商品を購入するところを取り上げ、トランザクションとその伝搬を担う技術をより詳しく解説します。

第2章 ビットコインの仕組み

トランザクション、ブロック、マイニング、ブロックチェーン

　今まであるような銀行サービスや支払いの方法と違って、ビットコインは特定の機関に管理されない、分散化された信用（decentralized trust）を基礎にしています。つまり、特定の機関による管理の代わりに、ビットコインでは、ビットコインのシステムへの参加者の相互協力から生まれるものとして、信用が達成されるのです。この章では、ビットコインの1つのトランザクションを追うことで詳細にビットコインの仕組みを調べ、また、トランザクションがビットコインの分散的合意形成の仕組みによって「信用」され受け入れられ、最後にすべてのトランザクションの分散元帳であるブロックチェーンに記録される過程を見ていきます。

　以下の例を使って、実際に行われているトランザクションをシミュレートしてみましょう。この例の登場人物はジョー、アリス、ボブで、それぞれの間でウォレットからウォレットへ資産を送るというものです。ビットコインネットワークのトランザクションやブロックチェーンを追うとき、個々の詳細なステップを可視化するためにblockchain explorerウェブサイトを使います。blockchain explorerはウェブアプリケーションで、ビットコインアドレスやトランザクション、ブロックの変化を追うことができる検索エンジンのように使えます。

　ポピュラーなblockchain explorerは以下の通りです。

- Blockchain info（http://blockchain.info）
- Bitcoin Block Explorer（http://blockexplorer.com）
- insight（http://insight.bitpay.com）
- blockr Block Reader（http://blockr.io）

　それぞれのblockchain explorerではビットコインアドレスやトランザクションハッシュ、ブロック番号をもとに検索でき、ビットコインネットワークやブロックチェーン上にあるデータと同じデータを見つけることができます。また、関連するウェブサイトを直接参照できるように、それぞれの例にはURLを載せますので、詳細を確認することができます。

ビットコイン概観

　図2−1にあるように、ビットコインの仕組みは秘密鍵を含むウォレットを持っているユーザやビットコインネットワークを伝わるトランザクション、すべてのトランザクションを保持している元帳であるブロックチェーンを作り出すマイナーで構成されています。この章では、ビットコインネットワークに沿って1つのトランザクションを追い、各ステップを説明します。続く章では、ウォレット、マイニング、決済システムの背後にあるテクノロジーを掘り下げます。

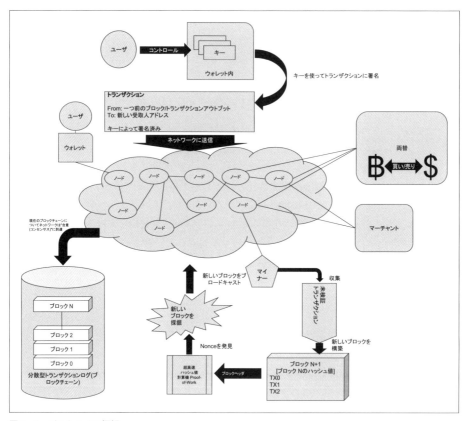

図2−1　ビットコイン概観

コーヒー代金の支払い

　第1章に出てきたアリスは、初めてビットコインを手にしたところです。説明した通り、アリスは友人のジョーと会って、現金をビットコインと交換しました。アリスはジョーから0.10 BTCを受け取りました。続いて、アリスは最近ビットコインでの支払いを受け付け始めたパロアルトのボブのカフェで、ビットコインによる支払いを行います。ボブのカフェで

は現地通貨（ドル）の値段表示しかありませんが、支払いをするときにドルで払うのかビットコインで払うのかを決めることができるのです。アリスはコーヒーを注文し、ボブはレジにこの注文を入力しました。すると、POSシステムは直近のレートでドルでの金額をビットコインでの金額に変換して、両方の金額を表示してくれます。このとき、図にあるようなQRコードも一緒に表示してくれます。（図2-2参照）

総額：
$1.50 USD
0.015 BTC

図2-2　支払いリクエストQRコード（スキャンしてください！）

　この支払いリクエストQRコードはBIP0021にあるプロトコルに沿って次のようなURLに変換されます。

```
bitcoin:1GdK9UzpHBzqzX2A9JFP3Di4weBwqgmoQA?
amount=0.015&
label=Bob%27s%20Cafe&
message=Purchase%20at%20Bob%27s%20Cafe
```

URLの構成要素

ビットコインアドレス："1GdK9UzpHBzqzX2A9JFP3Di4weBwqgmoQA"
支払い総額："0.015"
支払い先アドレスのラベル："Bob's Cafe"
支払い説明文："Purchase at Bob's Cafe"

 送り先ビットコインアドレスだけを含んでいるQRコードと違って、支払いリクエストは、送り先ビットコインアドレス、支払い総額、「Bob's Café」のような一般的な説明文を含んでいる、QRコードでエンコードされたURLです。これによって、ビットコインウォレットが、人間が読める形での説明文をユーザに表示しながら、支払いを行うのに用いる情報を、空欄にあらかじめ記入しておくことができます。このQRコードをビットコインウォレット

でスキャンすると、アリスが見ているものを見ることができます。

ボブは言いました。「1ドル50セントです。ビットコインでの支払いであれば15 mBTC ですよ。」

アリスがスマートフォンでQRコードをスキャンすると、スマートフォンに Bob's Cafe への0.0150 BTCの支払いが表示され、彼女はその支払いを確定させるためにsendボタンを押しました。数秒以内にレジにトランザクションが表示され（クレジットカードと同じくらいの処理時間です）、ボブはトランザクションの完了を確認しました。

この後の節では、もっと詳細にトランザクションの内容を説明し、アリスのウォレットがどのようにしてトランザクションを実行したのか、トランザクション情報はどのようにしてビットコインネットワークに流れ、どのように検証されたのか、送られたビットコインをボブは次回どのように使うことができるのか、を見ていきます。

ビットコインネットワークではさまざまな額で取引ができます。例えば、ミリ bitcoin（1/1000 bitcoin）から、satoshi として知られている 1/100,000,000 bitcoin までです。本書を通して、最も小さい単位（1 satoshi）から、今後採掘されるすべてのビットコインの総額（21,000,000 bitcoin）まで、ビットコイン通貨の量を表現するために「bitcoin」という用語を使っていきます。

ビットコイントランザクション

一言で言うと、トランザクションとはビットコインの所有者が他の人にビットコインを送ったと認めたことをビットコインネットワークに示すことです。このため、新しい所有者が受け取ったビットコインを使うには、新しい所有者が他の人にビットコインを送ったと認めたことを示す別のトランザクションを作らなければなりません。

トランザクションは簿記の個々の取引行のようなものです。それぞれのトランザクションは1個または複数の「インプット」を持っているため、トランザクションの借方にこの「インプット」が記載されています。また、それぞれのトランザクションは1個または複数の「アウトプット」を持っているため、トランザクションの貸方にこの「アウトプット」が記載されています。インプットとアウトプット（それぞれ借方と貸方）は同じ額になるようにはならず、わずかにインプットのほうが大きくなります。この差がトランザクション手数料であり、元帳の中にあるトランザクションからマイナーがかき集めることになるものです。図2–3では、ビットコイントランザクションを簿記の元帳へ記載内容として表現しています。

トランザクションは、それぞれのインプットごとにビットコインの所有権の証明も含んでいます。この所有権の証明はデジタル署名の形になっており、この署名は所有者とは独立に他人によって検証されるようになっています。ビットコインの用語でビットコインを「使う」とは、トランザクションに署名することです。

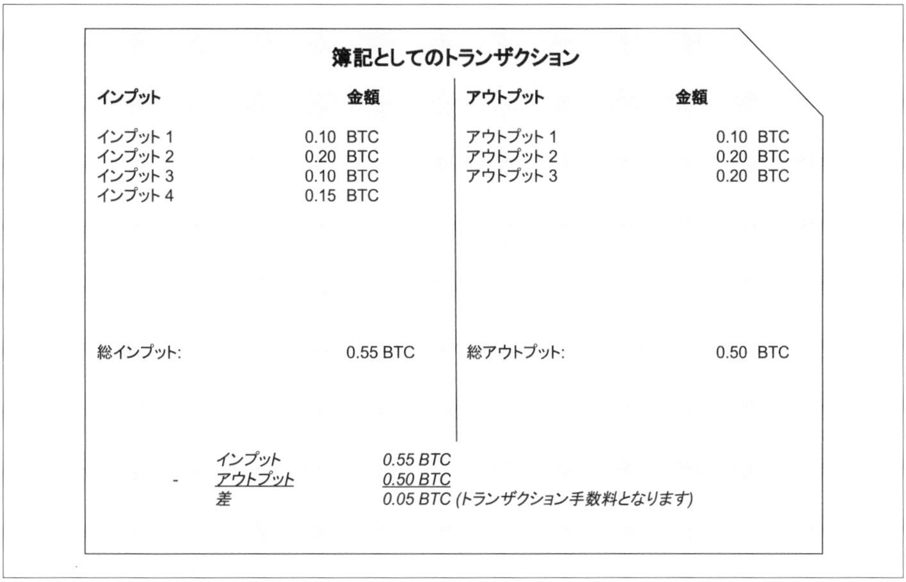

```
            簿記としてのトランザクション
 インプット        金額          アウトプット       金額

 インプット1       0.10 BTC      アウトプット1      0.10 BTC
 インプット2       0.20 BTC      アウトプット2      0.20 BTC
 インプット3       0.10 BTC      アウトプット3      0.20 BTC
 インプット4       0.15 BTC


 総インプット:     0.55 BTC      総アウトプット:    0.50 BTC


           インプット      0.55 BTC
        -  アウトプット     0.50 BTC
           差            0.05 BTC (トランザクション手数料となります)
```

図2-3　簿記としてのトランザクション

 トランザクションは**トランザクションインプット**から**トランザクションアウトプット**に価値を移転します。インプットはどこからビットコインが来たかを示し、通常は前のトランザクションのアウトプットになります。トランザクションアウトプットは、このビットコインを鍵と紐づけることで新しい所有者にこのビットコインを割り当てます。この鍵は**解除条件**と呼ばれるものです。解除条件は、資金を将来トランザクションで使用するときに必要とされる署名に対する必要条件になります。1つのトランザクションからのアウトプットは新しいトランザクションの中でインプットとして使用され、これにより、アドレスからアドレスに価値が移転するときに、所有の連鎖が作られるのです（図2-4参照）。

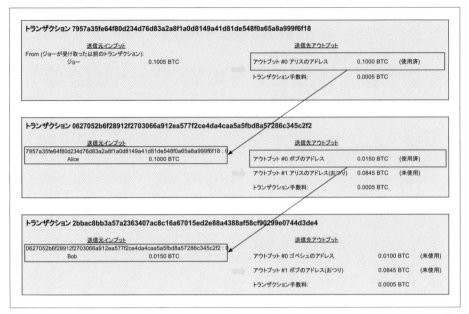

図2-4 トランザクションの連鎖。あるトランザクションのアウトプットは次のトランザクションのインプットになる。

　アリスがボブのカフェで支払いをするときは、ジョーからアリスへのトランザクションを、このトランザクションのインプットとして用います。前の章で、アリスは現金と引き換えにジョーからビットコインを受け取りました。このトランザクションは、アリスの秘密鍵でロックされています。アリスからボブへの新しいトランザクションは、ジョーからアリスへのトランザクションの内容をインプットとして参照し、コーヒー代の支払いとおつりの受け取りのトランザクションアウトプットを作成します。トランザクションはチェーンの形を取っていて、最新のトランザクションのインプットは前のトランザクションのアウトプットに対応しています。アリスの秘密鍵は前のトランザクションのアウトプットを解錠し、それによってこのアウトプットにある資金がアリスのものであるとビットコインネットワークに示すのです。アリスは、コーヒー代の支払いをボブのビットコインアドレスに紐づけます。このことによって、このアウトプットを使うためには、ボブは署名を生成しなければならなくなります。このことは、この価値の移転がアリスとボブの間のものであるということを表しています。図2-4が、ジョー、アリス、ボブの一連のトランザクションの連鎖を説明しています。

一般的なトランザクション形式

　最も一般的なトランザクションの形式は、1つのビットコインアドレスからもう1つへの単純な支払いという形式をしており、元の持ち主に戻されるおつりが通常含まれます。このタイプのトランザクションは、図2-5に示されているように、1つのインプットと2つのアウト

プットを持っています。

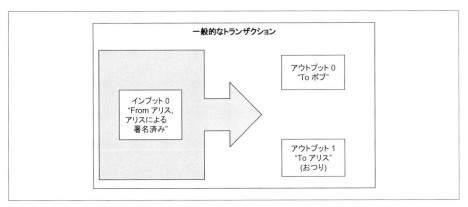

図2-5 一般的なトランザクション

　もう1つのトランザクション形式は、いくつかのインプットを集めて1つのアウトプットにまとめる形です（図2-6参照）。これは現実にあるコインや小額紙幣をまとめて大きな額の紙幣にするトランザクションと同じです。これらのトランザクションはときどきウォレットで作られ、おつりとして受け取った小さな額をまとめるために使われます。

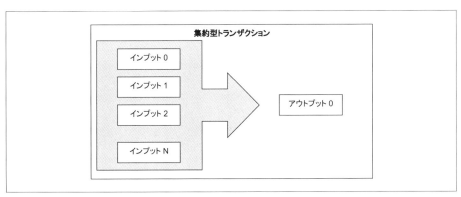

図2-6 集約型トランザクション

　もう1つの別のトランザクションの形式は1つのインプットを複数のアウトプットに分けて複数の受取人に使う場合です（図2-7参照）。このタイプのトランザクションは、企業内での給与の支払いでときどき使われます。

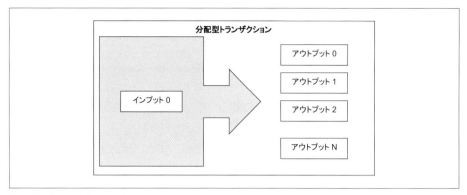

図2-7　分配型トランザクション

トランザクションの構築

　アリスのウォレットで、適切なインプットとアウトプットを選ぶ処理はすでに実装されています。アリスが決めなければならないのは、どこに送るかということと、いくら送るかということだけで、残りはウォレットが自動的に実行してくれます。重要なこととして、ウォレットはネットワークに繋がっていなくても、トランザクションを組めるということがあります。家で小切手を書いてあとで銀行に郵送できるのと同様に、トランザクションを作ったりこれに署名したりするのに、ビットコインネットワークに繋がっている必要はないのです。取引が実行されるには、最終的に送られるだけでよいのです。

正しいインプットをどのように得るか

　アリスのウォレットはインプットを最初に探します。というのは、ボブに送ることができる金額がウォレットにあるかを確認しなければならないためです。ほとんどのウォレットは未使用トランザクションアウトプット（UTXO）を保持するデータベースを持っていて、ウォレットの秘密鍵でロックされています。アリスのウォレットはジョーから送金されたときのアウトプットのコピーを持っています（第1章「最初のビットコインを手に入れる」節参照）。フルインデックスを持っているビットコインウォレットは、ブロックチェーンにあるすべてのトランザクションアウトプットのコピーを実際に持っています。これはウォレットがトランザクションインプットを作成するとともにすばやく支払える金額の未使用アウトプットがあるかどうかを確認するためです。しかし、フルインデックスウォレットは多くのデータ容量を持っている必要があるため、ほとんどのウォレットは、ウォレットの所有者の未使用アウトプットのみを保持している、「軽量（lightweight）」ウォレットと呼ばれるものです。

　もしウォレットが未使用アウトプットのコピーを保持していない場合、この情報を取得するためにビットコインネットワークに問い合わせることができます。この場合いろいろな種類のAPIを通して問い合わせたり、フルインデックスを持っているノードにJSON RPC APIを通して問い合わせたりできます。例2-1はRESTful APIを使って問い合わせを行ったも

のです。RESTful APIというのは特定のURLに対してHTTP GETコマンドを発行して情報を得るための仕組みです。このURLは、あるビットコインアドレスが持っている未使用トランザクションアウトプットをすべて返します。そして、この情報を元にウォレットはトランザクションインプットを作成します。以下では、cURLというRESTful APIを使うためのシンプルなコマンドを使っています。

例2-1　アリスのビットコインアドレスに対するすべての未使用アウトプットの参照

```
$ curl https://blockchain.info/unspent?active=1Cdid9KFAaatwczBwBttQcwXYCpvK8h7FK
```

例2-2　参照URLからのレスポンス

```
{
    "unspent_outputs":[

        {
            "tx_hash":"186f9f998a5...2836dd734d2804fe65fa35779",
            "tx_index":104810202,
            "tx_output_n": 0,
            "script":"76a9147f9b1a7fb68d60c536c2fd8aeaa53a8f3cc025a888ac",
            "value": 10000000,
            "value_hex": "00989680",
            "confirmations":0
        }

    ]
}
```

例2-2にあるとおり、RESTful APIから返ってきたレスポンスには、アリスのビットコインアドレス（1Cdid9KFAaatwczBwBttQcwXYCpvK8h7FK）が所有している未使用アウトプットが1つ含まれています。このレスポンスにはトランザクションの詳細が含まれていて、未使用アウトプットがsatoshiという単位で書かれています（1000万satoshiは0.10 bitcoinに相当）。この情報を元に、アリスのウォレットは他のビットコインアドレスに送るためのトランザクションを作ることができるのです。

 ジョーからアリスへのトランザクション（http://bit.ly/1tAeeGr）を見てみましょう。

ご覧のように、アリスのウォレットは、コーヒー代の支払いに十分な額の、単一の未使用アウトプットを持っています。そうでなければ、アリスのウォレットは、コーヒーの支払いができる額になるまで財布からコインを取り出すように、少額の未使用アウトプットをかき

集める必要があるでしょう。どちらの場合でも、ウォレットがトランザクションアウトプット（支払い）を作成するときには、次の節で見るように、アリスにおつりを戻す必要があるかもしれません。

アウトプットの作成

　トランザクションアウトプットはスクリプトの形で作成されます。このスクリプトは、資金を使用する際の解除条件であり、これに対する解を導入することでのみ解除されます。要するに、このスクリプトが意味しているのは、「ボブのパブリックアドレスに対応する秘密鍵から作られた署名を提示する人であれば誰にでも、このアウトプットが支払われる」ということです。ボブのみが、対応する秘密鍵を含むウォレットを持っているため、このウォレットのみがこのアウトプットを復号する署名を示すことができます。従って、アリスがアウトプットを復号しようとしても、ボブの署名を要求され、邪魔されてしまいます。

　アリスの資金は0.10 BTCのアウトプットの形をとっており、この額は0.015 BTC分のコーヒーへの支払いには大きすぎるので、このトランザクションは、2つ目のアウトプットを含むことになります。アリスは、0.085 BTCのおつりを受け取る必要があります。アリスへのおつりの支払い処理は、アリスのウォレットによって、ボブへの支払い処理を含むものと同じトランザクションにおいて、作られます。アリスのウォレットは、彼女の資金を2つの支払い処理に分けます。1つは、ボブへの支払い、もう1つは彼女自身に支払うものです。そうすることで、彼女はそのおつりのアウトプットを、その後のトランザクションにおいて使うことができ、従って後の支払いにあてることができるのです。

　最終的に、トランザクションがビットコインネットワークで早く処理されるために、アリスのウォレットは少額のトランザクション手数料を加えます。手数料は支払いの際はっきり示されるのではなく、トランザクションにおけるインプットとアウトプットとの差額として暗に示されます。アリスがおつりとして0.085 BTCではなく0.0845 BTCのアウトプットを作るとすると、0.0005 BTC（1m BTCの半分）が使われずに残ることになります。インプットとしての0.10 BTCは、2つのアウトプットですべて使われるわけではないのです。アウトプットをすべて足しても0.10 BTCより小さいからです。この差額がトランザクション手数料となり、マイナーがトランザクションをブロックに含め、ブロックチェーンに組み込むための手数料として、マイナーによって徴収されます。

　このようにして作られたトランザクションは、図2−8にあるとおり、blockchain explorerを使って見ることができます。

図2-8 ボブのカフェへのアリスのトランザクション

 アリスからボブのカフェへのトランザクション（http://bit.ly/1u0FIGs）を見てみましょう。

トランザクションを元帳にどうやって取り込むか

　アリスのウォレットで作られるトランザクションは258バイトで、資金の所有者を確認し新しい所有者を割り当てるのに必要なすべてがこれに含まれています。このトランザクションがビットコインネットワークに送られて初めて、分散元帳であるブロックチェーンの一部になります。この節では、どのようにトランザクションが新しいブロックの一部になるのか、どのようにブロックが「マイニング」されるのかを確認します。また、新たにブロックチェーンに加えられたブロックへの信用が、その後ブロックが追加されるとともに、ネットワークによって高められる様子を、最後に見ていきます。

ビットコインネットワークへのトランザクションの送信

　トランザクションはブロックチェーンに取り込まれるための情報をすべて持っているため、どこで、どのようにビットコインネットワークに送信されても構いません。ビットコインネットワークはpeer-to-peerネットワークであり、個々のビットコインクライアントは、いくつかの他のビットコインクライアントと繋がることで、ビットコインネットワークに参加しています。ビットコインネットワークの目的は、トランザクションとブロックをすべてのビットコインクライアントに伝えることです。

どのようにビットコインネットワークを伝わっていくのか

　アリスのウォレットは、有線、WiFi、モバイル、何であれインターネットに繋がっていれ

ば、どのビットコインクライアントに対しても、新しいトランザクションを送ることができます。アリスのウォレットはボブのウォレットと直接繋がっている必要はなく、ボブのカフェが提供しているインターネットアクセスポイントを使う必要もないのです。ビットコインネットワークのノード（クライアント）は、見たことのない有効なトランザクションを受け取ると、繋がっている他のノードに即座に転送します。これによって、このトランザクションは迅速にpeer-to-peerネットワークを伝わっていき、数秒以内に大半のノードに到達するのです。

ボブの視点でみたときは

　ボブのウォレットが直接アリスのウォレットと繋がっている場合、アリスから送られるトランザクションを最初に受けるノードは、ボブのウォレットかもしれません。しかし、たとえアリスのウォレットが他のノードを通してトランザクションを送ったとしても、トランザクションは数秒以内にボブのウォレットに到達するでしょう。ボブのウォレットは、すぐにこのトランザクションをボブへの支払いであると認識します。というのは、このトランザクションはボブの秘密鍵で復号できるアウトプットになっているからです。ボブのウォレットは独立に、このトランザクションが正規の形式であるか、未使用のインプットを使っているか、トランザクションをブロックに取り込んでもらうのに十分なトランザクション手数料を含んでいるか、といった確認も行います。この時点でボブは、多少のリスクはありますが、このトランザクションがすぐにブロックに含められ承認されるとみなすことができます。

ビットコイントランザクションに関するよくある誤解は、「承認」のために新しいブロックが生成されるまで10分間待たなければならないとか、完全な6回の承認のために60分間待たなければならないといったことです。承認は、トランザクションがビットコインネットワーク全体に受け入れられたことを保証しますが、このように待つことはコーヒー一杯のような少額の商品には必要ありません。店舗側は、承認がない場合でも、いつも彼らが受け入れている個人IDや署名がないクレジットカードよりリスクが大きくないなら、有効な少額のトランザクションを受け入れるでしょう。

ビットコインマイニング

　トランザクションはビットコインネットワークに伝えられました。しかし、マイニングと呼ばれるプロセスを通して検証されブロックに取り込まれるまで、共有されている元帳であるブロックチェーンの一部になることはできません。詳細な説明は第8章を参照してください。

　ビットコインにおける信用の仕組みは、計算によって成り立っています。トランザクションがブロックの中に取り込まれるためには膨大な計算を必要としますが、取り込まれていることを検証するにはわずかな計算しか必要ありません。このマイニングは、以下の2つの目的のために行うものです。

- マイニングは、それぞれのブロックの中に新しいビットコインを作り出します。これ

は、あたかも中央銀行が新しいお金を印刷するようなものです。ブロックごとに作り出されるビットコインの量は決められており、時間とともに減少していきます。
- マイニングは、信用を作り出します。マイニングは、「トランザクションを含むブロックに十分な計算量がつぎ込まれた場合にのみ、そのトランザクションが承認される」ことを保証することによって、信用を作り出します。より多くのブロックがあるということは、より多くの計算量を要したことを意味し、従って、より多くの信用を得ていることを意味するのです。

マイニングを説明するためには、数独パズルにたとえると分かりやすいです。誰かが解法を見つけるごとにリセットされて、約10分間で解けるように難しさが自動的に調整されるような数独パズルです。数千の行と列を持つ、巨大な数独パズルを想像してください。私があなたに完成したパズルを見せたら、完成したことを確認することはすぐにできます。しかし、パズルがある部分だけ完成していて他がすべて空欄であれば、解くためにとても多くの時間がかかってしまいます。数独パズルの難しさは、行や列の数を増やしたり減らしたりすることで調整できます。しかし、完成したかを確認することは、パズルの大きさによらず短時間でできます。ビットコインで使っているこのような「パズル」は、暗号化ハッシュに基づいており、上記の数独パズルと似た特徴を持っています。すなわち、解くのはとても大変なのに確認するのは簡単という非対称性と、難しさを調整できるという特徴です。

第1章では、上海でコンピュータ工学を学ぶ学生のジンを例として挙げました。ジンはマイナーとしてビットコインネットワークに参加しています。ジンは、世界中の数千のマイナーとともに、約10分ごとに解法を見つけるレースに参加しているのです。このような解法を見つける作業は「proof of work」と呼ばれ、毎秒数千兆回のハッシュの生成処理を必要とします。proof of workのアルゴリズムは、前もって決められたパターンに合う解法が現れるまで反復的に、ブロックのヘッダとランダム値をSHA256暗号化アルゴリズムでハッシュ化することを含みます。そのような解法を最初に見つけたマイナーがそのブロックの勝者となり、解法を見つけたブロックをブロックチェーンに組み込みます。

ジンは2010年に、新しいブロックのproof of workを見つけるために、非常に速いデスクトップコンピュータを使って、マイニングを始めました。多くのマイナーがビットコインネットワークに参加するにつれ、解法を得る難しさは急速に増していきました。ジンと他のマイナーは、すぐにさらに特殊なハードウェア、例えば、ゲーム用デスクトップコンピュータに用いられるような、ハイエンドの専用グラフィック処理装置（GPU）などにアップグレードしました。本書を執筆している時点では、数百のマイニングアルゴリズムを組み込んだハードウェアであるASICという回路を複数同時に稼動させて、ようやく利益が出るくらいに難しいものになっています。ジンは、「マイニングプール」にも参加しました。これは、解法を見つける作業の負担を何人かで分担し、報酬も参加者で分けるという、宝くじの共同購入のようなものです。ジンは現在、24時間マイニングを行うためにUSB接続のASICマシンを2台使っています。彼はマイニングで得たビットコインを売ることで電気代を支払いながら、収益をあげています。彼のコンピュータ上では、ビットコインクライアントのリファレンス実装であるbitcoindのコピーを走らせており、これを特殊なマイニングソフト

ウェアのバックエンドとして使っています。

ブロック内のトランザクションのマイニング

ビットコインネットワークに送られたトランザクションは、グローバルに分散した元帳であるブロックチェーンの一部となるまでは、検証されたことにはなりません。平均して10分ごとに、マイナーはブロックチェーンに取り込まれていないトランザクションを含むブロックを生成します。新しいトランザクションは、ウォレットやその他のソフトウェアから常にビットコインネットワークに流れ込みます。ビットコインネットワークのノードがこの新しいトランザクションを見つけると、各ノードの中にある、未検証のトランザクションを一時的にとどめておくトランザクションプールに加えます。マイナーは、新しいブロックを作るとき、未検証のトランザクションをこのプールから取り出して新しいブロックに追加します。その上で、新しいブロックの有効性を証明するために（proof of work として知られる）非常に難しい問題を解きます。このマイニングの過程の詳細は第8章で説明されています。

トランザクションは新しいブロックに追加されますが、この新しいブロックには、最も高い手数料が設定されているものが最初に処理されるという基準や、その他のいくつかの基準によって、処理の優先順位がつけられています。マイナーは、ビットコインネットワークからマイニングされたブロックを受け取ったことで競争に負けたことを知るとすぐに、新しいブロックのマイニングに取りかかります。マイナーはすぐに新しいブロックの箱を作り、それにトランザクションと前のブロックのハッシュ値を入れて、その新しいブロックのための proof of work の計算を開始します。マイナーは自分が作るブロックに、特別なトランザクションを含めます。これは、マイナー自身のビットコインアドレスに、新たに作られたビットコインの報酬［訳注：2016年5月現在は1ブロックあたり25 BTC。2016年7月に1ブロックあたり12.5 BTCになる見込み。］を支払うトランザクションです。マイナーは、ブロックが有効であることを示す解法を見つけると、報酬を勝ち取ります。このマイナーが解法を見つけたブロックがグローバルなブロックチェーンに追加され、報酬を得るために含めたトランザクションがマイナーにとって利用可能となるからです。マイニングプールに参加しているジンは、彼のソフトウェアをあらかじめ設定しておきます。これによって提供した計算量に応じて分けられた報酬が、プールのアドレスからジンやその他のマイナーに配られます。

アリスのトランザクションはビットコインネットワークによって回収され、未検証のトランザクションのプールに入れられます。そのトランザクションは十分な手数料を含んでいたため、ジンが参加するマイニングプールが作ったブロックに入ることになりました。アリスのウォレットがトランザクションを送ってから約5分後に、ジンのASICマイナーがブロックの解法を見つけ、他に419のトランザクションを含むそのブロックを #277316 としてビットコインネットワーク上に放出しました。他のマイナーがそれを検証し、それが終わると、次のブロックを作るレースが始まりました。

アリスのトランザクションを含むブロックを、https://blockchain.info/block-height/277316 で見ることができます。

数分後に、新しいブロック #277317 が別のマイナーによってマイニングされました。こ

の新しいブロックは、アリスのトランザクションを含んだ直前のブロック #277316 を前提にしているため、#277316がマイニングされたときよりもさらに多くの計算がブロックに注ぎ込まれ、それによりアリスのトランザクションの信用が強化されることになります。アリスのトランザクションを含んでいるブロックは、「承認」1回とカウントされます。アリスのトランザクションを含むブロックの上に、新たにブロックが積み重ねられるごとに、承認が積み重ねられることになります。ブロックが積み重ねられるにつれて、トランザクションの取り消しが指数関数的に難しくなり、このことで、そのブロックのビットコインネットワークにおける信用がますます増えるのです。

　図2－9には、アリスのトランザクションを含むブロック #277316が示されています。ブロック #277316 の下には（#0を含めて）277316個のブロックがあり、genesis ブロックとして知られる #0まで、すべてのブロックがブロックの連鎖（ブロックチェーン）として繋がっているのです。時間の経過とともにブロックの「高さ」が高くなると、計算の難易度はより高くなります。チェーンが長くなるほど計算量が積み重なることになるため、アリスのトランザクションが含まれるブロックの後にマイニングされたブロックは、さらなる保証として働きます。慣例的に、6回より多くの検証がなされたブロックは改変ができないと考えられています。というのは、6個のブロックを無効にし、再計算するためには、膨大な計算量が必要だからです。マイニングの過程やマイニングが信用を作り出す方法は、第8章で詳しく説明します。

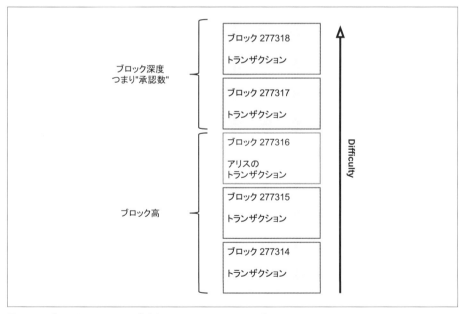

図2－9　ブロック #277316 に含まれているアリスのトランザクション

トランザクションの使用

アリスのトランザクションはブロックの一部としてブロックチェーンに埋め込まれ、ビットコインの分散された元帳の一部としてすべてのビットコインアプリケーションから参照できるようになりました。それぞれのビットコインクライアントは、トランザクションが有効で使用可能かを独立に検証できます。フルインデックスクライアントは、アリスがボブに支払ったビットコインが生成され、1つ1つのトランザクションを経て、ボブのアドレスにたどり着くまでの、すべての軌跡を追うことができます。軽量クライアントは「SPV（simplified payment verification）」（第6章参照）と呼ばれる検証を行います。すなわち、トランザクションがブロックチェーンに含まれ、そのトランザクションの後にマイニングされたブロックがいくつかあることを確認し、トランザクションが有効であるとネットワークが受け入れるようにします。

ボブは今や、新たなトランザクションを作り、アリスや他の人とのトランザクションで得たアウトプットをインプットとして参照し新しい所有者に割りあてることで、これらのアウトプットを支払いに使うことができます。例えば、ボブは、アリスから支払われたコーヒーの代金を送ることで、契約者やサプライヤーに支払いができるのです。ボブのビットコインソフトウェアは、たくさんの少額の支払いを、1つのより大きい金額の支払いにまとめるでしょう。もしかしたら、一日のビットコイン収入すべてをまとめて1つのトランザクションに集約しているかもしれません。このトランザクションは、いろいろな支払いを、店舗の「決済」口座として使っている単一のビットコインアドレスに移します。図2-6で、この集約型トランザクションを解説しています。

ボブが、アリスや他のお客さんから受け取った支払いを使うほど、トランザクションの連鎖を伸ばすことになります。それは、参加者全員が確認し信用するグローバルなブロックチェーンに、これらのトランザクションが追加されることを意味します。ボブは新しいウェブページを作るためにバンガロールにいるウェブデザイナーのゴペッシュに支払いをすると考えてみましょう。トランザクションの連鎖は図2-10のようになっています。

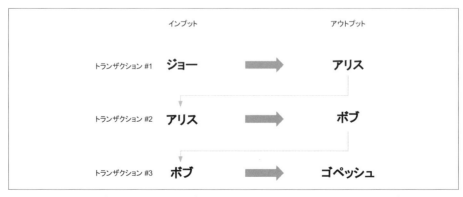

図2-10 ジョーからゴペッシュへのトランザクションの連鎖の一部としてのアリスのトランザクション

第3章　ビットコインクライアント

ビットコインコア：リファレンス実装

　ビットコインのリファレンスクライアントであるビットコインコア（「Satoshiクライアント」）は、bitcoin.orgからダウンロードすることができます。このクライアントはビットコインシステムのすべての機能を実装しており、ウォレット、トランザクション元帳（ブロックチェーン）全体のコピーを保持するトランザクション認証エンジン、peer-to-peerビットコインネットワークノードを含んでいます。

　ビットコインリファレンスクライアントをダウンロードするためにウォレット選択ページ（http://bitcoin.org/en/choose-your-wallet）でビットコインコアを選んでください。自分が使っているOSに合わせて、インストーラをダウンロードできます。WindowsならZIPアーカイブか.exe実行ファイルです。Mac OSなら.dmgディスクイメージ、LinuxならUbuntuのPPAパッケージかtar.gzアーカイブです。図3-1にあるように、bitcoin.orgには推奨されるビットコインクライアントがリストアップされています。

図3-1 bitcoin.orgでのビットコインクライアントの選択

最初にビットコインコアを実行するには

まずインストール可能なパッケージファイル（.exe、.dmg、PPAなど）をダウンロードしてください。Windowsなら.exeファイルを実行し、ステップごとのインストールプロセスに従います。Mac OSなら.dmgファイルを実行し、Bicoin-QTアイコンをアプリケーションフォルダにドラッグしてください。Ubuntuなら、PPAファイルをダブルクリックするとパッケージマネージャーが起動します。インストールが完了すると、アプリケーションリストにBitcoin-QTというソフトウェアが入っているはずです。ビットコインクライアントを起動するために、アイコンをダブルクリックしてください。

ビットコインコアを最初に起動すると、まずブロックチェーンをダウンロードし始めます。これには数日間かかるでしょう（図3-2参照）。画面の「同期されていません（out of sync）」という表示が消え、「同期完了（Synchronized）」と出るまで、バックグラウンドで動かしておいてください。

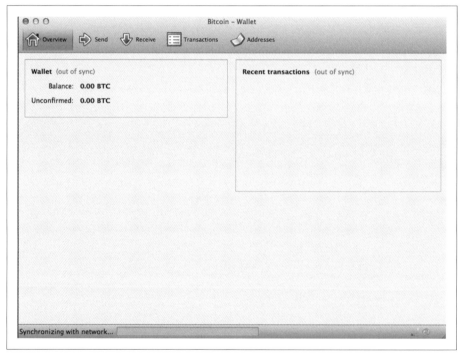

図3-2　ブロックチェーン初期起動時のビットコインコアのスクリーン

 ビットコインコアはトランザクション元帳（ブロックチェーン）の完全なコピーを保持しており、2009年にビットコインネットワークが稼働し始めてから、ビットコインネットワークで生成されたすべてのトランザクションを含んでいます。このデータセットは巨大で（2013年後半時点で約16GB）あり、数日かけてダウンロードされます。フルブロックチェーンデータ

セットをダウンロードするまで、クライアントはトランザクションを処理することも、口座残高を更新することもできません。ダウンロードの間は、クライアントの画面では、口座残高の横に「同期されていません（out of sync）」と表示され、下部に「同期中（Synchronizing）」と表示されます。最初の同期を完了するために十分な空きディスク容量、帯域幅、時間があるかを、事前に確認しておいてください。

ソースコードから行うビットコインコアコンパイル

開発者向けに、ZIP アーカイブとしてソースコードをダウンロードする、または GitHub からソースコードを clone してくることもできます。GitHub ビットコインページ（https://github.com/bitcoin/bitcoin）のサイドバーから、ZIP アーカイブのダウンロードを選ぶことができます。また git のコマンドを使うことで、ローカルコピーを作ることもできます。次の例は、Linux や Mac OS など、Unix に似た OS 上でコマンドを実行してソースコードを clone しています。

```
$ git clone https://github.com/bitcoin/bitcoin.git
Cloning into 'bitcoin'...
remote: Counting objects: 31864, done.
remote: Compressing objects: 100% (12007/12007), done.
remote: Total 31864 (delta 24480), reused 26530 (delta 19621)
Receiving objects: 100% (31864/31864), 18.47 MiB | 119 KiB/s, done.
Resolving deltas: 100% (24480/24480), done.
$
```

 導入手順とスクリーンに表示される結果は、バージョンによって変わるかもしれません。もしここで見た導入手順と違うことがあれば、ダウンロードしてきたソースコードについているドキュメントに従ってください。また、スクリーンに表示される結果が、ここにある例とわずかに違っていても驚かないでください。

git clone が終わると、bitcoin というディレクトリの中に、完全なソースコードがダウンロードされます。プロンプトの次に cd bitcoin と打ち込んで、ディレクトリを移ってください。

```
$ cd bitcoin
```

ローカルコピーはデフォルトで最新のソースコードと同期されているので、そのソースコードは不安定であったり、またベータ版であったりするかもしれません。ソースコードをコンパイルする前に、リリースタグを確認して特定のバージョンを選択します。これは、タグがつけられたソースコードのスナップショットと、ローカルコピーを同期するということです。タグは、特定のリリースに目印をつけるために、開発者がソースコードに付与した

バージョン番号です。まず、git tag コマンドを実行して、同期できるタグを確認してみましょう。

```
$ git tag
v0.1.5
v0.1.6test1
v0.2.0
v0.2.10
v0.2.11
v0.2.12

[...多くのタグがあるため省略...]

v0.8.4rc2
v0.8.5
v0.8.6
v0.8.6rc1
v0.9.0rc1
```

このタグリストは、ビットコインのすべてのリリースタグを示しています。慣習に沿って、テストが必要なリリース候補には「rc」という接尾詞がついています。商用環境で使用できる安定したソースコードには、この接尾詞はつきません。前のリストから最も大きいバージョンのタグ v0.9.0rc1（原書執筆時点。2016年6月現在、最新タグは v0.12.1rc2）を選択しましょう。ローカルコピーと、このバージョンのソースコードを同期するために、git checkout コマンドを実行します。

```
$ git checkout v0.9.0rc1
Note: checking out 'v0.9.0rc1'.

HEAD is now at 15ec451... Merge pull request #3605
$
```

ソースコードには、ドキュメントファイルも入っています。more README.md とプロンプトのところに入力して、README.md というドキュメントファイルを読んでみましょう。スペースキーを押すことで、次のページに移ることができます。この章では、コマンドラインから操作できる Linux 上で動作するビットコインクライアント bitcoind をビルドしてみます。more doc/build-unix.md を入力して、bitcoind のコンパイル説明書を読んでみましょう。また Mac OS X や Windows に対しても同様の doc ディレクトリがあり、それぞれ build-osx.md、build-msw.md というコンパイル説明書があります。

コンパイル説明書の最初の部分にある、ビルド必須事項を注意深く読んでください。これは、コンパイルを始める上で必要なライブラリです。もしこの必須事項のうち欠けているも

のがあれば、コンパイルは途中で失敗してしまいます。この場合、必須事項をインストールし、失敗してしまったところからコンパイルをやり直すことができます。必須事項がすべてインストールされているとして、autogen.sh というスクリプトを使って bitcoind のビルドを始めましょう。

 ビットコインコアのビルド手順は、version 0.9 から autogen/configure/make を使う形に変わりました。昔のバージョンでは簡単な Makefile を使っており、例とわずかに違う形の手順になっています。コンパイルしたいバージョンの導入手順に従ってください。0.9 で導入された autogen/configure/make は、今後のバージョンで使われるビルド方法で、以下で例示されているものです。

```
$ ./autogen.sh
configure.ac:12: installing `src/build-aux/config.guess'
configure.ac:12: installing `src/build-aux/config.sub'
configure.ac:37: installing `src/build-aux/install-sh'
configure.ac:37: installing `src/build-aux/missing'
src/Makefile.am: installing `src/build-aux/depcomp'
$
```

autogen.sh というスクリプトは、自動的に設定スクリプトを生成するスクリプトです。あなたのシステムの設定やコンパイルに必要なライブラリがあるかをチェックしてくれます。最も重要なスクリプトは configure スクリプトで、これによって bitcoind をビルドする上での数多くのカスタマイズ方法を設定できます。./configure --help と入力すると、いろいろなオプションを見ることができます。

```
$ ./configure --help

`configure' configures Bitcoin Core 0.9.0 to adapt to many kinds of systems.

Usage: ./configure [OPTION]... [VAR=VALUE]...

To assign environment variables (e.g., CC, CFLAGS...), specify them as
VAR=VALUE.  See below for descriptions of some of the useful variables.

Defaults for the options are specified in brackets.

Configuration:
  -h, --help              display this help and exit
      --help=short        display options specific to this package
      --help=recursive    display the short help of all the included packages
  -V, --version           display version information and exit
```

```
[...さらに多くのオプションと変数が、以下に表示されます...]

Optional Features:
  --disable-option-checking  ignore unrecognized --enable/--with options
  --disable-FEATURE       do not include FEATURE (same as --enable-FEATURE=no)
  --enable-FEATURE[=ARG]  include FEATURE [ARG=yes]

[...多くのオプションが出てくるため省略...]

Use these variables to override the choices made by `configure' or to help
it to find libraries and programs with nonstandard names/locations.

Report bugs to <info@bitcoin.org>.

$
```

　configureスクリプトによって、bitcoindのある機能を有効化したり無効化したりできます。これを行うには、configureスクリプトの後ろに --enable-FEATURE や --disable-FEATURE といった形でフラグを設定して実行します。このFEATUREのところにはhelpを実行したときに出ていた各機能の名前が入ります。この章では、すべてのデフォルト機能を入れたbitcoindクライアントをビルドすることにします。ここは設定フラグを使いませんが、どんな機能をつけられるのか、確認してみたほうがよいでしょう。次にconfigureスクリプトを実行して、必要なライブラリを自動的にチェックし、カスタマイズされたビルドスクリプトを生成していきます。

```
$ ./configure
checking build system type... x86_64-unknown-linux-gnu
checking host system type... x86_64-unknown-linux-gnu
checking for a BSD-compatible install... /usr/bin/install -c
checking whether build environment is sane... yes
checking for a thread-safe mkdir -p... /bin/mkdir -p
checking for gawk... no
checking for mawk... mawk
checking whether make sets $(MAKE)... yes

[...システムが持っている多くの機能がチェックされます...]

configure: creating ./config.status
config.status: creating Makefile
config.status: creating src/Makefile
config.status: creating src/test/Makefile
config.status: creating src/qt/Makefile
config.status: creating src/qt/test/Makefile
```

```
config.status: creating share/setup.nsi
config.status: creating share/qt/Info.plist
config.status: creating qa/pull-tester/run-bitcoind-for-test.sh
config.status: creating qa/pull-tester/build-tests.sh
config.status: creating src/bitcoin-config.h
config.status: executing depfiles commands
$
```

すべてがうまくいったら、configureコマンドはカスタマイズされたビルドスクリプトを生成し、終了します。何か足りないライブラリがあったりエラーがあったりすると、configureコマンドはビルドスクリプトを生成することなく、エラーを出して終了してしまいます。もしエラーが出たら、おそらくライブラリ自体がないか、ライブラリがあってもそのバージョンのライブラリとbitcoindの相性が悪いかでしょう。構築ドキュメントをもう一度確認し、足りないものをインストールし、configureコマンドを実行するとエラーが解消されます。次にソースコードをコンパイルします。完了までには最大で1時間ほどかかります。コンパイルが実行されている間、数秒から数分に1回のメッセージが出力されるか、あるいは何かのエラーが出ます。コンパイルはいつでも止まったところから再開できます。makeと入力してコンパイルを始めてください。

```
$ make
Making all in src
make[1]: Entering directory `/home/ubuntu/bitcoin/src'
make  all-recursive
make[2]: Entering directory `/home/ubuntu/bitcoin/src'
Making all in .
make[3]: Entering directory `/home/ubuntu/bitcoin/src'
  CXX     addrman.o
  CXX     alert.o
  CXX     rpcserver.o
  CXX     bloom.o
  CXX     chainparams.o

[...多くのコンパイルメッセージが続きますが省略...]

  CXX     test_bitcoin-wallet_tests.o
  CXX     test_bitcoin-rpc_wallet_tests.o
  CXXLD   test_bitcoin
make[4]: Leaving directory `/home/ubuntu/bitcoin/src/test'
make[3]: Leaving directory `/home/ubuntu/bitcoin/src/test'
make[2]: Leaving directory `/home/ubuntu/bitcoin/src'
make[1]: Leaving directory `/home/ubuntu/bitcoin/src'
make[1]: Entering directory `/home/ubuntu/bitcoin'
make[1]: Nothing to be done for `all-am'.
```

```
make[1]: Leaving directory `/home/ubuntu/bitcoin'
$
```

makeがエラーなくすべて実行されると、コンパイルされたbitcoindが生成されます。最後に、この実行可能なbitcoind（コンパイルされたbitcoind）を、システム上の適切なところにインストールするために、makeコマンドを使ってインストールします。

```
$ sudo make install
Making install in src
Making install in .
 /bin/mkdir -p '/usr/local/bin'
   /usr/bin/install -c bitcoind bitcoin-cli '/usr/local/bin'
Making install in test
make  install-am
 /bin/mkdir -p '/usr/local/bin'
   /usr/bin/install -c test_bitcoin '/usr/local/bin'
$
```

bitcoindが正常にインストールされたかは、以下のように2つのコマンドがどこに配置されているかを表示するコマンドを使うことで確認できます。

```
$ which bitcoind
/usr/local/bin/bitcoind

$ which bitcoin-cli
/usr/local/bin/bitcoin-cli
```

デフォルトでbitcoindは/usr/local/binに配置されます。最初にbitcoindを実行したときに、JSON-RPCを使うための強力なパスワードを含む設定ファイルを作るよう、bitcoindから指示されます。bitcoindとプロンプトのところに入力して、bitcoindをスタートさせてください。

```
$ bitcoind
Error: To use the "-server" option, you must set a rpcpassword in the configuration file:
/home/ubuntu/.bitcoin/bitcoin.conf
It is recommended you use the following random password:
rpcuser=bitcoinrpc
rpcpassword=2XA4DuKNCbtZXsBQRRNDEwEY2nM6M4H9Tx5dFjoAVVbK
(you do not need to remember this password)
The username and password MUST NOT be the same.
```

```
If the file does not exist, create it with owner-readable-only file permissions.
It is also recommended to set alertnotify so you are notified of problems;
for example: alertnotify=echo %s | mail -s "Bitcoin Alert" admin@foo.com
```

好きなエディタを使って設定ファイルを編集し、bitcoind に推奨されたようにパスワードを強力なものにしてください。以下に書かれたパスワードを使ってはいけません。.bitcoin ディレクトリの中に .bitcoin/bitcoin.conf というファイルを作成し、ユーザ名とパスワードを入力してください。

```
rpcuser=bitcoinrpc
rpcpassword=2XA4DuKNCbtZXsBQRRNDEwEY2nM6M4H9Tx5dFjoAVVbK
```

設定ファイルを編集しているときに、txindex など（本章「トランザクションデータベースインデックスと txindex オプション」節参照）、いくつか別のオプションを設定したくなるかもしれません。他の設定可能なオプションについては、bitcoind --help と入力して実行することで表示されます。

では、ビットコインコアクライアントを実行してみましょう。最初に実行するとき、クライアントはすべてのブロックをダウンロードして、ブロックチェーンを構築し始めます。ブロックチェーンのファイルは何 GB もあるため、平均してダウンロードに2日くらいかかります。BitTorrent クライアントを使って、ブロックチェーンの部分コピーを SourceForge（http://bit.ly/1qkLNyh）からダウンロードし、ブロックチェーンの初期化にかかる時間を短くすることもできます。

bitcoind をバックグラウンドで実行したい場合は、オプションとして -daemon をつけて実行してください。

```
$ bitcoind -daemon

Bitcoin version v0.9.0rc1-beta (2014-01-31 09:30:15 +0100)
Using OpenSSL version OpenSSL 1.0.1c 10 May 2012
Default data directory /home/bitcoin/.bitcoin
Using data directory /bitcoin/
Using at most 4 connections (1024 file descriptors available)
init message: Verifying wallet...
dbenv.open LogDir=/bitcoin/database ErrorFile=/bitcoin/db.log
Bound to [::]:8333
Bound to 0.0.0.0:8333
init message: Loading block index...
Opening LevelDB in /bitcoin/blocks/index
Opened LevelDB successfully
Opening LevelDB in /bitcoin/chainstate
Opened LevelDB successfully
```

[...多くの起動メッセージがありますが省略...]

コマンドラインからビットコインコア JSON-RPC APIを使う

ビットコインコアクライアントには、bitcoin-cli コマンドでアクセスできる JSON-RPC API が実装されています。bitcoin-cli コマンドを使うことで、bitcoind と1つ1つコミュニケーションをとるように JSON-RPC API を使うことができます。また、プログラムから JSON-RPC API を使うこともできます。始めるために以下のように help を使って、利用できる RPC コマンドを確認してみましょう。

```
$ bitcoin-cli help
addmultisigaddress nrequired ["key",...] ( "account" )
addnode "node" "add|remove|onetry"
backupwallet "destination"
createmultisig nrequired ["key",...]
createrawtransaction [{"txid":"id","vout":n},...] {"address":amount,...}
decoderawtransaction "hexstring"
decodescript "hex"
dumpprivkey "bitcoinaddress"
dumpwallet "filename"
getaccount "bitcoinaddress"
getaccountaddress "account"
getaddednodeinfo dns ( "node" )
getaddressesbyaccount "account"
getbalance ( "account" minconf )
getbestblockhash
getblock "hash" ( verbose )
getblockchaininfo
getblockcount
getblockhash index
getblocktemplate ( "jsonrequestobject" )
getconnectioncount
getdifficulty
getgenerate
gethashespersec
getinfo
getmininginfo
getnettotals
getnetworkhashps ( blocks height )
getnetworkinfo
getnewaddress ( "account" )
getpeerinfo
```

```
getrawchangeaddress
getrawmempool ( verbose )
getrawtransaction "txid" ( verbose )
getreceivedbyaccount "account" ( minconf )
getreceivedbyaddress "bitcoinaddress" ( minconf )
gettransaction "txid"
gettxout "txid" n ( includemempool )
gettxoutsetinfo
getunconfirmedbalance
getwalletinfo
getwork ( "data" )
help ( "command" )
importprivkey "bitcoinprivkey" ( "label" rescan )
importwallet "filename"
keypoolrefill ( newsize )
listaccounts ( minconf )
listaddressgroupings
listlockunspent
listreceivedbyaccount ( minconf includeempty )
listreceivedbyaddress ( minconf includeempty )
listsinceblock ( "blockhash" target-confirmations )
listtransactions ( "account" count from )
listunspent ( minconf maxconf ["address",...] )
lockunspent unlock [{"txid":"txid","vout":n},...]
move "fromaccount" "toaccount" amount ( minconf "comment" )
ping
sendfrom "fromaccount" "tobitcoinaddress" amount ( minconf "comment" "comment-to" )
sendmany "fromaccount" {"address":amount,...} ( minconf "comment" )
sendrawtransaction "hexstring" ( allowhighfees )
sendtoaddress "bitcoinaddress" amount ( "comment" "comment-to" )
setaccount "bitcoinaddress" "account"
setgenerate generate ( genproclimit )
settxfee amount
signmessage "bitcoinaddress" "message"
signrawtransaction "hexstring" ( [{"txid":"id","vout":n,"scriptPubKey":"hex","redeemScript":"hex"},...] ["privatekey1",...] sighashtype )
stop
submitblock "hexdata" ( "jsonparametersobject" )
validateaddress "bitcoinaddress"
verifychain ( checklevel numblocks )
verifymessage "bitcoinaddress" "signature" "message"
walletlock
walletpassphrase "passphrase" timeout
walletpassphrasechange "oldpassphrase" "newpassphrase"
```

ビットコインコアクライアントのステータスの取得

コマンド：getinfo

ビットコインの getinfo RPC コマンドは、ビットコインネットワークノード、ウォレット、ブロックチェーンデータベースに関する基本的な情報を表示します。これを実行するには、以下の通り bitcoin-cli コマンドを用いてください。

```
$ bitcoin-cli getinfo

{
    "version" : 90000,
    "protocolversion" : 70002,
    "walletversion" : 60000,
    "balance" : 0.00000000,
    "blocks" : 286216,
    "timeoffset" : -72,
    "connections" : 4,
    "proxy" : "",
    "difficulty" : 2621404453.06461525,
    "testnet" : false,
    "keypoololdest" : 1374553827,
    "keypoolsize" : 101,
    "paytxfee" : 0.00000000,
    "errors" : ""
}
```

このデータは、JavaScript オブジェクト記法（JSON）で返されます。JSON は多くのプログラミング言語で簡単に利用できるとともに、人間にとっても読みやすいものです。このデータの中に、ビットコインクライアントのバージョン情報（90000）やプロトコルバージョン情報（70002）、ウォレットバージョン情報（60000）があります。ウォレットにある現在の残高を見ると0になっています。「blocks」とあるところには、ブロック高（286216）が示されています。この値で、ビットコインクライアントが認識しているブロック数が分かります。また、ビットコインネットワークやこのクライアントの設定に関する、いろいろな統計情報を見ることもできます。この章の残りの部分で、これらの設定値についてもっと詳細に分け入ってみます。

 bitcoind クライアントが、他のビットコインクライアントからブロックをダウンロードしながら、現在のブロックチェーンの高さに「追いつく」ためには、おそらく1日以上かかるでしょう。getinfo コマンドを使うことで、ダウンロードしたブロックの数を把握することができ、現在の進捗を知ることができます。

ウォレットのセットアップと暗号化

コマンド：encryptwallet, walletpassphrase

秘密鍵の生成やその他のコマンドに進む前に、最初にウォレットをパスワードで暗号化しておくべきです。この例では、「foo」というパスワードとともに encryptwallet コマンドを使います。言うまでもないことですが、必ず「foo」をより強力で複雑なパスワードに置き換えてください！

```
$ bitcoin-cli encryptwallet foo
wallet encrypted; Bitcoin server stopping, restart to run with encrypted wallet. The
keypool has been flushed, you need to make a new backup.
$
```

ウォレットが暗号化されたかどうかは、getinfo コマンドを実行することで確認できます。暗号化すると getinfo コマンドの実行結果に unlocked_until という新しい項目が表示されます。これは、メモリにパスワードを保持する時間を表します。暗号化直後に getinfo コマンドを実行すると、unlocked_until は0になっています。つまり、ロックされています。

```
$ bitcoin-cli getinfo

{
    "version" : 90000,

#[...その他の情報は省略...]

    "unlocked_until" : 0,
    "errors" : ""
}
$
```

ウォレットのロックを解除するためには、walletpassphrase コマンドが必要になります。このコマンドは、パスワードと、ウォレットを再びロックするまでの秒数という2つのパラメータが必要です。

```
$ bitcoin-cli walletpassphrase foo 360
$
```

getinfo コマンドを再度実行することで、ウォレットのロックが解除されていること、および再びロックされる時刻が確認できます。

```
$ bitcoin-cli getinfo

{
    "version" : 90000,

#[...その他の情報は省略...]

    "unlocked_until" : 1392580909,
    "errors" : ""
}
```

ウォレットのバックアップ、プレインテキストダンプ、リストア

コマンド：backupwallet, importwallet, dumpwallet

次にウォレットのバックアップを作り、このバックアップからウォレットをリストアする練習をしてみます。パラメータとしてバックアップファイル名を指定することで backupwallet コマンドを使ってバックアップをすることができます。ここでは、バックアップファイルとして wallet.backup というファイルを作成します。

```
$ bitcoin-cli backupwallet wallet.backup
$
```

バックアップファイルを用いてリストアするには、importwallet コマンドを使います。ウォレットがロックされている場合には、最初にロックを解除しなければなりません（1つ前の walletpassphrase 参照）。

```
$ bitcoin-cli importwallet wallet.backup
$
```

dumpwallet コマンドは、ウォレットを人間が読めるテキストとしてダンプするときに使うことができます。

```
$ bitcoin-cli dumpwallet wallet.txt
$ more wallet.txt
# Wallet dump created by Bitcoin v0.9.0rc1-beta (2014-01-31 09:30:15 +0100)
# * Created on 2014-02- 8dT20:34:55Z
# * Best block at time of backup was 286234 (0000000000000000f74f0bc9d3c186267bc45c7b
91c49a0386538ac24c0d3a44),
#   mined on 2014-02- 8dT20:24:01Z
```

```
KzTg2wn6Z8s7ai5NA9MVX4vstHRsqP26QKJCzLg4JvFrp6mMaGB9 2013-07- 4dT04:30:27Z change=1 #
addr=16pJ6XkwSQv5ma5FSXMRPaXEYrENCEg47F
Kz3dVz7R6mUpXzdZy4gJEVZxXJwA15f198eVui4CUivXotzLBDKY 2013-07- 4dT04:30:27Z change=1 #
addr=17oJds8kaN8LP8kuAkWTco6ZM7BGXFC3gk
[...他にも多くのキーが出てきます...]

$
```

ウォレットアドレスと受信トランザクション

コマンド：getnewaddress, getreceivedbyaddress, listtransactions, getaddressesbyaccount, getbalance

ビットコインリファレンスクライアントは、ビットコインアドレスプールを管理しており、このプールのデータサイズは getinfo コマンドで表示される keypoolsize として表示されます。これらのビットコインアドレスは自動的に生成され、公開のビットコイン受信アドレスや、おつり受信アドレスとして使われます。ビットコインアドレスを作るためには、getnewaddress コマンドを使ってください。

```
$ bitcoin-cli getnewaddress
1hvzSofGwT8cjb8JU7nBsCSfEVQX5u9CL
```

他のウォレット（例えば取引所やウェブウォレット、その他の bitcoind ウォレット）から bitcoind ウォレットに少額を送るために、このビットコインアドレスを使うことができます。この例では、さきほど作ったビットコインアドレスに、50 mbits（0.050 bitcoin）を送ってみることにしましょう。

今、bitcoind クライアントに問い合わせることで、このビットコインアドレスにビットコインが届いたか、0.050 bitcoin になるまでに何回の承認が必要とされたか、ということが分かります。承認が0回のものだけを見てみましょう。こうすると、送金の数秒後にビットコインがウォレットに反映されたことを確認できます。承認回数を0回に指定して、さきほどのビットコインアドレスに対して getreceivedbyaddress コマンドを実行してみましょう。

```
$ bitcoin-cli getreceivedbyaddress 1hvzSofGwT8cjb8JU7nBsCSfEVQX5u9CL 0
0.05000000
```

コマンドの最後にある0を省略すると、最低でも minconf で設定されている回数だけ承認されないと、送られたビットコインが残高に反映されないようになっています。minconf とは、残高にトランザクションを表示する前に行う、承認の回数の設定値です。minconf は、bitcoind の設定ファイルの中で設定できます。今回のビットコイン送付のトランザクションは、送金から数秒経ってもまだ承認されておらず、従って残高が0と表示されているのです。

```
$ bitcoin-cli getreceivedbyaddress 1hvzSofGwT8cjb8JU7nBsCSfEVQX5u9CL
0.00000000
```

bitcoindにあるビットコインアドレスすべてに対して送られたトランザクションは、listtransactionsコマンドを使うことで参照できます。

```
$ bitcoin-cli listtransactions
[
    {
        "account" : "",
        "address" : "1hvzSofGwT8cjb8JU7nBsCSfEVQX5u9CL",
        "category" : "receive",
        "amount" : 0.05000000,
        "confirmations" : 0,
        "txid" : "9ca8f969bd3ef5ec2a8685660fdbf7a8bd365524c2e1fc66c309acbae2c14ae3",
        "time" : 1392660908,
        "timereceived" : 1392660908
    }
]
```

すべてのビットコインアドレスは、getaddressesbyaccountコマンドを使うことで参照できます。

```
$ bitcoin-cli getaddressesbyaccount ""
[
    "1LQoTPYy1TyERbNV4zZbhEmgyfAipC6eqL",
    "17vrg8uwMQUibkvS2ECRX4zpcVJ78iFaZS",
    "1FvRHWhHBBZA8cGRRsGiAeqEzUmjJkJQWR",
    "1NVJK3JsL41BF1KyxrUyJW5XHjunjfp2jz",
    "14MZqqzCxjc99M5ipsQSRfieT7qPZcM7Df",
    "1BhrGvtKFjTAhGdPGbrEwP3xvFjkJBuFCa",
    "15nem8CX91XtQE8B1Hdv97jE8X44H3DQMT",
    "1Q3q6taTsUiv3mMemEuQQJ9sGLEGaSjo81",
    "1HoSiTg8sb16oE6SrmazQEwcGEv8obv9ns",
    "13fE8BGhBvnoy68yZKuWJ2hheYKovSDjqM",
    "1hvzSofGwT8cjb8JU7nBsCSfEVQX5u9CL",
    "1KHUmVfCJteJ21LmRXHSpPoe23rXKifAb2",
    "1LqJZz1D9yHxG4cLkdujnqG5jNNGmPeAMD"
]
```

最後に、getbalance コマンドは、このウォレットにある総残高を表示します。minconf で設定された回数より多く承認されたトランザクションについてだけ、ここに数字が表示されます。

```
$ bitcoin-cli getbalance
0.05000000
```

もしトランザクションがまだ承認されていなければ、getbalance が返す残高は 0 になります。「minconf」オプションは、何回トランザクションが承認されれば残高に表示するかを設定しています。

トランザクションの探索とデコード

コマンド：gettransaction, getrawtransaction, decoderawtransaction

gettransaction コマンドを使って、さきほど表示された受信トランザクションを探索してみましょう。さきほど listtransactions コマンドで示した txid というトランザクションハッシュと、gettransaction コマンドで、トランザクションを取り出すことができます。

```
$ bitcoin-cli gettransaction 9ca8f969bd3ef5ec2a8685660fdbf7a8bd365524c2e1fc66c309acba
e2c14ae3

{
    "amount" : 0.05000000,
    "confirmations" : 0,
    "txid" : "9ca8f969bd3ef5ec2a8685660fdbf7a8bd365524c2e1fc66c309acbae2c14ae3",
    "time" : 1392660908,
    "timereceived" : 1392660908,
    "details" : [
        {
            "account" : "",
            "address" : "1hvzSofGwT8cjb8JU7nBsCSfEVQX5u9CL",
            "category" : "receive",
            "amount" : 0.05000000
        }
    ]
}
```

トランザクション ID は、トランザクションが承認されるまで信用できるものではありません。ブロックチェーン内にトランザクションハッシュがないというだけで、トランザクションがまだ処理されていないと判断することはできません。「トランザクション展性 (transaction malleability)」と呼ばれるものがあり、トランザクションハッシュはブロック内

で承認される前に変更され得るのです。承認された後、txidは不変となり信用できるものになります。

gettransactionコマンドで表示されるトランザクション形式は、簡略化されたものです。さらに細かいトランザクションの内容を見るためには、getrawtransactionコマンドとdecoderawtransactionコマンドを使います。最初に、トランザクションハッシュtxidを引数とするgetrawtransactionコマンドを実行すると、トランザクションが「生」の16進数テキストとして表示されます。

```
$ bitcoin-cli getrawtransaction 9ca8f969bd3ef5ec2a8685660fdbf7a8bd365524c2e1fc66c309a
cbae2c14ae3

0100000001d717279515f88e2f56ce4e8a31e2ae3e9f00ba1d0add648e80c480ea22e0c7d3000000008b4
83045022100a4ebbeec83225dedead659bbde7da3d026c8b8e12e61a2df0dd0758e227383b30220330176
8ef878007e9ef7c304f70ffaf1f2c975b192d34c5b9b2ac1bd193dfba2014104793ac8a58ea751f9710e39
aad2e296cc14daa44fa59248be58ede65e4c4b884ac5b5b6dede05ba84727e34c8fd3ee1d6929d7a44b6e
111d41cc79e05dbfe5ceaffffffff02404b4c00000000001976a91407bdb518fa2e6089fd810235cf1100c9c1
3d1fd288ac1f3129060000000001976a914107b7086b31518935c8d28703d66d09b3623134388
ac00000000
```

この16進数テキストをdecoderawtransactionコマンドを使ってデコードしてみます。さきほどの16進数テキストをコピーして、decoderawtransactionコマンドの1つ目の引数として貼り付けて実行すると、JSON形式として解釈された文字列が出てきます（16進数テキストになっているのは、以下の例にある長いJSONを短く格納しておくためです）。

```
$ bitcoin-cli decoderawtransaction 0100000001d717279515f88e2f56ce4e8a31e2ae3e9f00ba1d
0add648e80c480ea22e0c7d3000000008b483045022100a4ebbeec83225dedead659bbde7da3d026c8b8e
12e61a2df0dd0758e227383b302203301768ef878007e9ef7c304f70ffaf1f2c975b192d34c5b9b2ac1bd1
93dfba2014104793ac8a58ea751f9710e39aad2e296cc14daa44fa59248be58ede65e4c4b884ac5b5b6de
de05ba84727e34c8fd3ee1d6929d7a44b6e111d41cc79e05dbfe5ceaffffffff02404b4c00000000001976a91
407bdb518fa2e6089fd810235cf1100c9c13d1fd288ac1f3129060000000001976a914107b7086b3151893
5c8d28703d66d09b3623134388ac00000000

{
    "txid" : "9ca8f969bd3ef5ec2a8685660fdbf7a8bd365524c2e1fc66c309acbae2c14ae3",
    "version" : 1,
    "locktime" : 0,
    "vin" : [
        {
            "txid" : "d3c7e022ea80c4808e64dd0a1dba009f3eaee2318a4ece562f8ef81595271
7d7",
            "vout" : 0,
```

```
            "scriptSig" : {
                "asm" : "3045022100a4ebbeec83225dedead659bbde7da3d026c8b8e12e61a2df0d
d0758e227383b302203301768ef878007e9ef7c304f70ffaf1f2c975b192d34c5b9b2ac1bd193dfba20104
793ac8a58ea751f9710e39aad2e296cc14daa44fa59248be58ede65e4c4b884ac5b5b6dede05ba84727e3
4c8fd3ee1d6929d7a44b6e111d41cc79e05dbfe5cea",
                "hex" : "483045022100a4ebbeec83225dedead659bbde7da3d026c8b8e12e61a2df0
dd0758e227383b302203301768ef878007e9ef7c304f70ffaf1f2c975b192d34c5b9b2ac1bd193dfba2014
104793ac8a58ea751f9710e39aad2e296cc14daa44fa59248be58ede65e4c4b884ac5b5b6dede05ba8472
7e34c8fd3ee1d6929d7a44b6e111d41cc79e05dbfe5cea"
            },
            "sequence" : 4294967295
        }
    ],
    "vout" : [
        {
            "value" : 0.05000000,
            "n" : 0,
            "scriptPubKey" : {
                "asm" : "OP_DUP OP_HASH160 07bdb518fa2e6089fd810235cf1100c9c13d1fd2
OP_EQUALVERIFY OP_CHECKSIG",
                "hex" : "76a91407bdb518fa2e6089fd810235cf1100c9c13d1fd288ac",
                "reqSigs" : 1,
                "type" : "pubkeyhash",
                "addresses" : [
                    "1hvzSofGwT8cjb8JU7nBsCSfEVQX5u9CL"
                ]
            }
        },
        {
            "value" : 1.03362847,
            "n" : 1,
            "scriptPubKey" : {
                "asm" : "OP_DUP OP_HASH160 107b7086b31518935c8d28703d66d09b36231343
OP_EQUALVERIFY OP_CHECKSIG",
                "hex" : "76a914107b7086b31518935c8d28703d66d09b3623134388ac",
                "reqSigs" : 1,
                "type" : "pubkeyhash",
                "addresses" : [
                    "12W9goQ3P7Waw5JH8fRVs1e2rVAKoGnvoy"
                ]
            }
        }
    ]
}
```

デコードされたトランザクションには、トランザクションインプット／アウトプットを含むすべての項目が表示されます。この場合トランザクションには、さきほど作った新しいビットコインアドレスへの50 mbits の送付に対応した1つのインプットと、それに対して生成された2つのアウトプットが含まれます。インプットは前に承認されたトランザクションのアウトプットだったもので、d3c7で始まる vin の txid のところに書かれています。2つのアウトプットは、50 mbits 分の送金と送付元に送り返されるおつりを示します。

gettransaction コマンドなどを通して、ブロックチェーンの中にあるこの txid（9ca8から始まる）の中身にさらに分け入っていくことができます。トランザクションからトランザクションへ次々に見ていくと、ある所有者からある所有者へのビットコインが転送されていく、トランザクションのチェーンをたどることができるのです。

一度受け取ったトランザクションが承認されると、gettransaction コマンドはこのトランザクションが含まれることになったブロックハッシュ（識別子）も返すようになります。

```
$ bitcoin-cli gettransaction 9ca8f969bd3ef5ec2a8685660fdbf7a8bd365524c2e1fc66c309acba
e2c14ae3


{
    "amount" : 0.05000000,
    "confirmations" : 1,
    "blockhash" : "000000000000000051d2e759c63a26e247f185ecb7926ed7a6624bc31c2a717b",
    "blockindex" : 18,
    "blocktime" : 1392660808,
    "txid" : "9ca8f969bd3ef5ec2a8685660fdbf7a8bd365524c2e1fc66c309acbae2c14ae3",
    "time" : 1392660908,
    "timereceived" : 1392660908,
    "details" : [
        {
            "account" : "",
            "address" : "1hvzSofGwT8cjb8JU7nBsCSfEVQX5u9CL",
            "category" : "receive",
            "amount" : 0.05000000
        }
    ]
}
```

ここで、blockhash と blockindex が新たに出てきましたが、blockhash はトランザクションが含まれることになったブロックのハッシュ値であり、blockindex はトランザクションがブロックの中で何番目かを表しており、この場合は18です。

> ### トランザクションデータベースインデックスとtxindexオプション
>
> ビットコインコアが構築するデータベースは、デフォルトでは、自身のウォレットに関係したトランザクションしか含みません。もしgettransactionコマンドなどで**任意の**トランザクションを見られるようにしたいなら、ビットコインコアにtxindexというオプションを設定する必要があります。ビットコインコア設定ファイル（通常はホームディレクトリの下に配置されている**bitcoin/bitcoin.conf**）でtxindex=1に設定してください。変更後は、bitcoindを再起動して、indexが再構築されるまで待たなければなりません。

ブロックの探索

コマンド：getblock, getblockhash

今や、どのブロックに自分のトランザクションが含まれたかが分かったので、そのブロックを見ることができます。ブロックハッシュを指定して、getblockコマンドを実行してみます。

```
$ bitcoin-cli getblock 0000000000000000051d2e759c63a26e247f185ecb7926ed7a6624bc31c2a717b true

{
    "hash" : "0000000000000000051d2e759c63a26e247f185ecb7926ed7a6624bc31c2a717b",
    "confirmations" : 2,
    "size" : 248758,
    "height" : 286384,
    "version" : 2,
    "merkleroot" : "9891747e37903016c3b77c7a0ef10acf467c530de52d84735bd55538719f9916",
    "tx" : [
        "46e130ab3c67d31d2b2c7f8fbc1ca71604a72e6bc504c8a35f777286c6d89bf0",
        "2d5625725b66d6c1da88b80b41e8c07dc5179ae2553361c96b14bcf1ce2c3868",
        "923392fc41904894f32d7c127059bed27dbb3cfd550d87b9a2dc03824f249c80",
        "f983739510a0f75837a82bfd9c96cd72090b15fa3928efb9cce95f6884203214",
        "190e1b010d5a53161aa0733b953cb29cf1071070658aaa656f033ded1a177952",
        "ee791ec8161440262f6e9144d5702f0057cef7e5767bc043879b7c2ff3ff5277",
        "4c45449ff56582664abfadeb1907756d9bc90601d32387d9cfd4f1ef813b46be",
        "3b031ed886c6d5220b3e3a28e3261727f3b4f0b29de5f93bc2de3e97938a8a53",
        "14b533283751e34a8065952fd1cd2c954e3d37aaa69d4b183ac6483481e5497d",
        "57b28365adaff61aaf60462e917a7cc9931904258127685c18f136eeaebd5d35",
        "8c0cc19ff6b66980f90af39bee20294bc745baf32cd83199aa83a1f0cd6ca51",
        "1b408640d54a1409d66ddaf3915a9dc2e8a6227439e8d91d2f74e704ba1cdae2",
        "0568f4fad1fdeff4dc70b106b0f0ec7827642c05fe5d2295b9deba4f5c5f5168",
```

```
            "9194bfe5756c7ec04743341a3605da285752685b9c7eebb594c6ed9ec9145f86",
            "765038fc1d444c5d5db9163ba1cc74bba2b4f87dd87985342813bd24021b6faf",
            "bff1caa9c20fa4eef33877765ee0a7d599fd1962417871ca63a2486476637136",
            "d76aa89083f56fcce4d5bf7fcf20c0406abdac0375a2d3c62007f64aa80bed74",
            "e57a4c70f91c8d9ba0ff0a55987ea578affb92daaa59c76820125f31a9584dfc",
            "9ca8f969bd3ef5ec2a8685660fdbf7a8bd365524c2e1fc66c309acbae2c14ae3",

#[...多くのトランザクションが出てきますが省略...]

    ],
    "time" : 1392660808,
    "nonce" : 3888130470,
    "bits" : "19015f53",
    "difficulty" : 3129573174.52228737,
    "chainwork" : "000000000000000000000000000000000000000000001931d1658fc04879e466",
    "previousblockhash" : "0000000000000000177e61d5f6ba6b9450e0dade9f39c257b4d48b4941ac77e7",
    "nextblockhash" : "00000000000000001239d2c3bf7f4c68a4ca673e434702a57da8fe0d829a92eb6"
```

このブロックには367個のトランザクションが含まれていて、見て分かるように18番目のトランザクション（9ca8f9...）が、私たちのビットコインアドレスに50 mbitsを送金したトランザクションのtxidです。heightパラメータは、このブロックがブロックチェーンの286384番目のブロックであることを示しています。

また、getblockhashコマンドに、引数としてブロック高を与えることで、ブロックハッシュを取得することもできます。

```
$ bitcoin-cli getblockhash 0

000000000019d6689c085ae165831e934ff763ae46a2a6c172b3f1b60a8ce26f
```

ここで、「genesisブロック」、すなわちサトシ・ナカモトによって最初に掘り出された、ブロック高ゼロのブロックのブロックハッシュ値を取得します。

```
$ bitcoin-cli getblock 000000000019d6689c085ae165831e934ff763ae46a2a6c172b3f1b60a8ce26f

{
    "hash" : "000000000019d6689c085ae165831e934ff763ae46a2a6c172b3f1b60a8ce26f",
    "confirmations" : 286388,
    "size" : 285,
```

```
    "height" : 0,
    "version" : 1,
     "merkleroot" : "4a5e1e4baab89f3a32518a88c31bc87f618f76673e2cc77ab2127b7afdeda3
3b",
    "tx" : [
        "4a5e1e4baab89f3a32518a88c31bc87f618f76673e2cc77ab2127b7afdeda33b"
    ],
    "time" : 1231006505,
    "nonce" : 2083236893,
    "bits" : "1d00ffff",
    "difficulty" : 1.00000000,
    "chainwork" : "0000000000000000000000000000000000000000000000000000000100010001",
     "nextblockhash" : "00000000839a8e6886ab5951d76f411475428afc90947ee320161bbf18
eb6048"
}
```

getblock、getblockhash、gettransaction コマンドは、プログラムによりブロックチェーンを探索するために使われます。

未使用アウトプットに基づくトランザクションの生成、署名、送信

コマンド：listunspent, gettxout, createrawtransaction, decoderawtransaction, signrawtransaction, sendrawtransaction

ビットコインのトランザクションは、所有権を移転するトランザクションの連鎖を作るために、前のトランザクションの結果である「アウトプット」を使う、ということを基盤にしています。私たちのウォレットは、アウトプットが私たちのビットコインアドレスに紐づいたトランザクションを受け取ったところです。一度これが承認されると、私たちはそのアウトプットを使うことができるようになります。

まずは listunspent コマンドを使って、このウォレットにあるすべての未使用承認済みアウトプットを表示しましょう。

```
$ bitcoin-cli listunspent

[
    {
        "txid" : "9ca8f969bd3ef5ec2a8685660fdbf7a8bd365524c2e1fc66c309acbae2c14ae3",
        "vout" : 0,
        "address" : "1hvzSofGwT8cjb8JU7nBsCSfEVQX5u9CL",
        "account" : "",
        "scriptPubKey" : "76a91407bdb518fa2e6089fd810235cf1100c9c13d1fd288ac",
        "amount" : 0.05000000,
        "confirmations" : 7
```

        }
    ]

　トランザクション9ca8f9...は、ビットコインアドレス1hvzSo...に紐づけられた50 mbitのアウトプット（voutインデックスが0のもの）を生成していて、この時点でこのトランザクションは7回の承認を受けています。トランザクションは、前に作られたアウトプットをインプットとして使いますが、その際は、前のtxidとvoutインデックスを参照することでアウトプットを取得します。これから、txid 9ca8f9...の0番目のvoutをインプットとして使うトランザクションを作成し、新しいビットコインアドレスにビットコインを送る新しいアウトプットに、このインプットを紐づけます。

　まず、このアウトプットを詳しく見てみましょう。gettxoutコマンドを使うと、未使用アウトプットの詳細を知ることができます。トランザクションアウトプットは、常にtxidとvoutに参照され、gettxoutコマンドを実行するときの引数となります。

```
$ bitcoin-cli gettxout 9ca8f969bd3ef5ec2a8685660fdbf7a8bd365524c2e1fc66c309acbae2c14ae3 0

{
    "bestblock" : "0000000000000001405ce69bd4ceebcdfdb537749cebe89d371eb37e13899fd9",
    "confirmations" : 7,
    "value" : 0.05000000,
    "scriptPubKey" : {
        "asm" : "OP_DUP OP_HASH160 07bdb518fa2e6089fd810235cf1100c9c13d1fd2
            OP_EQUALVERIFY OP_CHECKSIG",
        "hex" : "76a91407bdb518fa2e6089fd810235cf1100c9c13d1fd288ac",
        "reqSigs" : 1,
        "type" : "pubkeyhash",
        "addresses" : [
            "1hvzSofGwT8cjb8JU7nBsCSfEVQX5u9CL"
        ]
    },
    "version" : 1,
    "coinbase" : false
}
```

　ここでgettxoutコマンドで表示されたものは、ビットコインアドレス1hvz...に紐づけられた50 mbitのアウトプットです。このアウトプットを使うには、新しいトランザクションを作成します。まずこの50 mbitの送り先である、新しいビットコインアドレスを生成しましょう。

```
$ bitcoin-cli getnewaddress
1LnfTndy3qzXGN19Jwscj1T8LR3MVe3JDb
```

ウォレットに作った新しいビットコインアドレス1LnfTn...に、25 mbitを送ってみましょう。新しいトランザクションでは、前に出てきた50 mbitのアウトプットを使い、この新しいビットコインアドレスに25 mbitを送ります。前のトランザクションからすべてのアウトプットを使う必要があるので、送信元であるビットコインアドレス1hvz...に返すおつり分も作らなければなりません。また、このトランザクションの手数料も払う必要があります。この手数料を支払うために、0.5 mbitだけおつりから差し引き、24.5 mbitをおつりとして返します。新しいアウトプットのビットコインの総和（25 mBTC + 24.5 mBTC = 49.5 mBTC）とインプットのビットコイン（50 mBTC）の差は、マイナーによってトランザクション手数料として集められます。

このトランザクションを、createrawtransactionコマンドを使って作成します。createrawtransactionコマンドの引数として、トランザクションのインプット（承認済みトランザクションに含まれる50 mbitの未使用アウトプット）と、2つのアウトプット（新しいアドレスに送るお金と、元のアドレスに戻ってくるおつり）を指定します。

```
$ bitcoin-cli createrawtransaction '[{"txid" : "9ca8f969bd3ef5ec2a8685660fdbf7a8bd365
524c2e1fc66c309acbae2c14ae3", "vout" : 0}]' '{"1LnfTndy3qzXGN19Jwscj1T8LR3MVe3JDb":
0.025, "1hvzSofGwT8cjb8JU7nBsCSfEVQX5u9CL": 0.0245}'

0100000001e34ac1e2baac09c366fce1c2245536bda8f7db0f6685862aecf53ebd69f9a89c0000000000ff
ffffff02a0252600000000001976a914d90d36e98f62968d2bc9bbd68107564a156a9bcf88ac506225000000
00001976a91407bdb518fa2e6089fd810235cf1100c9c13d1fd288ac00000000
```

createrawtransactionコマンドは、私たちが生成したトランザクションの詳細をエンコードした、16進数テキストを作ります。decoderawtransactionコマンドを使い、この人間には読めない16進数テキストをデコードして、トランザクションが全体に正しく設定されていることを確認しましょう。

```
$ bitcoin-cli decoderawtransaction 0100000001e34ac1e2baac09c366fce1c2245536bda8f7db0f
6685862aecf53ebd69f9a89c0000000000ffffffff02a0252600000000001976a914d90d36e98f62968d2bc9b
bd68107564a156a9bcf88ac50622500000000001976a91407bdb518fa2e6089fd810235cf1100c9c13d1f
d288ac00000000

{
    "txid" : "0793299cb26246a8d24e468ec285a9520a1c30fcb5b6125a102e3fc05d4f3cba",
    "version" : 1,
    "locktime" : 0,
    "vin" : [
        {
            "txid" : "9ca8f969bd3ef5ec2a8685660fdbf7a8bd365524c2e1fc66c309acbae2c14
ae3",
```

```
                "vout" : 0,
                "scriptSig" : {
                    "asm" : "",
                    "hex" : ""
                },
                "sequence" : 4294967295
            }
        ],
        "vout" : [
            {
                "value" : 0.02500000,
                "n" : 0,
                "scriptPubKey" : {
                    "asm" : "OP_DUP OP_HASH160 d90d36e98f62968d2bc9bbd68107564a156a9bcf
OP_EQUALVERIFY OP_CHECKSIG",
                    "hex" : "76a914d90d36e98f62968d2bc9bbd68107564a156a9bcf88ac",
                    "reqSigs" : 1,
                    "type" : "pubkeyhash",
                    "addresses" : [
                        "1LnfTndy3qzXGN19Jwscj1T8LR3MVe3JDb"
                    ]
                }
            },
            {
                "value" : 0.02450000,
                "n" : 1,
                "scriptPubKey" : {
                    "asm" : "OP_DUP OP_HASH160 07bdb518fa2e6089fd810235cf1100c9c13d1fd2
OP_EQUALVERIFY OP_CHECKSIG",
                    "hex" : "76a91407bdb518fa2e6089fd810235cf1100c9c13d1fd288ac",
                    "reqSigs" : 1,
                    "type" : "pubkeyhash",
                    "addresses" : [
                        "1hvzSofGwT8cjb8JU7nBsCSfEVQX5u9CL"
                    ]
                }
            }
        ]
    }
```

これは正しそうです！　この新しいトランザクションは、承認されたトランザクションから未使用アウトプットを「消費」し、2つのアウトプットとして使用しました。1つは新しいビットコインアドレスへの25 mbit、もう1つは送付元のビットコインアドレスに返ってくるおつりの24.5 mbit です。差の0.5 mbit はトランザクション手数料であり、この新しいトラ

ンザクションを含むブロックを見つけ出したマイナーに割り当てられます。

お気づきの通り、トランザクションには空の scriptSig が含まれています。なぜなら、まだ署名をしていないからです。署名がないとこのトランザクションは意味をなしません。未使用アウトプットが置かれていたビットコインアドレスを所有しているということを、まだ証明していないのです。署名によって、このアウトプットの解除条件を満たし、このアウトプットの所有者であることを証明することで、このアウトプットを使うことができるのです。トランザクションへの署名には、signrawtransaction コマンドを用います。このコマンドの引数として、署名をしたいトランザクションの16進数テキストを指定します。

 暗号化されたウォレットでは、トランザクションを署名する前にウォレットのロックを解除しなければなりません。というのは、署名をするにはウォレットの秘密鍵にアクセスする必要があるためです。

```
$ bitcoin-cli walletpassphrase foo 360
$ bitcoin-cli signrawtransaction 0100000001e34ac1e2baac09c366fce1c2245536bda8f7db0f66
85862aecf53ebd69f9a89c0000000000ffffffff02a02526000000000001976a914d90d36e98f62968d2bc9bbd
68107564a156a9bcf88ac506225000000000001976a91407bdb518fa2e6089fd810235cf1100c9c13d1fd2
88ac00000000
{
    "hex" : "0100000001e34ac1e2baac09c366fce1c2245536bda8f7db0f6685862aecf53ebd69f9a8
9c000000006a47304402203e8a16522da80cef66bacfbc0c800c6d52c4a26d1d86a54e0a1b76d661f020c
9022010397f00149f2a8fb2bc5bca52f2d7a7f87e3897a273ef54b277e4af52051a06012103c9700559f6
90c4a9182faa8bed88ad8a0c563777ac1d3f00fd44ea6c71dc5127ffffffff02a02526000000000001976a914d
90d36e98f62968d2bc9bbd68107564a156a9bcf88ac506225000000000001976a91407bdb518fa2e6089fd
810235cf1100c9c13d1fd288ac00000000",
    "complete" : true
}
```

この signrawtransaction コマンドは、もう1つの16進数テキストを返します。decoderawtransaction コマンドでこの16進数テキストをデコードして、何が変わったのかを見てみましょう。

```
$ bitcoin-cli decoderawtransaction 0100000001e34ac1e2baac09c366fce1c2245536bda8f7db0f
6685862aecf53ebd69f9a89c000000006a47304402203e8a16522da80cef66bacfbc0c800c6d52c4a26d1
d86a54e0a1b76d661f020c9022010397f00149f2a8fb2bc5bca52f2d7a7f87e3897a273ef54b277e4af52
051a06012103c9700559f690c4a9182faa8bed88ad8a0c563777ac1d3f00fd44ea6c71dc5127ffffffff02a02
526000000000001976a914d90d36e98f62968d2bc9bbd68107564a156a9bcf88ac506225000000000001976
a91407bdb518fa2e6089fd810235cf1100c9c13d1fd288ac00000000
{
```

```
        "txid" : "ae74538baa914f3799081ba78429d5d84f36a0127438e9f721dff584ac17b346",
        "version" : 1,
        "locktime" : 0,
        "vin" : [
            {
                "txid" : "9ca8f969bd3ef5ec2a8685660fdbf7a8bd365524c2e1fc66c309acbae2c14ae3",
                "vout" : 0,
                "scriptSig" : {
                    "asm" : "304402203e8a16522da80cef66bacfbc0c800c6d52c4a26d1d86a54e0a1b76d661f020c9022010397f00149f2a8fb2bc5bca52f2d7a7f87e3897a273ef54b277e4af52051a060103c9700559f690c4a9182faa8bed88ad8a0c563777ac1d3f00fd44ea6c71dc5127",
                    "hex" : "47304402203e8a16522da80cef66bacfbc0c800c6d52c4a26d1d86a54e0a1b76d661f020c9022010397f00149f2a8fb2bc5bca52f2d7a7f87e3897a273ef54b277e4af52051a06012103c9700559f690c4a9182faa8bed88ad8a0c563777ac1d3f00fd44ea6c71dc5127"
                },
                "sequence" : 4294967295
            }
        ],
        "vout" : [
            {
                "value" : 0.02500000,
                "n" : 0,
                "scriptPubKey" : {
                    "asm" : "OP_DUP OP_HASH160 d90d36e98f62968d2bc9bbd68107564a156a9bcf OP_EQUALVERIFY OP_CHECKSIG",
                    "hex" : "76a914d90d36e98f62968d2bc9bbd68107564a156a9bcf88ac",
                    "reqSigs" : 1,
                    "type" : "pubkeyhash",
                    "addresses" : [
                        "1LnfTndy3qzXGN19Jwscj1T8LR3MVe3JDb"
                    ]
                }
            },
            {
                "value" : 0.02450000,
                "n" : 1,
                "scriptPubKey" : {
                    "asm" : "OP_DUP OP_HASH160 07bdb518fa2e6089fd810235cf1100c9c13d1fd2 OP_EQUALVERIFY OP_CHECKSIG",
                    "hex" : "76a91407bdb518fa2e6089fd810235cf1100c9c13d1fd288ac",
                    "reqSigs" : 1,
                    "type" : "pubkeyhash",
                    "addresses" : [
                        "1hvzSofGwT8cjb8JU7nBsCSfEVQX5u9CL"
```

```
            ]
          }
        }
      ]
    }
```

　ここでは、インプットがscriptSigが空ではないテキストを含んでいますが、このscriptSigはビットコインアドレス1hvz...を所有していることを証明する電子署名で、アウトプットの解除条件を満たし、アウトプットを使用可能にするものです。この署名がされていることで、ビットコインネットワーク上のいかなるノードでも、このトランザクションを検証できるのです。

　ビットコインネットワークに、新しく作ったトランザクションを送信するときが来ました。sendrawtransactionコマンドを使いますが、このコマンドでは、signrawtransactionコマンドで返ってきた16進数テキスト（さきほどデコードしたもの）を引数として指定します。

```
$ bitcoin-cli sendrawtransaction 0100000001e34ac1e2baac09c366fce1c2245536bda8f7db0f66
85862aecf53ebd69f9a89c000000006a47304402203e8a16522da80cef66bacfbc0c800c6d52c4a26d1d8
6a54e0a1b76d661f020c9022010397f00149f2a8fb2bc5bca52f2d7a7f87e3897a273ef54b277e4af5205
1a06012103c9700559f690c4a9182faa8bed88ad8a0c563777ac1d3f00fd44ea6c71dc5127ffffffff02a0252
600000000001976a914d90d36e98f62968d2bc9bbd68107564a156a9bcf88ac50622500000000001976a9
1407bdb518fa2e6089fd810235cf1100c9c13d1fd288ac00000000ae74538baa914f3799081ba78429d5d
84f36a0127438e9f721dff584ac17b346
```

　sendrawtransactionコマンドは、ビットコインネットワークにトランザクションを送信するとトランザクションハッシュ（txid）を返します。gettransactionコマンドで、このトランザクションIDについて問い合わせることができます。

```
$ bitcoin-cli gettransaction ae74538baa914f3799081ba78429d5d84f36a0127438e9f721dff584a
c17b346


{
    "amount" : 0.00000000,
    "fee" : -0.00050000,
    "confirmations" : 0,
    "txid" : "ae74538baa914f3799081ba78429d5d84f36a0127438e9f721dff584ac17b346",
    "time" : 1392666702,
    "timereceived" : 1392666702,
    "details" : [
        {
            "account" : "",
            "address" : "1LnfTndy3qzXGN19Jwscj1T8LR3MVe3JDb",
```

```
            "category" : "send",
            "amount" : -0.02500000,
            "fee" : -0.00050000
        },
        {
            "account" : "",
            "address" : "1hvzSofGwT8cjb8JU7nBsCSfEVQX5u9CL",
            "category" : "send",
            "amount" : -0.02450000,
            "fee" : -0.00050000
        },
        {
            "account" : "",
            "address" : "1LnfTndy3qzXGN19Jwscj1T8LR3MVe3JDb",
            "category" : "receive",
            "amount" : 0.02500000
        },
        {
            "account" : "",
            "address" : "1hvzSofGwT8cjb8JU7nBsCSfEVQX5u9CL",
            "category" : "receive",
            "amount" : 0.02450000
        }
    ]
}
```

前述のとおり、getrawtransaction コマンドと decodetransaction コマンドを使って、このトランザクションをより詳細に調べることができます。これらのコマンドは、私たちがトランザクションをビットコインネットワークに送る前に生成しデコードした16進数テキストと、全く同じテキストを返します。

その他のビットコインクライアント、ライブラリ、ツールキット

ビットコインリファレンスクライアント（bitcoind）以外にも、ビットコインネットワークとやり取りするのに用いることができる、クライアントやライブラリがあります。これらはさまざまなプログラミング言語で実装されていて、プログラマーにプログラミング言語ごとのインターフェイスを提供しています。

こうした代替的な実装の実例は、以下の通りです。

libbitcoin（https://github.com/libbitcoin/libbitcoin）

クロスプラットフォームな C++ の開発ツールキット

bitcoin explorer（https://github.com/libbitcoin/libbitcoin-explorer）

Bitcoin のコマンドラインツール

bitcoin server（https://github.com/libbitcoin/libbitcoin-server）

ビットコインのフルノードのクエリサーバ

bitcoinj（https://bitcoinj.github.io）

Java のフルノードのクライアントライブラリ

btcd（https://github.com/btcsuite/btcd）

Go 言語のフルノードビットコインクライアント

Bits of Proof（BOP）（https://bitsofproof.com）

エンタープライズ Java 実装

picocoin（https://github.com/jgarzik/picocoin）

C 言語による軽量クライアントライブラリの実装

pybitcointools（https://github.com/vbuterin/pybitcointools）

Python bitcoin ライブラリ

pycoin（https://github.com/richardkiss/pycoin）

Python bitcoin ライブラリ

他にもいろいろなプログラミング言語で実装された多くのライブラリがあり、また常に新規に作成されています。

Libbitcoin と Bitcoin Explorer

libbitcoin ライブラリは、クロスプラットフォームな C++ ツールキットで、libbitcoin-server full-node と Bitcoin Explorer（bx）コマンドラインツールをサポートしています。

bx コマンドは、この章で説明した bitcoind クライアントコマンドと同じ機能を多く持っています。bx コマンドはまた、bitcoind では提供されていないいくつかの重要な管理ツールや操作ツールも持っており、ステルスアドレスやステルスペイメント、ステルスクエリのサポートだけでなく type-2 決定性キーや mnemonic キーエンコーディングも提供しています。

Bitcoin Explorer インストール

Bitcoin Explorer を使うには、使用している OS に合った署名済み実行ファイルをダウンロードしてください（https://github.com/libbitcoin/libbitcoin-explorer/wiki/Download）。Linux、OS X、

Windowsであれば、ビルドはmainnetとtestnetともに可能です。

引数なしでbxと入力すると、利用可能なすべてのコマンドリストが表示されます（Appendix D参照）。

Bitcoin Explorerはまた、WindowsのためのVisual Studioプロジェクトだけでなく、LinuxやOS X上でソースコードから構築するインストーラも提供しています（https://github.com/libbitcoin/libbitcoin-explorer/wiki/Build）。Autotoolsを使って、手動でソースコードからビルドすることもできます。これらを使うと、libbitcoinの依存ライブラリも一緒にインストールされます。

 Bitcoin Explorerは、アドレスのエンコードやデコード、異なったフォーマットや表現方法への変換のための、多くの有用なコマンドを提供しています。Base16（16進数）やBase58、Base58Check、Base64など、いろいろなフォーマットをこれらのコマンドを使って調べてみてください。

libbitcoinインストール

libbitcoinライブラリは、Linux、OS XまたはWindowsでのVisual Studioプロジェクトとしてビルドするためのインストーラを提供しています（https://github.com/libbitcoin/libbitcoin/wiki/Build）。また、Autotoolsを使ってソースコードから手動でビルドすることもできます。

 Bitcoin Explorerインストーラはbxとlibbitcoinライブラリ両方をインストールします。bxをソースコードからビルドした場合は、このステップをスキップすることができます。

pycoin

Richard Kissによって作成され管理されているPythonライブラリpycoin（http://github.com/richardkiss/pycoin）は、ビットコインの鍵やトランザクションの扱いをサポートしているPythonベースのライブラリであり、規格外のトランザクションを適切に扱うスクリプト言語もサポートしています。

pycoinライブラリはPython 2系（2.7.x）とPython 3系（3.3以降）をサポートしており、kuやtxという便利なコマンドラインユーティリティも付属しています。pycoin 0.42をPython 3系を使って仮想環境（venv）でインストールするには、以下を使ってください。

```
$ python3 -m venv /tmp/pycoin
$ . /tmp/pycoin/bin/activate
$ pip install pycoin==0.42
Downloading/unpacking pycoin==0.42
  Downloading pycoin-0.42.tar.gz (66kB): 66kB downloaded
  Running setup.py (path:/tmp/pycoin/build/pycoin/setup.py) egg_info for package pycoin
```

```
Installing collected packages: pycoin
  Running setup.py install for pycoin

    Installing tx script to /tmp/pycoin/bin
    Installing cache_tx script to /tmp/pycoin/bin
    Installing bu script to /tmp/pycoin/bin
    Installing fetch_unspent script to /tmp/pycoin/bin
    Installing block script to /tmp/pycoin/bin
    Installing spend script to /tmp/pycoin/bin
    Installing ku script to /tmp/pycoin/bin
    Installing genwallet script to /tmp/pycoin/bin
Successfully installed pycoin
Cleaning up...
$
```

以下は、pycoinライブラリを使ってビットコインの情報を取得したり使ったりする際の、Pythonスクリプトの例です。

```python
#!/usr/bin/env python

from pycoin.key import Key

from pycoin.key.validate import is_address_valid, is_wif_valid
from pycoin.services import spendables_for_address
from pycoin.tx.tx_utils import create_signed_tx

def get_address(which):
    while 1:
        print("enter the %s address=> " % which, end='')
        address = input()
        is_valid = is_address_valid(address)
        if is_valid:
            return address
        print("invalid address, please try again")

src_address = get_address("source")
spendables = spendables_for_address(src_address)
print(spendables)

while 1:
    print("enter the WIF for %s=> " % src_address, end='')
    wif = input()
    is_valid = is_wif_valid(wif)
    if is_valid:
```

```
            break
        print("invalid wif, please try again")

key = Key.from_text(wif)
if src_address not in (key.address(use_uncompressed=False), key.address(use_
uncompressed=True)):
    print("** WIF doesn't correspond to %s" % src_address)
print("The secret exponent is %d" % key.secret_exponent())

dst_address = get_address("destination")

tx = create_signed_tx(spendables, payables=[dst_address], wifs=[wif])

print("here is the signed output transaction")
print(tx.as_hex())
```

ku や tx といったコマンドラインユーティリティを用いた例は、Appendix B に収録されています。

btcd

btcd は、Go 言語で書かれているフルノードのビットコイン実装です。btcd は、ビットコインリファレンス実装の bitcoind と同様に、ブロック受け入れの厳格なルール（バグも含まれます）を用いて、ブロックチェーンのダウンロードや検証を行い、ブロックチェーンを支えています。また、新しく採掘されたブロックを適切にリレーしたり、トランザクションプールを維持管理したり、ブロックにまだ組み込まれていない個別のトランザクションをリレーしたりもします。btcd は、トランザクションプールに入っているすべてのトランザクションが、先ほどの厳密な受け入れルールに従っていることを保証し、また、マイナーの要求を満たしたトランザクション（「標準」トランザクション）をフィルタリングするためのより厳格な確認事項の多くを含んでいます。

btcd と bitcoind の違いは、btcd がウォレットの機能を持っていないことですが、これは意図的に採用されたデザイン方針です。これは、btcd を通して直接に支払いをしたり受け取ったりできないことを意味します。ウォレット機能は btcwallet と btcgui プロジェクトによって提供されており、これらのプロジェクトでは活発に開発がなされています。その他の特筆すべき違いは、btcd が HTTP POST リクエストと Websocket をサポートしていることです（前者は bitcoind もサポートしています）。事実、btcd の RPC コネクションは、デフォルトで TLS-enable になっています。

btcd のインストール

btcd を Windows にインストールするには、GitHub (https://github.com/conformal/btcd/releases) で入手できる msi ファイルを実行します。Linux 上では以下のコマンドを実行してください

（Go 言語がすでにインストールされていることを前提にしています）。

```
$ go get github.com/conformal/btcd/...
```

btcd を最新バージョンにアップデートするには、以下を実行します。

```
$ go get -u -v github.com/conformal/btcd/...
```

btcd のコントロール

btcd は多くの設定オプションを持っており、以下を実行することで見ることができます。

```
$ btcd --help
```

btcd は、btcctl のような付録と一緒にパッケージされています。btcctl は、RPC 経由で btcd をコントロールしたり btcd に問い合わせを出したりするのに使われる、コマンドラインユーティリティです。btcd はデフォルトで RPC サーバが使える状態にはなっておらず、以下の設定ファイルに最低でも RPC ユーザ名とパスワードの両方を設定しなければなりません。

- btcd.conf:

```
[Application Options]
rpcuser=myuser
rpcpass=SomeDecentp4ssw0rd
```

- btcctl.conf:

```
[Application Options]
rpcuser=myuser
rpcpass=SomeDecentp4ssw0rd
```

コマンドラインで設定ファイルを上書きしたい場合は、以下を実行します。

```
$ btcd -u myuser -P SomeDecentp4ssw0rd
$ btcctl -u myuser -P SomeDecentp4ssw0rd
```

実行可能なオプションのリストを表示するには、以下を実行します。

```
$ btcctl --help
```

第4章　鍵、アドレス、ウォレット

｜ イントロダクション

　ビットコインの所有権は、デジタル鍵、ビットコインアドレス、デジタル署名に基礎を置いています。デジタル鍵はビットコインネットワークの中に保持されているのではなく、個々のユーザによって作成され、ファイルやウォレットと呼ばれる単純なデータベースに保持されています。ユーザのウォレットに格納されたデジタル鍵は、ビットコインプロトコルとは完全に独立で、ブロックチェーンの参照やインターネットへのアクセスがなくても、ユーザのウォレットでデジタル鍵の生成と管理ができるようになっています。この鍵によって、ビットコインの多くの興味深い性質、例えば、分散化された信用（decentralized trust）とコントロール、所有権の立証、暗号学的証明のセキュリティモデルが実現されているのです。

　ビットコイントランザクションがブロックチェーンに取り込まれるには、有効な署名が必要です。有効な署名は、有効なデジタル鍵でしか生成できません。よって、このデジタル鍵のコピーを持つ人であれば誰でも、この鍵に紐づく口座のビットコインをコントロールできます。デジタル鍵は、秘密鍵と公開鍵のペアとして用いられます。公開鍵を銀行の口座番号に似たものとして、また、秘密鍵を銀行のPINコードや小切手への署名に似たものとして考えてみてください。デジタル鍵はウォレットに格納され管理されているため、ユーザが目にすることはほとんどありません。

　ビットコイントランザクションの支払情報を記した部分には、受取人の公開鍵がビットコインアドレスと呼ばれるデジタル指紋の形で表示されています。このビットコインアドレスは、小切手の受取人名と同じようなものです。多くの場合、ビットコインアドレスは公開鍵から生成され、その公開鍵に対応しています。しかし、すべてのビットコインアドレスが公開鍵から生成されているわけではありません。この章でこれから見る通り、scriptのような形でも他の受取人を表現できます。この方法では、ビットコインアドレスは資金の受取人を抽象化しているだけであり、取引の相手方を柔軟に表現できるようにしています。これは、小切手用紙が、個人口座への支払い、企業口座への支払い、請求に対する支払い、現金の引き出しによる支払いに使えるのに似ています。ビットコインアドレスは、ユーザが日常的に

目にする鍵の唯一の表現です。なぜなら、この鍵の部分こそ、ビットコインネットワークの中で共有される必要があるからです。

この章では、暗号学的鍵を収容するウォレットというものを紹介します。どのように鍵が生成され、格納され、管理されているのかを見た上で、秘密鍵や公開鍵、ビットコインアドレス、スクリプトアドレスを表現するのに用いられるさまざまなエンコード形式について説明します。最後に、鍵の特別な使用方法、すなわち、メッセージへの署名、所有権の証明、ヴァニティアドレス（vanity address、一部の文字列を指定したビットコインアドレス）やペーパーウォレットの作成について見ましょう。

公開鍵暗号と暗号通貨

公開鍵暗号は1970年代に発明されたもので、コンピュータや情報セキュリティの分野の数学的基礎となっています。

公開鍵暗号が発明されてから、素数体上のべき乗演算や楕円曲線上のスカラー倍算など、この暗号に適した関数が発見されてきました。これらの関数は、一方向への計算は簡単でも、逆方向の計算は現実的な時間では不可能です。これらの関数に基づいて、暗号は、秘匿性の高いデジタル情報や、偽造不可能なデジタル署名の生成を可能にしています。ビットコインは、公開鍵暗号の基盤として、楕円曲線上のスカラー倍算を用いています。

ビットコインでは、ビットコインへのアクセスを制御するキーペアを生成するために、公開鍵暗号を用います。このキーペアは、秘密鍵と、この秘密鍵に対応する公開鍵（秘密鍵から一意に生成される）で構成されています。公開鍵はビットコインを受け取るために使われ、秘密鍵は、ビットコインを支払うためのトランザクションに署名するのに使われます。

公開鍵と署名生成に使われる秘密鍵の間には数学的な関係があります。この署名は、秘密鍵を公開することなく、公開鍵に対する正当性を検証できるようになっています。

ビットコイン所有者はビットコインを使うとき、公開鍵と署名（生成するごとに異なるが、同じ秘密鍵から生成される）をトランザクションに記載します。ビットコインネットワークのすべての参加者は、この公開鍵と署名が示されていることで、トランザクションを検証し有効なものと受け入れることができます。このとき、ビットコインの送り手がビットコインを送る時点でそのビットコインを所有していたことが、ネットワークによって確認されているのです。

 ほとんどのウォレット実装では、利便性のため秘密鍵と公開鍵が**キーペア**として一緒に保存されています。しかし、この公開鍵は秘密鍵から計算できるため、秘密鍵だけを保存しておくことも可能です。

秘密鍵と公開鍵

ビットコインウォレットにはキーペアリストが格納されており、各ペアは秘密鍵と公開鍵で構成されています。秘密鍵（k）は数値で、通常ランダムに選ばれます。次に、一方向性

関数である楕円曲線上のスカラー倍算を用いて、秘密鍵から公開鍵（K）を生成します。続いて、一方向性ハッシュ関数を用いて、公開鍵（K）からビットコインアドレス（A）を生成します。この節では、秘密鍵を生成することから始めて、公開鍵の生成に用いられる楕円曲線の数学的特性を確かめた上で、公開鍵からビットコインアドレスを生成します。秘密鍵、公開鍵、ビットコインアドレスの関係は図4-1に書かれています。

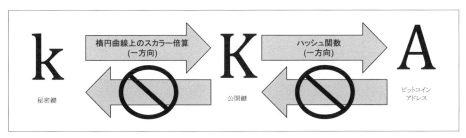

図4-1　公開鍵、秘密鍵、ビットコインアドレス

秘密鍵

　秘密鍵は、無作為に選ばれる数値です。秘密鍵の所有と支配は、ビットコインアドレスに結びついた資金に対する支配権の源泉です。秘密鍵は署名の生成に用いられ、この署名は、資金を使うときにその資金を所有していることを証明するのに必要です。秘密鍵は、常に秘匿しておかなければなりません。なぜならば、秘密鍵を他人に漏らすことは、その秘密鍵によって守られているビットコインの支配権を他者に与えることを意味するためです。また、秘密鍵をなくすと復元ができず、秘密鍵によって安全性を担保していた資金も永遠に失われるため、秘密鍵のバックアップを行い、偶発的な紛失からも保護しなければなりません。

 秘密鍵は単なる数値です。コイン、鉛筆、紙を使ってランダムに秘密鍵を選ぶことができます。例えば、コインを256回投げて、ウォレットで使うランダムな秘密鍵の2進数を作ることができます。公開鍵は、この秘密鍵から生成することができます。

乱数から秘密鍵を生成する

　ビットコインの鍵を生成する際の、最初で最重要のステップは、十分なエントロピー源、つまり十分なランダム性を確保することです。鍵の生成は、「1から2^{256}の間の数字から1つ数字を選ぶ」ことと本質的に同じです。数字を選ぶ方法が予測も再現もできない方法であれば、どのような方法を採っても問題ありません。ビットコインソフトウェアは、OSの乱数生成器を用いて、256ビットのエントロピー（ランダム性）を作り出しています。通常、OSの乱数生成器は、人由来のランダム性を使って初期化されます。数秒間だけマウスを小刻みに動かすようOSから求められるのは、この乱数生成のためです。安全性を最重要視する人には、さいころ、鉛筆、紙の方式が最善です。

　より正確には、秘密鍵は1とn-1の間の任意の整数で、nはビットコインで使われている

楕円曲線の位数として定義される定数（n = 1.158 * 10^77であり、2^{256}よりわずかに小さい）です（本章「楕円曲線暗号」節参照）。このような鍵を作るために、256ビットの数値をランダムに選び、選んだ数値が n − 1 より小さいかチェックします。プログラミング用語で言うと、暗号学的に安全なランダム性の源から集められた、より長い文字列を取得し SHA256 ハッシュアルゴリズムに投入することで、256ビットの数値を得ることができます。この結果が n − 1 より小さい場合、適切な秘密鍵です。そうでなければ、うまくいくまで同じ作業を繰り返します。

自分で乱数を作るコードを書いたり、プログラミング言語が提供する「単純な」乱数生成器を使ったりしないでください。暗号学的に安全な擬似乱数生成器（CSPRNG）を用い、十分なエントロピー源からのシードを使ってください。選ぼうとしている乱数生成器に関するドキュメントを調べて、暗号学的に安全かを確認してください。CSPRNG の正しい実装は、鍵の安全性にとって決定的に重要です。

以下は、ランダムに生成された秘密鍵（k）で、16進数形式で表されています（それぞれ4ビットずつ64個の16進数整数で表されている、256ビットの整数）。

```
1E99423A4ED27608A15A2616A2B0E9E52CED330AC530EDCC32C8FFC6A526AEDD
```

ビットコインの秘密鍵スペースのサイズ（秘密鍵が取り得る空間の大きさ）は 2^{256} であり、途方もなく大きな数字です。10進数で約 10^{77} になります。観測可能な宇宙には 10^{80} 個の原子があると見積もられていることからも、この数字がいかに大きいか分かります。

ビットコインコアクライアント（第3章参照）で新しい鍵を生成するために getnewaddress コマンドを使います。このコマンドは、セキュリティの観点から公開鍵だけを表示し、秘密鍵は表示しません。bitcoind に秘密鍵を表示させるには、dumpprivkey コマンドを使ってください。dumpprivkey コマンドは WIF（Wallet Import Format）と呼ばれる Base58 エンコード形式で秘密鍵を表示します。この詳細については本章「秘密鍵フォーマット」節で説明します。getnewaddress コマンドと dumpprivkey コマンドを使った、秘密鍵の生成と表示の例を以下に示します。

```
$ bitcoind getnewaddress
1J7mdg5rbQyUHENYdx39WVWK7fsLpEoXZy
$ bitcoind dumpprivkey 1J7mdg5rbQyUHENYdx39WVWK7fsLpEoXZy
KxFC1jmwwCoACiCAWZ3eXa96mBM6tb3TYzGmf6YwgdGWZgawvrtJ
```

dumpprivkey コマンドはウォレットを開き、getnewaddress コマンドで生成された秘密鍵を抽出します。このウォレットに秘密鍵と公開鍵の両方が格納されていなければ、bitcoind が公開鍵から秘密鍵を知ることはできません。

dumpprivkey コマンドは、公開鍵から秘密鍵を生成しているわけではありません。これは不可能です。このコマンドは、ウォレットにとって既知の、getnewaddress コマンドで生成された秘密鍵を表示しているに過ぎません。

また、秘密鍵を生成し表示するために、Bitcoin Explorer コマンドラインツール（第3章「Libbitcoin と Bitcoin Explorer」節参照）の seed コマンド、ec-new コマンド、ec-to-wif コマンドを使うこともできます。

```
$ bx seed | bx ec-new | bx ec-to-wif
5J3mBbAH58CpQ3Y5RNJpUKPE62SQ5tfcvU2JpbnkeyhfsYB1Jcn
```

公開鍵

公開鍵は、楕円曲線上のスカラー倍算を使って、以下のように秘密鍵から計算されるもので、この逆の計算〔公開鍵から秘密鍵の計算〕はできません。$K = k * G$（ただし k は秘密鍵、G は生成元と呼ばれる定点、K は結果として得られる公開鍵）。この逆の計算は、「離散対数問題」、すなわち K が既知のときに k を導出する問題として知られており、この問題の難しさは k のすべての取りうる値を総当たりで調べるのと同じです。秘密鍵から公開鍵を生成する方法を説明する前に、楕円曲線暗号をもう少し詳しく見てみましょう。

楕円曲線暗号

楕円曲線暗号とは、楕円曲線上の点に対する加法とスカラー倍算で表現される離散対数問題をもとにした、非対称型暗号（公開鍵暗号）です。

図4－2は、ビットコインで使われているものと同様の楕円曲線の例です。

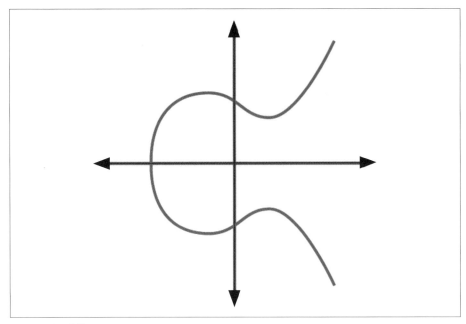

図4-2　楕円曲線

　ビットコインは米国国立標準技術研究所（NIST）策定の secp256k1 という標準で定義された、特別な楕円曲線と定数を使っています。secp256k1曲線は次の関数で定義されます。

$y^2 = (x^3 + 7)$ over $(\mathbb{F}_p)$

　または

$y^2 \bmod p = (x^3 + 7) \bmod p$

　mod p（素数pを「法」とした剰余、すなわち「pで割った余り」）とは、この曲線が、位数が素数pの有限体上で定義されていることを示しており、この有限体は $\mathbb{F}_p$ とも表現されます。ここで、pはp = $2^{256} - 2^{32} - 2^{9} - 2^{8} - 2^{7} - 2^{6} - 2^{4} - 1$ 表記される、非常に大きな素数です。
　この曲線は実数ではなく素数位数の有限体上で定義されているため、2次元に散りばめられたドットパターンのように見えます。ただし、演算は実数上に定義された楕円曲線と同等です。例えば、図4-3は、位数が素数17の有限体上の楕円曲線を示していて、グリッド上のドットパターンとなっています。ビットコインで使われるsecp256k1楕円曲線は、これに比べて、とてつもなく大きなグリッド上に、もっと複雑に描かれたドットパターンと考えることができます。

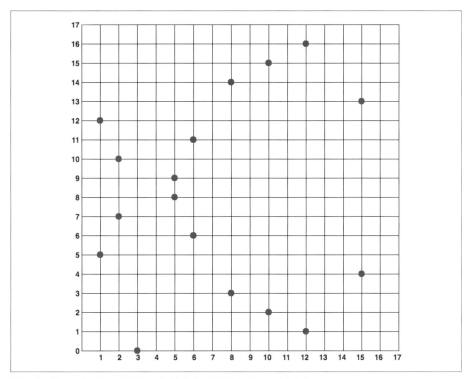

図4-3　楕円曲線暗号: p=17の有限体F(p)上の楕円曲線を可視化したもの

　例えば、以下の P は secp256k1 曲線上の点です。Python を使ってこのことを確かめることができます。

```
P = (55066263022277343669578718895168534326250603453777594175500187360389116729240,
32670510020758816978083085130507043184471273380659243275938904335757337482424)
```

```
Python 3.4.0 (default, Mar 30 2014, 19:23:13)
[GCC 4.2.1 Compatible Apple LLVM 5.1 (clang-503.0.38)] on darwin
Type "help", "copyright", "credits" or "license" for more information.
>>> p = 115792089237316195423570985008687907853269984665640564039457584007908834671663
>>> x = 55066263022277343669578718895168534326250603453777594175500187360389116729240
>>> y = 32670510020758816978083085130507043184471273380659243275938904335757337482424
>>> (x**3 + 7 - y**2) % p
0
```

　楕円曲線では、「無限遠点」と呼ばれる点があり、加法における0にだいたい対応してい

ます。コンピュータ上では、x = y = 0 と表現されることがあります（これは楕円曲線方程式を満たしていませんが、特別な場合として簡単に確かめることができます）。

「加法」と呼ばれる＋演算子もあり、小学校で習う実数に対する加法に似たいくつかの性質を持っています。楕円曲線上にある2つの点 P_1 と P_2 が与えられたとき、3つ目の点 $P_3 = P_1 + P_2$ が楕円曲線上に存在します。

幾何学的には、3つ目の点 P_3 は、P_1 と P_2 を通る直線を描くことによって計算されます。この直線は、P_1 と P_2 とは別のもう1点で楕円曲線と交わります。この交点を $P'_3 = (x, y)$ とすると、P_3 は、P'_3 を X 軸に対して反転したところにある点 $P_3 = (x, -y)$ となります。

無限遠点の必要性を示す、2つの特別な場合があります。

もし P_1 と P_2 を同じ点とすると、P_1 と P_2 を「通る」直線は、P_1 で曲線に接する接線となるはずです。この接線は、新しい1点で、曲線と交わります。接線の傾きを決めるのに、微積分のテクニックを使うことができます。興味深いことに、実数ではなく整数座標で構成される曲線に限っても、微積分のテクニックはうまくあてはまるのです！

いくつかの場合（P_1 と P_2 が同じ X 座標を持つが、Y 座標が異なる場合など）、P_1 と P_2 を結ぶ直線は厳密に垂直となり P_3 は無限遠点となります。

もし P_1 が無限遠点である場合、和は $P_1 + P_2 = P_2$ となります。同様に、もし P_2 が無限遠点である場合、$P_1 + P_2 = P_1$ となります。これが示していることは、無限遠点が0の役割をしているということです。

結果的に、＋演算子が $(A + B) + C = A + (B + C)$ という結合則を満たすことがわかります。これは括弧がなくても何のあいまいさもなく、$A + B + C$ と書けることを意味します。

加法が定義されたので、加法を拡張する標準的な方法に沿って、スカラー倍算を定義できます。楕円曲線上の点 P に対して、もし k が整数だとすると、$kP = P + P + P + ... + P$（k回）。紛らわしいことに、この k は「べき指数」と呼ばれることがありますので、注意してください。

公開鍵の生成

秘密鍵をランダムに生成された数値 k とすると、あらかじめ決められた生成元（generator point）G を k 倍することで、楕円曲線上のもう1つの点を得ます。この点は公開鍵 K に対応するものです。生成元は secp256k1 標準で決められており、ビットコインでのすべての鍵に対して常に同じです。

$K = k * G$

ただし、k は秘密鍵、G は生成元、K は結果として算出される公開鍵で、楕円曲線上にある点です。生成元はどのビットコインユーザにとっても同じであるため、秘密鍵 k が同じであれば、公開鍵は同じになります。k と K の関係は固定されていますが、k から K という一方向でのみ導出ができます。この性質より、（K から生成される）ビットコインアドレスから秘密鍵 k が得られないので、ビットコインアドレスを誰とでも共有することができます。

秘密鍵は公開鍵に変換できますが、公開鍵は秘密鍵に戻すことはできません。これは秘密鍵から公開鍵への変換プロセスが、数学的に一方向になっているからです。

楕円曲線上のスカラー倍算を実装すると、前に生成した秘密鍵 k を、生成元 G に掛けることで公開鍵 K が得られます。

K = 1E99423A4ED27608A15A2616A2B0E9E52CED330AC530EDCC32C8FFC6A526AEDD * G

公開鍵 K は、点 K = (x,y) として定義されます。

K = (x, y)

ただし、

x = F028892BAD7ED57D2FB57BF33081D5CFCF6F9ED3D3D7F159C2E2FFF579DC341A
y = 07CF33DA18BD734C600B96A72BBC4749D5141C90EC8AC328AE52DDFE2E505BDB

ある点のスカラー倍算を可視化するために、計算式は同じ実数上の簡単な楕円曲線を使います。ゴールは、生成元 G の k 倍の kG を見つけることです。これは、G 自身を k 回足すことと同じです。楕円曲線において、ある点に「自分自身を足す」とは、その点で接する接線を描き、その接線がもう一度楕円曲線に交わる点を求め、その交点を X 軸に対して対称に移動した点を見つけることです。

図4-4は、楕円曲線上で幾何学的な操作を繰り返すことで G、2G、4G を導くプロセスを表しています。

 ほとんどのビットコイン実装では、OpenSSL 暗号学的ライブラリ（http://bit.ly/1ql7bn8）を使って、楕円曲線に関連した計算を行っています。例えば、公開鍵を導出するために関数 EC_POINT_mul() が使われています。

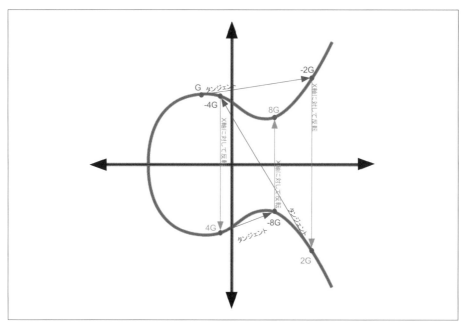

図4-4 楕円曲線暗号: 楕円曲線上での整数kによる生成元Gへのスカラー倍算を可視化したもの

ビットコインアドレス

ビットコインアドレスは、あなたにお金を送りたい人なら誰にでも共有され得る、数字と文字で構成された文字列です。公開鍵から作られるビットコインアドレスは、1から始まる文字列で、以下はその一例です。

```
1J7mdg5rbQyUHENYdx39WVWK7fsLpEoXZy
```

ビットコインアドレスは、資金の受取人として、トランザクションに多く現れるものです。小切手とビットコイントランザクションを比べると、ビットコインアドレスは小切手の受取人名です。小切手ではこの受取者は、銀行口座の持ち主の名前にもなりますが、企業名、機関名、さらには「現金」と書かれることもあります。小切手では口座を特定する必要はないので、資金の受取人としての抽象的な名前を使いますが、このことが小切手を非常に柔軟な使いやすい支払い手段にしています。ビットコイントランザクションでも、同じようにビットコインアドレスという抽象的な名前を使い、ビットコイントランザクションを使いやすいものにしています。ビットコインアドレスは秘密鍵／公開鍵の所有者や、第5章「Pay-to-Script-Hash（P2SH）」節で見るような支払いscriptのような他のものも表します。まず、ビットコインアドレスが公開鍵から生成されその公開鍵を表すという、簡単な場合から説明しましょう。

ビットコインアドレスは、一方向の暗号学的ハッシュ化を使うことで公開鍵から生成され

ます。「ハッシュ化アルゴリズム」または単に「ハッシュアルゴリズム」は、任意のサイズの入力に対して、デジタル指紋または「ハッシュ値」を作り出す、一方向の関数です。暗号学的ハッシュ関数は、ビットコインの中で広範囲に活用されます。具体的にはビットコインアドレス、scriptアドレス、proof-of-workマイニングアルゴリズムの中で使われます。公開鍵からビットコインアドレスを作るときに使うアルゴリズムは、SHA（Secure Hash Algorithm）とRIPEMD（RACE Integrity Primitives Evaluation Message Digest）で、中でもSHA256とRIPEMD160が使われます。

　公開鍵KのSHA256ハッシュを計算し、さらにこの結果のRIPEMD160ハッシュを計算することで、160ビット（20バイト）の数字を作り出します。

$A = RIPEMD160(SHA256(K))$

　ただし、Kは公開鍵、Aは結果として得られたビットコインアドレスです。

 ビットコインアドレスは公開鍵と同じではありません。ビットコインアドレスは、公開鍵から一方向関数を使って導出されるものです。

　ビットコインアドレスは通常、「Base58Check」と呼ばれる形にエンコードされた状態で使われます（本章「Base58とBase58Checkエンコード」節参照）。「Base58Check」では、58個の文字（Base58）とチェックサムを使いますが、これは人間にとって読みやすくしたり、曖昧さを避けたり、転写時のエラーを防いだりするためです。Base58Checkはまた、ビットコインにおいて他の用途でも使われます。ビットコインアドレス、秘密鍵、暗号化された鍵、scriptハッシュといった数字を、読んだり正しく転写したりする必要があるときはいつでも用いられます。次の節では、Base58Checkのエンコード、デコードの仕組みとその結果について説明します。図4-5は、公開鍵からビットコインアドレスへの変換を説明しています。

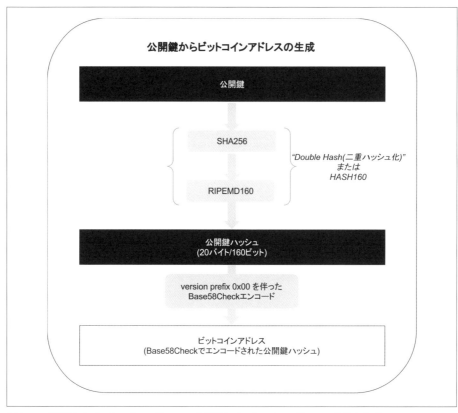

図4-5 公開鍵からビットコインアドレスへ：公開鍵をビットコインアドレスに変換するプロセス

Base58とBase58Checkエンコード

　長い数字を少ない記号でコンパクトに表すために、多くのコンピュータでは、10以上を基数とする、アルファベットと数字を組み合わせた表現を使っています。例えば、伝統的な10進数では0から9までの10個の数字を使いますが、16進数では、0から9の数字に加えAからFの文字を使うことで、16個の数字を表現します。16進数で表される数字は、10進数で表すよりも短くなります。Base64では、バイナリデータをemailのようなテキストベースの通信で送るために、26個の小文字、26個の大文字、10個の数字、加えて「+」や「/」の2種類の文字を使います。emailにバイナリデータを添付するには、Base64が最もよく使われます。Base58は、ビットコインで使うために開発された、テキストベースのエンコード形式で、他の多くの暗号通貨でも使われています。これは、Base58が、コンパクトな表現、可読性、エラー発見・防止の機能を、バランスよく提供してくれるためです。Base58はBase64の部分集合で、アルファベットの大文字と小文字、数字が使われますが、ディスプレイに表示したときに見間違えられやすいいくつかの文字は省かれています。すなわち、Base58は、Base64から、0（ゼロ）、O（大文字のオー）、l（小文字のエル）、I（大文字のアイ）、記号「+」や「/」を除

いたもの、つまり、アルファベットの大文字・小文字と数字から（0, O, l, I）を除いています。

例4-1　ビットコインにおけるBase58のアルファベット

```
123456789ABCDEFGHJKLMNPQRSTUVWXYZabcdefghijkmnopqrstuvwxyz
```

書き間違いや転写間違いをさらに防ぐため、Base58にチェックサムが組み込まれたBase58Checkがよく使われます。チェックサムは、エンコードしようとしているデータの最後に追加される4バイトの文字列です。このチェックサムはエンコードしようとしているデータのハッシュから作られ、転写間違いやタイプミスの検出・防止に使われます。Base58Checkでエンコードされたデータが与えられた場合、デコードソフトウェアはチェックサムをその場で計算し、与えられたデータにもとから含まれているチェックサムと比較します。2つが一致しなかった場合、エラーが混入し、Base58Checkデータが無効ということを示しています。これによって、例えば、打ち間違いのビットコインアドレスが、ウォレットによって有効な送り先と判断されることを防ぎ、資金を失うことを回避できます。

数値データをBase58Check形式に変換するために、まずデータの先頭に「version byte」というプレフィックスを追加します。このversion byteは、エンコードされたデータの種類を簡単に特定できるように付加されています。例えば、ビットコインアドレスの場合、先頭はゼロ（16進数で0x00）で、一方秘密鍵をエンコードするときは、先頭は128（16進数で0x80）です。一般的に使われているversion byteのリストは、表4-1を参照してください。

次に、「double-SHA」チェックサムを計算してみましょう。これは、SHA256ハッシュアルゴリズムを前の結果（プレフィックスとデータ）に、2回適用するという意味です。

```
checksum = SHA256(SHA256(prefix+data))
```

結果として出てくる32バイトハッシュ（ハッシュのハッシュ）から、最初の4バイトだけを取り出します。この4バイトは、エラーチェックコード、つまりチェックサムとして使用されます。このチェックサムは末尾に付加されます。

結果は3つの部分、プレフィックス、データ、チェックサムによって構成されていて、上述のBase58のアルファベットを使ってエンコードされています。図4-6はBase58Checkエンコードのプロセスを説明しています。

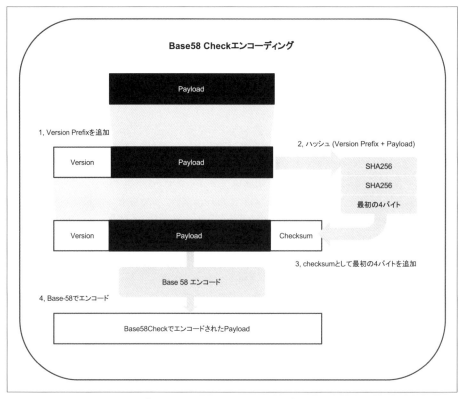

図4−6　Base58Checkエンコーディング: 曖昧さなくビットコインデータをエンコードするために、version byte、チェックサム付加しBase58変換をしたフォーマット

　ビットコインでは、ユーザに提示されるデータのほとんどは、Base58Check エンコードされています。これによってデータは、コンパクトで、読みやすく、エラーが検知されやすいものになります。Base58Check で version prefix を追加することによって、エンコードしたデータ本体の最初に固有の文字が現れるため、データを見分けやすい形式になります。これらの文字は、どんな種類のデータをエンコードしたのか、データをどう使うのかを、人間にも分かるようにしています。1から始まるものは Base58Check エンコードされたビットコインアドレス、5から始まるものは Base58Check エンコードされた秘密鍵 WIF 形式です（表4-1）。

表 4−1　Base58Check の version prefix とエンコードされた結果の例

種類	Version prefix（16進数）	Base58 出力文字列の先頭につけられるプレフィックス
ビットコインアドレス	0x00	1
Pay-to-Script-Hash アドレス	0x05	3
ビットコイン Testnet アドレス	0x6F	m または n
秘密鍵 WIF 形式	0x80	5、K または L
BIP38 暗号化秘密鍵	0x0142	6P
BIP32 拡張公開鍵	0x0488B21E	xpub

ビットコインアドレスを生成する手順を見てみましょう。秘密鍵から始まって、公開鍵（楕円曲線上の点）を作り、二重ハッシュ化アドレスを作り、最後にBase58Checkエンコードを実施します。例4-2にあるC++コードは、秘密鍵から始まって、Base58Checkエンコード済みビットコインアドレスに至る手順を、完全な形で逐一示しています。このサンプルコードは、いくつかの補助関数を使うために第3章「その他のビットコインクライアント、ライブラリ、ツールキット」節で紹介したlibbitcoinライブラリを使っています。

例4-2　秘密鍵からのBase58Checkエンコードされたビットコインアドレスの作成

```cpp
#include <bitcoin/bitcoin.hpp>

int main()
{
    // Private secret key.
    bc::ec_secret secret;
    bool success = bc::decode_base16(secret,
        "038109007313a5807b2eccc082c8c3fbb988a973cacf1a7df9ce725c31b14776");
    assert(success);
    // Get public key.
    bc::ec_point public_key = bc::secret_to_public_key(secret);
    std::cout << "Public key: " << bc::encode_hex(public_key) << std::endl;

    // Create Bitcoin address.
    // Normally you can use:
    //   bc::payment_address payaddr;
    //   bc::set_public_key(payaddr, public_key);
    //   const std::string address = payaddr.encoded();

    // Compute hash of public key for P2PKH address.
    const bc::short_hash hash = bc::bitcoin_short_hash(public_key);

    bc::data_chunk unencoded_address;
    // Reserve 25 bytes
    //   [ version:1  ]
    //   [ hash:20    ]
    //   [ checksum:4 ]
    unencoded_address.reserve(25);
    // Version byte, 0 is normal BTC address (P2PKH).
    unencoded_address.push_back(0);
    // Hash data
    bc::extend_data(unencoded_address, hash);
    // Checksum is computed by hashing data, and adding 4 bytes from hash.
    bc::append_checksum(unencoded_address);
    // Finally we must encode the result in Bitcoin's base58 encoding
```

```
    assert(unencoded_address.size() == 25);
    const std::string address = bc::encode_base58(unencoded_address);

    std::cout << "Address: " << address << std::endl;
    return 0;
}
```

このコードは事前に決められた秘密鍵を使っており、動作させるたびに毎回同じビットコインアドレスが生成されるようになっています。具体的な動かし方は例4-3に示されている通りです。

例4-3　このaddrコードのコンパイルと実行

```
# Compile the addr.cpp code
$ g++ -o addr addr.cpp $(pkg-config --cflags --libs libbitcoin)
# Run the addr executable
$ ./addr
Public key: 0202a406624211f2abbdc68da3df929f938c3399dd79fac1b51b0e4ad1d26a47aa
Address: 1PRTTaJesdNovgne6Ehcdu1fpEdX7913CK
```

鍵フォーマット

秘密鍵も公開鍵も、多くの異なる形式で表現されています。見た目が異なっていたとしても、これらの表現はすべて同じ数値をエンコードしています。これらの形式は、人々が鍵を間違えずに容易に読み転写できるようになることを第一の目的として、用いられます。

秘密鍵フォーマット

秘密鍵は多くの異なる形式で表現されていて、これらはすべて同じ256ビットの数値に対応しています。表4-2に、秘密鍵を表現するために使われる3つの形式を示します。

表4-2　秘密鍵の表現一覧（エンコーディングフォーマット）

種類	プレフィックス	説明
16進数	なし	64個の16進数
WIF	5	Base58Check エンコーディング：128 の version prefix と、32 ビットチェックサムを伴った Base58
圧縮 WIF	K または L	エンコード前にサフィックス 0x01 を追加した後は上記と同じ

表4-3は、これら3つの形式で生成された秘密鍵を示しています。

表 4-3　例：同じ鍵の違ったフォーマット

フォーマット	秘密鍵
16 進数	1e99423a4ed27608a15a2616a2b0e9e52ced330ac530edcc32c8ffc6a526aedd
WIF	5J3mBbAH58CpQ3Y5RNJpUKPE62SQ5tfcvU2JpbnkeyhfsYB1Jcn
WIF 圧縮形式	KxFC1jmwwCoACiCAWZ3eXa96mBM6tb3TYzGmf6YwgdGWZgawvrtJ

　これらの表現はすべて、同じ数値、同じ秘密鍵を表す違った形式です。一見異なっていますが、どれも他の形式に簡単に変換できます。

　Bitcoin Explorer（第3章「Libbitcoin と Bitcoin Explorer」節参照）の wif-to-ec コマンドを使うことで、さきほどの両方の WIF 鍵が同じ秘密鍵を表すことを示すことができます。

```
$ bx wif-to-ec 5J3mBbAH58CpQ3Y5RNJpUKPE62SQ5tfcvU2JpbnkeyhfsYB1Jcn
1e99423a4ed27608a15a2616a2b0e9e52ced330ac530edcc32c8ffc6a526aedd

$ bx wif-to-ec KxFC1jmwwCoACiCAWZ3eXa96mBM6tb3TYzGmf6YwgdGWZgawvrtJ
1e99423a4ed27608a15a2616a2b0e9e52ced330ac530edcc32c8ffc6a526aedd
```

Base58Checkから16進数へのデコード

　Bitcoin Explorer コマンド（第3章「Libbitcoin と Bitcoin Explorer」節参照）は、ビットコイン鍵やアドレス、トランザクションを操作する、シェルスクリプトやコマンドラインの「パイプライン」を簡単に書けるようにするツールです。Bitcoin Explorer を使うと、コマンドラインで Base58Check をデコードできます。

　base58check-decode コマンドを使うことで、圧縮されていない鍵（WIF）をデコードできます。

```
$ bx base58check-decode 5J3mBbAH58CpQ3Y5RNJpUKPE62SQ5tfcvU2JpbnkeyhfsYB1Jcn
wrapper
{
    checksum 4286807748
    payload 1e99423a4ed27608a15a2616a2b0e9e52ced330ac530edcc32c8ffc6a526aedd
    version 128
}
```

　出力された結果には、payload としての鍵と WIF（Wallet Import Format）の version prefix 128、チェックサムが含まれています。

　圧縮された鍵（WIF 圧縮）の「payload」には、サフィックス01が追加されており、これから導出する公開鍵を圧縮するべきであることを表しています。

```
$ bx base58check-decode KxFC1jmwwCoACiCAWZ3eXa96mBM6tb3TYzGmf6YwgdGWZgawvrtJ
wrapper
{
```

```
        checksum 2339607926
        payload 1e99423a4ed27608a15a2616a2b0e9e52ced330ac530edcc32c8ffc6a526aedd01
        version 128
    }
```

16進数からBase58Checkへのエンコード

Base58Checkにエンコード（前のコマンドの逆）するために、Bitcoin Explorerのbase58check-encodeコマンド（第3章「LibbitcoinとBitcoin Explorer」節参照）を使います。このとき、16進数秘密鍵とともに、WIF（Wallet Import Format）を示すversion prefix 128を入力します。

```
bx base58check-encode 1e99423a4ed27608a15a2616a2b0e9e52ced330ac530edcc32c8ffc6a526aedd
--version 128
5J3mBbAH58CpQ3Y5RNJpUKPE62SQ5tfcvU2JpbnkeyhfsYB1Jcn
```

16進数（圧縮された鍵）からBase58Checkへのエンコード

「圧縮された」秘密鍵としてBase58Checkにエンコードする（本章「圧縮された秘密鍵」節参照）ためには、16進数鍵の末尾に01を追加し、上記のようにエンコードします。

```
$ bx base58check-encode 1e99423a4ed27608a15a2616a2b0e9e52ced330ac530edcc32c8ffc6a526ae
dd01 --version 128
KxFC1jmwwCoACiCAWZ3eXa96mBM6tb3TYzGmf6YwgdGWZgawvrtJ
```

生成されたWIF圧縮形式は「K」から始まります。これは、元の秘密鍵の最後に「01」がついていることを意味し、圧縮された公開鍵のみを生成するために使われます（本章「圧縮された公開鍵」節参照）。

公開鍵フォーマット

公開鍵もまた、異なる形で表現され、圧縮された公開鍵または圧縮されていない公開鍵があります。

前に見たように、公開鍵は楕円曲線上の点であり、(x,y)というペアの形で構成されます。これは通常、プレフィックスに04が伴って表されます。この04のあとに256ビットの2つの数字、1つはx座標、もう1つはy座標、が続きます。プレフィックス04は圧縮されていない公開鍵を、圧縮された公開鍵と区別するために使われます。圧縮された公開鍵は、02、03から始まります。

これは、さきほど作った秘密鍵から生成した公開鍵です。以下にx座標とy座標を示します。

```
x = F028892BAD7ED57D2FB57BF33081D5CFCF6F9ED3D3D7F159C2E2FFF579DC341A
```

```
y = 07CF33DA18BD734C600B96A72BBC4749D5141C90EC8AC328AE52DDFE2E505BDB
```

以下は、520ビットの数値（130桁の16進数整数）として表した、さきほどと同じ公開鍵です。これは04のプレフィックスがついており、そのあとに04 x yのようにx座標とy座標が続きます。

```
K = 04F028892BAD7ED57D2FB57BF33081D5CFCF6F9ED3D3D7F159C2E2FFF579DC341A07CF33DA18BD734
    C600B96A72BBC4749D5141C90EC8AC328AE52DDFE2E505BDB
```

圧縮された公開鍵

　圧縮された公開鍵は、トランザクションのサイズの削減や、ブロックチェーンを保持しているビットコインノードのディスクスペースの節約のために、ビットコインに導入されました。ほとんどのトランザクションは、所有者を認証し、ビットコインを使うために、公開鍵を含んでいます。個々の圧縮されていない公開鍵は、520ビット（プレフィックス＋x＋y）を必要とするため、ブロックごとに数百、1日に数万というトランザクションを重ねると、巨大なデータがブロックチェーンに追加されることになります。

　本章「公開鍵」節で見てきたように、公開鍵は楕円曲線上の点 (x,y) です。楕円曲線は関数として表現されるため、楕円曲線上の点は本章「公開鍵」節にある方程式の解であり、もしx座標が分かるとするとy座標は y^2 mod p = $(x^3 + 7)$ mod p を解くことで計算できます。このため、公開鍵の点としては単にx座標だけを保持すればよく、y座標を省略して鍵のサイズを小さくし、保存するのに必要なスペースを256ビット削減することができます。これにより、トランザクションのデータサイズの50%弱が削減できます。

　圧縮されていない公開鍵が 04 から始まるのに対して、圧縮されている公開鍵は02または03から始まります。なぜ2つのプレフィックスがあるのかというと、方程式の左側にはy^2があるので、x座標からy座標を導こうとするとyの解は正負それぞれの符号を持った平方根になってしまい、1つの点を特定することができないからです。図で考えると、y座標がx軸の上側と下側の両方の値を取り得ることを意味します。図4-2から分かるように、楕円曲線はx軸に対して対称です。このため、y座標の絶対値は省略できてもy座標の符号は省略できず、保存する必要があります。言い換えると、これらの符号はそれぞれ違った点、違った公開鍵を表すので、点がx軸の上にあったか下にあったかを覚えておかなければなりません。素数位数 p の有限体上の楕円曲線の点を2進数表現すると、y座標は偶数または奇数になり、これらはさきほど説明した正／負に対応しています。よって、yの2つの可能な値を区別するには、yが偶数なら02を圧縮された公開鍵の先頭に付与し、yが奇数なら03を先頭に付与するようにします。これによって、ソフトウェアはy座標をx座標から正しく導くことができ、公開鍵を圧縮することができるのです。公開鍵の圧縮は、図4-7で説明されています。

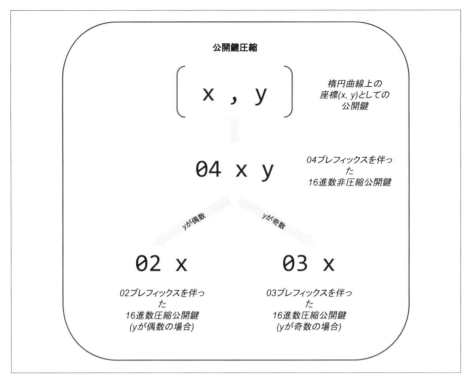

図4-7　公開鍵の圧縮

　前に生成した公開鍵と同じものを以下に示します。以下は、y座標が奇数であることを示している03をプレフィックスとして持つ264ビット（66桁の16進数）の圧縮された公開鍵です。

```
K = 03F028892BAD7ED57D2FB57BF33081D5CFCF6F9ED3D3D7F159C2E2FFF579DC341A
```

　圧縮されていない公開鍵と違うように見えますが、この圧縮された公開鍵は同じ秘密鍵から生成されたものです。さらに重要なことに、もし圧縮された公開鍵を二重ハッシュ化関数（RIPEMD160(SHA256(K))）を使ってビットコインアドレスに変換したとすると、異なるビットコインアドレスが生成されます。ややこしいですが、これは1つの秘密鍵が2つの異なる形式（圧縮と非圧縮）の公開鍵を生成し、それぞれの公開鍵が別々のビットコインアドレスを生成するためです。しかし、秘密鍵はこの2つのアドレスに共通のものです。
　圧縮された公開鍵は、ビットコインクライアントで次第にデフォルトになりつつあり、圧縮された公開鍵に対応することで、トランザクションのサイズを、従ってブロックチェーンのサイズを削減することに、十分なインパクトを与えています。しかし、すべてのクライアントが圧縮された公開鍵に対応しているわけではありません。圧縮された公開鍵に対応している最近のクライアントは、圧縮された公開鍵に対応していない古いクライアントからのトランザクションを解釈しなければなりません。これは、秘密鍵をウォレットから別のウォ

レットにインポートするときに特に重要です。というのは、インポートを受けた新しいウォレットは、インポートされた秘密鍵に対応したトランザクションを見つけるために、ブロックチェーンをスキャンする必要があるからです。ウォレットは、どのビットコインアドレスをスキャンするべきでしょうか？ 圧縮されていない公開鍵から生成されたビットコインアドレスでしょうか？ それとも、圧縮された公開鍵から生成されたビットコインアドレスでしょうか？ 両方とも有効なアドレスですが、これらは異なるビットコインアドレスなのです！

　この問題を解決するために、秘密鍵をウォレットからエクスポートする場合、最近のウォレットでは、これまでと異なる Wallet Import Format で出力します。新しい Wallet Import Format は、圧縮された公開鍵が秘密鍵から作られたことを示しており、ビットコインアドレスは圧縮されたものということが分かるのです。これによって、インポートされる側のウォレットは、古いウォレットから来た秘密鍵か、新しいウォレットから来た秘密鍵かを区別し、公開鍵が圧縮されているかいないかに対応したビットコインアドレスが含まれるトランザクションをブロックチェーンから見つけられます。次の節で、詳細を説明します。

圧縮された秘密鍵

　皮肉にも「圧縮された秘密鍵」という用語は、誤解を与えやすい表現です。というのは、秘密鍵が WIF 圧縮形式でエクスポートされた場合、実際には「圧縮されていない」秘密鍵より1バイト長いからです。これは、01を秘密鍵の最後に付加しているためで、この01は、秘密鍵が新しいウォレットから来たこと、圧縮された公開鍵を生成することにのみ用いられることを意味します。秘密鍵自体は圧縮されておらず、また圧縮することはできません。「圧縮された秘密鍵」という用語は、「圧縮された公開鍵が導出される秘密鍵」という意味です。「圧縮された」という用語は、WIF 圧縮形式や WIF 形式などエクスポートの際の形式に言及するときにのみ使うべきで、秘密鍵に対して使うべきではないのです。

　これらの形式を相互に変換して使うべきでないことを覚えておいてください。圧縮された公開鍵を実装した新しいウォレットでは、秘密鍵は WIF 圧縮形式（先頭が K または L）でエクスポートされます。もしウォレットが古い実装のもので、圧縮された公開鍵が使えないものであれば、秘密鍵は WIF 形式（先頭が5）でエクスポートされます。ここでのゴールは、秘密鍵をインポートするウォレットに、ブロックチェーンの中から、圧縮された公開鍵とビットコインアドレスを探さなければいけないか、圧縮されていないものを探さなければいけないかを、教えることです。

　もしウォレットが圧縮された公開鍵を実装していれば、すべてのトランザクションで圧縮された方法を使うでしょう。秘密鍵は楕円曲線上の公開鍵点を導出し、この公開鍵は圧縮されます。圧縮された公開鍵はビットコインアドレスを生成することに使われ、そのビットコインアドレスはトランザクションの中で使われます。圧縮された公開鍵を実装した新しいウォレットから秘密鍵をエクスポートするとき、Wallet Import Format は、秘密鍵の最後に1バイトの01が付加される形に修正されます。結果として出力される Base58Check エンコード秘密鍵は、「圧縮された WIF 形式」と呼ばれ、古いウォレットでの WIF 形式（非圧縮）の場合の「5」の代わりに、K または L から始まります。

表4-4は同じ鍵を表しており、WIF 形式と WIF 圧縮形式でエンコードされています。

表4-4 例：同じ鍵の違ったフォーマット

フォーマット	秘密鍵
16 進数	1E99423A4ED27608A15A2616A2B0E9E52CED330AC530EDCC32C8FFC6A526AEDD
WIF	5J3mBbAH58CpQ3Y5RNJpUKPE62SQ5tfcvU2JpbnkeyhfsYB1Jcn
16 進数圧縮形式	1E99423A4ED27608A15A2616A2B0E9E52CED330AC530EDCC32C8FFC6A526AEDD01
WIF 圧縮形式	KxFC1jmwwCoACiCAWZ3eXa96mBM6tb3TYzGmf6YwgdGWZgawvrtJ

「圧縮された秘密鍵」は誤った名称です！ これらは圧縮されていません。WIF 圧縮形式は、圧縮された公開鍵やこれに対応したビットコインアドレスを導出するためのみ使われるべきということを表しています。皮肉にも、「WIF 圧縮形式」にエンコードされた秘密鍵は 1 バイトだけ長いのです。というのは、「圧縮されていない」秘密鍵と区別するために、サフィックス 01 が追加されているためです。

鍵とビットコインアドレスの Python での実装

Python で書かれた最も総合的なビットコインライブラリは、Vitalik Buterin によって書かれた pybitcointools（https://github.com/vbuterin/pybitcointools）です。例4-4の中で、pybitcointools ライブラリ（「bitcoin」としてインポートされています）を使って鍵とビットコインアドレスをいろいろな形式で生成しています。

例4-4 pybitcointools ライブラリを使った、鍵とアドレスの生成と各フォーマット生成

```
import bitcoin

# Generate a random private key
valid_private_key = False
while not valid_private_key:
    private_key = bitcoin.random_key()
    decoded_private_key = bitcoin.decode_privkey(private_key, 'hex')
    valid_private_key =  0 < decoded_private_key < bitcoin.N

print "Private Key (hex) is: ", private_key
print "Private Key (decimal) is: ", decoded_private_key

# Convert private key to WIF format
wif_encoded_private_key = bitcoin.encode_privkey(decoded_private_key, 'wif')
print "Private Key (WIF) is: ", wif_encoded_private_key

# Add suffix "01" to indicate a compressed private key
```

```
compressed_private_key = private_key + '01'
print "Private Key Compressed (hex) is: ", compressed_private_key

# Generate a WIF format from the compressed private key (WIF-compressed)
wif_compressed_private_key = bitcoin.encode_privkey(
    bitcoin.decode_privkey(compressed_private_key, 'hex'), 'wif')
print "Private Key (WIF-Compressed) is: ", wif_compressed_private_key

# Multiply the EC generator point G with the private key to get a public key point
public_key = bitcoin.fast_multiply(bitcoin.G, decoded_private_key)
print "Public Key (x,y) coordinates is:", public_key

# Encode as hex, prefix 04
hex_encoded_public_key = bitcoin.encode_pubkey(public_key,'hex')
print "Public Key (hex) is:", hex_encoded_public_key

# Compress public key, adjust prefix depending on whether y is even or odd
(public_key_x, public_key_y) = public_key
if (public_key_y % 2) == 0:
    compressed_prefix = '02'
else:
    compressed_prefix = '03'
hex_compressed_public_key = compressed_prefix + bitcoin.encode(public_key_x, 16)
print "Compressed Public Key (hex) is:", hex_compressed_public_key

# Generate bitcoin address from public key
print "Bitcoin Address (b58check) is:", bitcoin.pubkey_to_address(public_key)

# Generate compressed bitcoin address from compressed public key
print "Compressed Bitcoin Address (b58check) is:", \
    bitcoin.pubkey_to_address(hex_compressed_public_key)
```

例4-5は、このコードを実行した結果を示しています。

例4-5　key-to-address-ecc-example.py の実行

```
$ python key-to-address-ecc-example.py
Private Key (hex) is:
 3aba4162c7251c891207b747840551a71939b0de081f85c4e44cf7c13e41daa6
Private Key (decimal) is:
 26563230048437957592232553826663696440606756685920117476832299673293013768870
Private Key (WIF) is:
 5JG9hT3beGTJuUAmCQEmNaxAuMacCTfXuw1R3FCXig23RQHMr4K
Private Key Compressed (hex) is:
```

```
3aba4162c7251c891207b747840551a71939b0de081f85c4e44cf7c13e41daa601
```
Private Key (WIF-Compressed) is:
KyBsPXxTuVD82av65KZkrGrWi5qLMah5SdNq6uftawDbgKa2wv6S
Public Key (x,y) coordinates is:
(41637322786646325214887832269588396900663353932545912953362782457239403430124L,
16388935128781238405526710466724741593761085120864331449066658622400339362166L)
Public Key (hex) is:
045c0de3b9c8ab18dd04e3511243ec2952002dbfadc864b9628910169d9b9b00ec243bcefdd4347074d4
4bd7356d6a53c495737dd96295e2a9374bf5f02ebfc176
Compressed Public Key (hex) is:
025c0de3b9c8ab18dd04e3511243ec2952002dbfadc864b9628910169d9b9b00ec
Bitcoin Address (b58check) is:
1thMirt546nngXqyPEz532S8fLwbozud8
Compressed Bitcoin Address (b58check) is:
14cxpo3MBCYYWCgF74SWTdcmxipnGUsPw3

例4-6はもう1つのコード例です。このコードでは、楕円曲線での計算にPython ECDSAライブラリを使っていますが、特別なビットコインライブラリは使っていません。

例4-6　ビットコインの鍵生成に使われる楕円関数数学のデモスクリプト

```
import ecdsa
import os
from ecdsa.util import string_to_number, number_to_string

# secp256k1, http://www.oid-info.com/get/1.3.132.0.10
_p  = 0xFFFFFFFFFFFFFFFFFFFFFFFFFFFFFFFFFFFFFFFFFFFFFFFFFFFFFFFEFFFFFC2FL
_r  = 0xFFFFFFFFFFFFFFFFFFFFFFFFFFFFFFFEBAAEDCE6AF48A03BBFD25E8CD0364141L
_b  = 0x0000000000000000000000000000000000000000000000000000000000000007L
_a  = 0x0000000000000000000000000000000000000000000000000000000000000000L
_Gx = 0x79BE667EF9DCBBAC55A06295CE870B07029BFCDB2DCE28D959F2815B16F81798L
_Gy = 0x483ada7726a3c4655da4fbfc0e1108a8fd17b448a68554199c47d08ffb10d4b8L
curve_secp256k1 = ecdsa.ellipticcurve.CurveFp(_p, _a, _b)
generator_secp256k1 = ecdsa.ellipticcurve.Point(curve_secp256k1, _Gx, _Gy, _r)
oid_secp256k1 = (1, 3, 132, 0, 10)
SECP256k1 = ecdsa.curves.Curve("SECP256k1", curve_secp256k1, generator_secp256k1,
oid_secp256k1)
ec_order = _r

curve = curve_secp256k1
generator = generator_secp256k1

def random_secret():
    convert_to_int = lambda array: int("".join(array).encode("hex"), 16)
```

```
    # Collect 256 bits of random data from the OS's cryptographically secure random
generator
    byte_array = os.urandom(32)

    return convert_to_int(byte_array)

def get_point_pubkey(point):
    if point.y() & 1:
        key = '03' + '%064x' % point.x()
    else:
        key = '02' + '%064x' % point.x()
    return key.decode('hex')

def get_point_pubkey_uncompressed(point):
    key = '04' + \
          '%064x' % point.x() + \
          '%064x' % point.y()
    return key.decode('hex')


# Generate a new private key.
secret = random_secret()
print "Secret: ", secret

# Get the public key point.
point = secret * generator
print "EC point:", point

print "BTC public key:", get_point_pubkey(point).encode("hex")

# Given the point (x, y) we can create the object using:
point1 = ecdsa.ellipticcurve.Point(curve, point.x(), point.y(), ec_order)
assert point1 == point
```

例4-7はこのコードを実行した結果を示しています。

 上記の例コードでは os.urandom を使用しており、これは裏で動作している OS によって提供されている、暗号学的に安全な乱数生成器（CSRNG）の値を反映しています。Linux のような UNIX に似た OS の場合、これは /dev/urandom から乱数を取得し、Windows の場合 CryptGenRandom() を呼び出すことで乱数を取得します。もし適した乱数発生源がない場合、NotImplementedError が発生します。ここで使われている乱数生成器はデモ用であり、十分なセキュリティを持ったように実装されていないので、商用レベルのクオリティを持ったビットコイン鍵を生成するには適切ではありません。

例4-7　Python ECDSA ライブラリのインストールと ec_math.py スクリプトの実行

```
$ # Install Python PIP package manager
$ sudo apt-get install python-pip
$ # Install the Python ECDSA library
$ sudo pip install ecdsa
$ # Run the script
$ python ec-math.py
Secret:    38090835015954358862481132628887443905906204995912378278060168703580660294000
EC point: (70048853531867179489857750497606966272382583471322935454624595540007269312627, 10526220647868674319106080026347958932992020952728580393573602168604554235380)
BTC public key: 029ade3effb0a67d5c8609850d797366af428f4a0d5194cb221d807770a1522873
```

ウォレット

ウォレットは秘密鍵の容器であり、通常、構造化されたファイルまたは簡単なデータベースとして実装されています。鍵を作るもう1つの方法は、決定性鍵生成です。ここでは、一方向ハッシュ関数を使って、前に出てきた秘密鍵から順々に新しい秘密鍵を作ってみます。秘密鍵を再生成するために必要なのは、最初の鍵（シードまたはマスター鍵として知られているもの）だけです。この節では、鍵生成の方法とウォレットの構造を説明します。

ビットコインウォレットには鍵が入っていますが、ビットコイン自体は入っていません。ビットコインではなく鍵が入っているウォレットを、ユーザは持つことになります。ウォレットは、秘密鍵／公開鍵のペアが入った、まさにキーホルダーなのです（本章「秘密鍵と公開鍵」節参照）。ユーザはトランザクションに鍵を使って署名をし、トランザクションアウトプット（ユーザのビットコイン）を所有していることを証明します。このビットコインはトランザクションアウトプット（よく vout または txout と書かれます）の形でブロックチェーン上に保存されています。

非決定性(ランダム)ウォレット

最初のビットコインクライアントでは、ウォレットは、ランダムに生成された秘密鍵の単なる集まりでした。このタイプのウォレットをType-0非決定性（nondeterministic）ウォレットと呼びます。例えば、ビットコインコアクライアントは、初回起動のときにあらかじめ100個のランダムな秘密鍵を作成します。個々の鍵は一度しか使われないため、その後必要に応じて鍵が作られることになります。このタイプのウォレットは「鍵束（JBOK, Just a Bunch Of Keys)」というニックネームがついています。ランダムな鍵の欠点は、多く生成したときは、そのすべてのコピーも保持しなければならず、そのためウォレットを頻繁にバックアップする必要があることです。ウォレットにアクセスできなくなったとき、鍵がバックアップされていなければ、その鍵に紐づく資金を永久に失うことになるのです。このため、個々の

ビットコインアドレスをトランザクション1件にのみ使うという、ビットコインアドレスの再利用を回避するという原則と相いれなくなります。ビットコインアドレスを再利用すると、ビットコインアドレスが多くのトランザクションに結びつき、プライバシーの低下に繋がります。ビットコインアドレスの再利用を避けたいのであればなおさら、Type-0非決定性ウォレットを選ぶことはやめたほうがよいでしょう。多くの鍵を管理することを意味し、頻繁にバックアップを作る必要が生じてしまうからです。ビットコインコアクライアントにはType-0 ウォレットが含まれていますが、このウォレットの使用はビットコインコアの開発者たちから推奨されていません。図4-8は非決定性ウォレットを示しており、ランダム鍵の緩やかな集まりを表現しています。

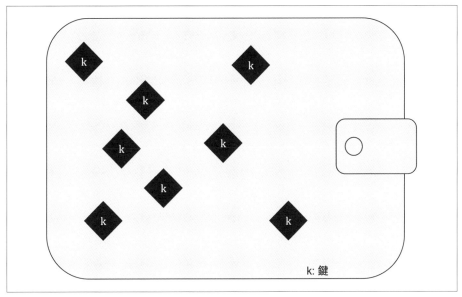

図4-8 Type-0非決定性（ランダム）ウォレット：ランダムに生成された鍵のコレクション

決定性ウォレット

　決定性（deterministic）ウォレットまたは「Seeded」ウォレットは、1つの共通の「シード」から一方向ハッシュ関数を用いて導出された秘密鍵が入ったウォレットです。シードとは、ランダムに生成される数値で、インデックス番号または「chain code」（本章「階層的決定性ウォレット」節参照）といった他のデータと組み合わせて複数の秘密秘密鍵を生成します。決定性ウォレットでは、このシードがあれば生成されたすべての鍵を復活させられるため、このシードを生成した時点で1回バックアップを取っておけば十分です。このシードは、ウォレットのエクスポートやインポートにも適していて、ウォレット間の鍵の移行を容易にしてくれます。

Mnemonic Code Words

mnemonic codeは、決定性ウォレットを生成する際にシードとして使った乱数を表現する（エンコードする）英単語の列です。この英単語の列は、シードを再生成するために使われ、このシードからウォレットとすべての鍵が再生成されます。mnemonic codeを伴う決定性ウォレットは、初期設定時にユーザに対し12から24個の英単語の列を示します。この英単語の列はウォレットのバックアップであり、同じウォレットや、可換な別のウォレットアプリですべての鍵を復活させ再生成するのに使用できます。mnemonic codeは、ランダムな文字列と比べて読みやすく、正確に転写できることから、ユーザはウォレットのバックアップを取りやすくなります。

mnemonic codeはBitcoin Improvement Proposal 39（〔bip0039〕参照）で定義されており、このBIPは現在草案段階にあります。まだ標準ではないことに注意してください。ElectrumウォレットはBIP0039に先行して、別の英単語群を用いた標準を採用しています。BIP0039は、Trezorウォレットや他のウォレットでも使われていますが、Electrumが実装しているものとは互換性はありません。

BIP0039は、mnemonic codeとシードの生成を、以下のように定義しています。

1. 128ビットから256ビットのランダムな文字列を生成
2. ランダムな配列のSHA256ハッシュの先頭4ビットを取得し、ランダムな文字列のチェックサムを生成
3. このチェックサムをランダムな文字列の最後に付加
4. 2048個のあらかじめ決められた英単語の辞書のインデックスとして使うために、この文字列を11ビットずつの部分に分割
5. mnemonic codeを表す12から24個の英単語を生成

表4-5はエントロピーデータサイズとmnemonic codeの単語数の関係を示しています。

表4-5 mnemonic codes：エントロピーと単語長

エントロピー（ビット）	チェックサム（ビット）	エントロピー＋チェックサム	単語数
128	4	132	12
160	5	165	15
192	6	198	18
224	7	231	21
256	8	264	24

mnemonic codeは、もともと128ビットから256ビットの文字列を表現しており、PBKDF2という鍵拡張関数を使うことで、より長いシード（512ビット）がmnemonic codeから導出されます。そのシードは決定性ウォレットとすべての鍵の生成に使われます。

mnemonic codeとそれらが作り出したシードの例を、表4-6と表4-7に示します。

表4-6 128ビットエントロピーから得たmnemonic codeと、出力されたシード

エントロピーインプット（128ビット）	0c1e24e5917779d297e14d45f14e1a1a
Mnemonic（12単語）	army van defense carry jealous true garbage claim echo media make crunch
シード（512ビット）	3338a6d2ee71c7f28eb5b882159634cd46a898463e9d2d0980f8e80dfbba5b0fa0291e5fb88 8a599b44b93187be6ee3ab5fd3ead7dd646341b2cdb8d08d13bf7

表4-7 256ビットエントロピーから得たmnemonic codeと、出力されたシード

エントロピーインプット（256ビット）	2041546864449caff939d32d574753fe684d3c947c3346713dd8423e74abcf8c
Mnemonic（24単語）	cake apple borrow silk endorse fitness top denial coil riot stay wolf luggage oxygen faint major edit measure invite love trap field dilemma oblige
シード（512ビット）	3972e432e99040f75ebe13a660110c3e29d131a2c808c7ee5f1631d0a977fcf473bee22 fce540af281bf7cdeade0dd2c1c795bd02f1e4049e205a0158906c343

階層的決定性ウォレット（BIP0032／BIP0044）

　決定性ウォレットは、1つの「シード」から多くの鍵を生成しやすくするために開発されました。決定性ウォレットの最も進んだ形は、BIP0032で定義されている階層的決定性（hierarchical deterministic）ウォレットまたはHDウォレットです。階層的決定性ウォレットでは鍵がツリー構造をなしていて、この構造においては、親鍵が子鍵群を生成し、それぞれの子鍵が孫鍵群を生成するといった形で、生成の連鎖が無限に続きます。図4-9で、ツリー構造を説明しています。

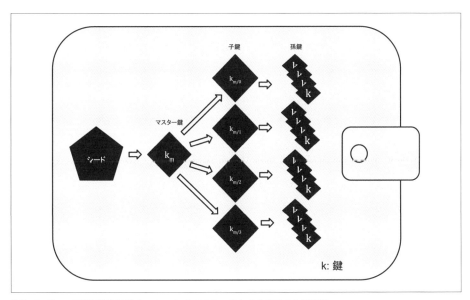

図4-9　Type-2階層的決定性ウォレット：1つのシードから生成された鍵ツリー

もしビットコインウォレットを実装するのであれば、BIP0032 と BIP0044 標準に従った、HD ウォレットとして構築するべきです。

HD ウォレットは、ランダムな（非決定性）鍵に比べて、2つの主な利点があります。まず、ツリー構造であることで、ある「ブランチ」を支払いの受け取りに使ったり、別の「ブランチ」を支払いの際のおつりの受け取りに使ったりと、用途を割り当てることができる点です。また、例えば、部や課などの部署ごと、特定の機能ごと、口座ごとに、「ブランチ」を割り当てることもできます。

2つ目の利点は、秘密鍵にアクセスすることなく、ユーザが公開鍵を生成できる点です。それぞれのトランザクションごとに異なる公開鍵を発行し、安全でないサーバや受信用のサーバでも使うことができるのです。事前に公開鍵をこれらのサーバに格納しておいたり、生成しておいたりする必要はなく、しかも、これらのサーバは資金を使うときに用いる秘密鍵を保持しないのです。

シードからのHDウォレット作成

HD ウォレットは、128、256、512ビットの乱数である、単一のルートシードから作られます。HD ウォレットのすべてはこのルートシードから導出されるため、ルートシードさえあれば HD ウォレット全体を再生成できます。ルートシードがあれば、たとえ数千、数百万の鍵があっても、HD ウォレットを容易にバックアップ、リストア、エクスポートできるということです。ルートシードは、前節「Mnemonic Code Words」で述べたように、mnemonic word sequence によってよく表され、これによってルートシードの転写、保存がしやすくなっています。

HD ウォレットで、マスター鍵とマスター chain code を生成するプロセスを図4-10で示します。

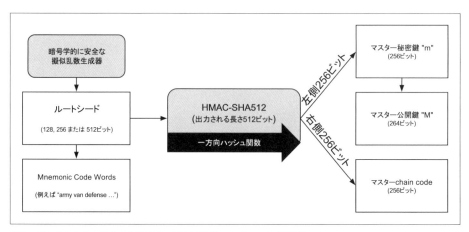

図4-10　ルートシードからのマスター鍵とマスターchain codeの生成

ルートシードが、HMAC-SHA512アルゴリズムに入力され、結果として出力されたハッシュ値をもとに、マスター秘密鍵（m）とマスターchain codeが生成されます。そして、そのマスター秘密鍵（m）から、マスター公開鍵（M）が生成されます（このとき、この章の最初に説明した、標準的な楕円曲線上のスカラー倍算プロセスm * Gが用いられます）。一方のマスターchain codeは、次章で見るように、親鍵から子鍵を生成するプロセスの中で、エントロピー（乱雑さ）を導入するために使われます。

子秘密鍵の導出

階層的決定性ウォレットは、子鍵導出（CKD、child key derivation）関数を使って親鍵から子鍵を生成します。

子鍵導出関数は、以下を組み合わせた一方向ハッシュ関数に基づいています。

- 親秘密鍵または親公開鍵（ECDSA非圧縮鍵）
- chain code（256ビット）と呼ばれるシード
- インデックス（32ビット）

このchain codeによって生成される子秘密鍵に、十分なランダム性が含まれることになります。そして、chain codeがなくインデックスだけではその他の子鍵を生成することはできません。子鍵を保持していたとしても、chain codeも持っていなければ他の子鍵を見つけることはできないのです。最初のchain codeシード（ツリー構造のルート）はランダムなデータから作られ、次のchain codeはそれぞれの親chain codeから作られます。

これらの3つの要素は組み合わされ、以下のように、子鍵を生成するためにハッシュ化されます。

親公開鍵、chain code、インデックスは組み合わされ、HMAC-SHA512アルゴリズムでハッシュ化され、512ビットのハッシュが生成されます。出力されたハッシュは2つに分けられます。右半分の256ビットは子chain codeになり、左半分の256ビットとインデックス番号と親秘密鍵を足し合わせて、子秘密鍵を導出します。図4-11は、インデックスが0のときの0番目の子chain codeや子秘密鍵を作る様子を表しています。

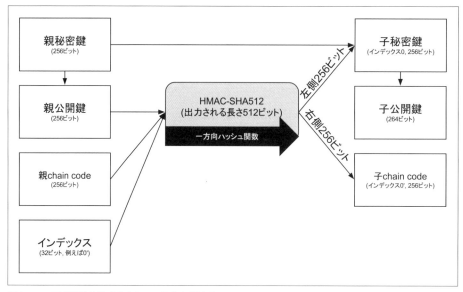

図4-11 子秘密鍵を生成するための親秘密鍵拡張

インデックスを変えることで、子0、子1、子2…と子を作り出していくことができます。1つの親鍵は、20億個の子鍵を持つことができます。

このプロセスを繰り返すことで、それぞれの子が今度は親になって子を作り、無限に次の世代を作ることができます。

導出された子鍵の使用

子秘密鍵は、非決定性ウォレットにおける鍵と見分けがつきません。子秘密鍵を生成するHMAC-SHA512は一方向関数であるため、子秘密鍵から親秘密鍵や兄弟の秘密鍵を導くことはできません。もしn番目の子がいたとしても、n-1番目の子やn+1番目の子といった兄弟も、その他どんな子も見つけることができません。ただ唯一、親秘密鍵とchain codeだけが、すべての子を作り出すことができます。子chain codeがなければ、子秘密鍵は孫秘密鍵を作ることはできません。子秘密鍵と子chain codeの両方があって初めて、孫秘密鍵を導出することができるのです。

子秘密鍵は何のために使われるのでしょうか？　公開鍵とビットコインアドレスを生成することに使われるのです。また、支払いのトランザクションに署名するときにも使われます。

 子秘密鍵、これに対応した子公開鍵、ビットコインアドレスは、HDウォレットではないランダムに生成された鍵やアドレスと見分けがつきません。これらが、親子の連鎖からなるツリー構造の一部であるということは、これらを生成したHDウォレットの関数の外からは分からないのです。これらは一度生成されると、「普通」の鍵と全く同じように使われます。

拡張鍵

前述のとおり、鍵導出関数は、鍵、chain code、インデックスという3つのインプットをもとに、子を作ります。本質的に必要なインプットは、鍵とchain codeで、これらを組み合わせたものは拡張鍵（extended key）と呼ばれます。拡張鍵は子を生成できるので、「拡張可能鍵」と呼ばれることもあります。

拡張鍵は、256ビットの鍵と256ビットのchain codeを、単純につなげて512ビットにしたものです。拡張鍵には2種類あります。拡張秘密鍵は秘密鍵とchain codeの組み合わせで、子秘密鍵（そして、これから子公開鍵も）を生成することに使われます。拡張公開鍵は公開鍵とchain codeの組み合わせで、子公開鍵を生成することに使われます（詳細は本章「公開鍵の生成」節参照）。

拡張鍵を、HDウォレットのツリー構造における「ルート（root、根）」と考えてみましょう。「ルート」を使って、「ブランチ」の残りの部分を生成することができます。拡張秘密鍵は完全なブランチを作ることができますが、拡張公開鍵は公開鍵のブランチしか作れません。

 拡張鍵は秘密鍵または公開鍵とchain codeで構成されています。拡張鍵は子を生成し、ツリー構造の中にブランチを作ることができます。拡張鍵を共有することで、ブランチ全体を参照することができます。

拡張鍵はBase58Checkでエンコードされ、異なるBIP0032互換ウォレットの間で、エクスポートとインポートを簡単に行うことができます。拡張鍵のBase58Checkは、プレフィックスとして「xprv」と「xpub」という特別なversion byteを使います。拡張鍵は512または513ビットなので、前述のBase58Checkエンコード文字列よりも長くなっています。

Base58Checkでエンコードされた拡張秘密鍵の例を示します。

```
xprv9tyUQV64JT5qs3RSTJkXCWKMyUgoQp7F3hA1xzG6ZGu6u6Q9VMNjGr67Lctvy5P8oyaYAL9CAWrUE9i6G
oNMKUga5biW6Hx4tws2six3b9c
```

下記は、この拡張秘密鍵に対応した拡張公開鍵です。これもBase58Checkでエンコードされています。

```
xpub67xpozcx8pe95XVuZLHXZeG6XWXHpGq6Qv5cmNfi7cS5mtjJ2tgypeQbBs2UAR6KECeeMVKZBPLrtJunSD
MstweyLXhRgPxdp14sk9tJPW9
```

子公開鍵の導出

上述のように階層的決定性ウォレットには、秘密鍵を使うことなく親公開鍵から子公開鍵を作り出せるという、とても有用な特徴を持っています。このことから、子公開鍵を作る方法には2種類あることが分かります。子秘密鍵から作るか、親公開鍵から直接に作るかです。

したがって、拡張公開鍵は、階層的決定性ウォレットにおいて、自身が作るブランチのす

べての公開鍵（そして公開鍵のみ）を生成することができます。

これにより、拡張公開鍵のコピーを持っているものの秘密鍵を全く持たないサーバやアプリケーション上で、非常に安全に公開鍵のみの生成ができるようになります。この仕組みを使うと、制限なく公開鍵とビットコインアドレスを作り出すことができますが、これらのビットコインアドレスに送られるお金を使うことはできません。一方、より安全なサーバでは拡張秘密鍵を使ってさきほどのビットコインに対応した秘密鍵を生成でき、トランザクションに署名することでお金を使うことができます。

この応用として一般的なのは、Eコマースを提供するウェブサーバに拡張公開鍵を置くことです。ウェブサーバは公開鍵の導出関数を使って、トランザクションごと（例えば顧客のショッピングカートごと）に新しいビットコインアドレスを作ることができます。このウェブサーバは盗難の攻撃を受けやすい秘密鍵を持っていません。HDウォレットを使わない場合、これを実行する唯一の方法は、切り離された安全なサーバで数千のビットコインアドレスを生成し、あらかじめEコマースサーバ上にビットコインアドレスを読み込んでおく方法です。ただしこの方法は、ウェブサーバがビットコインアドレスを「払い出せ」ないため、ビットコインアドレスが枯渇しないように定期的なメンテナンスが必要となります。

もう1つの一般的な応用として、コールドストレージまたはハードウェアウォレットへの応用があります。この応用では、拡張秘密鍵はペーパーウォレットまたはハードウェアデバイス（例えば、Trezor hardware wallet）に保存されます。一方、拡張公開鍵はオンライン上に保持されます。ユーザは「受け取り用」のビットコインアドレスを自由に作ることができますが、秘密鍵は安全にオフラインに保存されます。資金を使うには、ユーザはオフラインの署名用ビットコインクライアント上で秘密鍵を使って行うか、ハードウェアウォレットデバイス上でトランザクションに署名するかをしなければなりません。図4－12は、親公開鍵から子公開鍵を生成するメカニズムを説明しています。

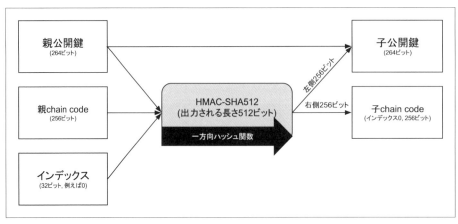

図4－12　子公開鍵を導出するための親公開鍵拡張

強化子公開鍵の導出

拡張公開鍵から公開鍵のブランチを生成する方法は非常に有用ですが、潜在的なリスクもあります。拡張公開鍵にさわれても子秘密鍵にはさわれません。しかし、拡張公開鍵はchain codeを含んでいるため、もし子秘密鍵が知られているまたは漏洩してしまった場合、このchain codeを使ってその他すべての子秘密鍵を導出できてしまうのです。親chain codeを伴った1つの子秘密鍵の漏洩により、すべての子供の秘密鍵が明らかになってしまいます。悪いことに、親chain codeを伴った子秘密鍵は親秘密鍵を推測することに使うことができるのです。

このリスクへの解決策として、HDウォレットは強化導出（hardened derivation）と呼ばれるもう1つの導出関数を使っています。この関数は、親公開鍵と子chain codeの間の関係を「壊す」ものです。強化導出関数は、親公開鍵の代わりに親秘密鍵を使って子チェーンコードを導出します。これは親秘密鍵または兄弟秘密鍵が漏洩しないようなチェーンコードを使って親と子の間に「ファイヤーウォール」を作ります。強化導出関数は通常の子鍵導出とほとんど同じように見えますが、図4－13に示すように、親公開鍵の代わりに親秘密鍵がハッシュ関数のインプットとして使われる点が異なります。

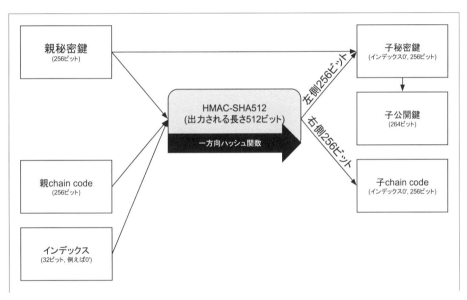

図4－13　子鍵強化導出: 親公開鍵の省略

子秘密鍵の強化導出関数で出力される子秘密鍵とchain codeは、通常の導出関数から得られる結果とは完全に異なります。結果として出てくる鍵の「ブランチ」は、脆弱ではない拡張公開鍵を生成します。なぜなら、この拡張公開鍵に含まれているchain codeは、いかなる秘密鍵も攻撃できないようになっているからです。よって強化導出は、拡張公開鍵が使われる階層よりも上のツリーに行けないようにする「ギャップ」を作り出すのです。

もし拡張公開鍵の利便性を使い、しかもchain codeの漏洩リスクを回避したいのであれ

ば、通常の親（親公開鍵）ではなく、強化された親（親秘密鍵）から拡張公開鍵を生成すべきです。ベストプラクティスとしては、マスター鍵の1階層目の子を、常に強化導出を通して生成されるようにしておくことがよいでしょう。

通常の導出および強化導出のインデックス

導出関数で使われているインデックスは32ビットの整数です。通常の導出関数を通して得られた鍵と強化導出関数を通して得られた鍵を簡単に区別するために、このインデックスを2つの範囲に分けておきます。0から$2^{31}-1$（0x0 から 0x7FFFFFFF）までのインデックスは通常の導出関数のみに使われます。2^{31}から$2^{32}-1$（0x80000000 〜 0xFFFFFFFF）のインデックスは強化導出関数のみに使われます。よって、もしインデックスが2^{31}より小さければ、子は通常の導出関数から生成されたもの、一方もしインデックスが2^{31}と等しいかそれより上であれば、子は強化導出関数から生成されたものです。

読んだり表示したりしやすいように、強化された子に対するインデックスは、0から始まるダッシュ付きの数字で表されます。最初の通常導出関数による子鍵は0と表示され、一方最初の強化導出関数による子鍵（インデックス 0x80000000）は0'と表示されます。次に、2番目の強化鍵はインデックス 0x80000001 を持ち、1'と表示されます。HDウォレットのインデックス i'は、$2^{31}+i$を表していると考えてください。

HDウォレット鍵識別子（path）

HDウォレットにある鍵は、「path」命名規則を使って一意に指定されます。この path 命名規則は、ツリーの階層をスラッシュ（/）で区切って表します（表4-8参照）。マスター秘密鍵から得られた秘密鍵は「m」から始まります。マスター公開鍵から得られた公開鍵は「M」から始まります。このため、マスター秘密鍵の最初の子秘密鍵は m/0 で、最初の子公開鍵は M/0、最初の子の2番目の孫は m/0/1、などとなります。

右から左に進むほど「先祖」の鍵であることを意味し、一番左はマスター鍵です。例えば、識別子 m/x/y/z は z 番目の m/x/y の子鍵を表し、また m/x/y は m/x の y 番目の子鍵、m/x は m の x 番目の子鍵を表します。

表4-8 HDウォレットのpath例

HD path	説明
m/0	マスター秘密鍵（m）から生成された最初（0）の子秘密鍵
m/0/0	最初の子供（m/0）の最初の孫秘密鍵
m/0'/0	最初の強化された子供（m/0'）の最初の通常の孫秘密鍵
m/1/0	2番目の子供（m/1）の最初の孫秘密鍵
M/23/17/0/0	24番目の子供の、18番目の孫の、最初の曾孫の、最初の玄孫公開鍵

HDウォレットのツリー構造をたどる

HDウォレットのツリー構造は非常に大きな柔軟性を持っています。それぞれの親拡張鍵は40億個の子を持つことができます（20億個の通常の子と20億個の強化された子）。それぞれの子は、もう1つ40億個の子を持つことができ、これがどんどん続きます。ツリーは好きなだけ

深くすることができ、制限なく世代を作っていくことができます。制限なく作っていくことはできますが、無限のツリーをたどろうとするととても時間がかかってしまいます。特にHD ウォレットを他のウォレットに移そうとするとき、とても大変です。

この複雑さを解決する2つの Bitcoin Improvement Proposal（BIP）が提案されています。2つ目の BIP0043は、ツリー構造の「目的」が明確化された特別な識別子を最初の拡張された子インデックスとして使うことを提案しています。BIP0043に基づけば、HD ウォレットはツリーの1階層目に1つだけブランチを持ち、その他の階層は目的が定義された構造や名前空間を持つインデックスを伴わなくてはなりません。例えば、1階層目に m/i'/ のブランチだけを持っている HD ウォレットは特定の目的に沿ったウォレットとして使われることを想定されており、この目的はインデックス「i」で指定される目的になります。

この BIP を拡張することで、BIP0044は BIP0043のもとでの「目的」を表す数字 44' を定義しており、これは複数の口座を保持する目的を表すものです。ウォレットが BIP0044の構造に従っているかどうかは、1階層目が m/44'/ だけになっていることから確認できます。

BIP0044では、以下のように5つの事前に定義された階層構造を提案しています。

```
m / purpose' / coin_type' / account' / change / address_index
```

最初の階層「purpose」は常に 44' になります。第2階層「coin_type」は暗号通貨コインの種類を表し、個々の通貨が第2階層以下に独自のサブツリーを持つような複数の通貨を扱える HD ウォレットを作れるようになっています。現在は3つの通貨が定義されており、ビットコインは m/44'/0'、ビットコイン Testnet は m/44'/1'、Litecoin は m/44'/2' になっています。

第3階層「account」は、ユーザが複数の口座を使えるようにし、会計や組織的な目的で使えるようにしています。例えば、HD ウォレットは2つのビットコイン「口座」m/44'/0'/0'、m/44'/0'/1' を持つかもしれません。それぞれの口座はそれぞれ自身のサブツリーのルートになっています。

第4階層「change」では、HD ウォレットは2つのサブツリーを持つことができ、1つは受取用アドレスで1つはおつり用アドレスです。前の階層では強化導出が使われたのですが、この階層では通常の生成が使われています。これは、拡張公開鍵を安全ではない環境で使うようにするためです。使うことのできないアドレスが第4階層の子として HD ウォレットから生成され、第5階層「address_index」を作ります。例えば、最初の口座の3番目のビットコイン受け取り用アドレスは M/44'/0'/0'/0/2になります。表4-9にいくつかの例を示します。

表 4-9 BIP0044 の HD ウォレット構造例

HD path	説明
M/44'/0'/0'/0/2	最初のビットコイン口座に対する3番目の受信公開鍵
M/44'/0'/3'/1/14	4番目のビットコイン口座に対する15番目のおつり用公開鍵
m/44'/2'/0'/0/1	トランザクションに署名するための、Litecoin メイン口座の2番目の秘密鍵

Bitcoin Explorerを使ったHDウォレットの実験

第3章で紹介したBitcoin Explorerコマンドラインツールを使うと、異なった形式での表現と同時にBIP0032決定性鍵を生成したり拡張したりする実験をしてみることができます。

```
$ bx seed | bx hd-new > m # create a new master private key from a seed and store in file "m"
$ cat m # show the master extended private key
xprv9s21ZrQH143K38iQ9Y5p6qoB8C75TE71NfpyQPdfGvzghDt39DHPFpovvtWZaRgY5uPwV7RpEgHs7cvdgfiSjLjjbuGKGcjRyU7RGGSS8Xa
$ cat m | bx hd-public # generate the M/0 extended public key
xpub67xpozcx8pe95XVuZLHXZeG6XWXHpGq6Qv5cmNfi7cS5mtjJ2tgypeQbBs2UAR6KECeeMVKZBPLrtJunSDMstweyLXhRgPxdp14sk9tJPW9
$ cat m | bx hd-private # generate the m/0 extended private key
xprv9tyUQV64JT5qs3RSTJkXCWKMyUgoQp7F3hA1xzG6ZGu6u6Q9VMNjGr67Lctvy5P8oyaYAL9CAWrUE9i6GoNMKUga5biW6Hx4tws2six3b9c
$ cat m | bx hd-private | bx hd-to-wif # show the private key of m/0 as a WIF
L1pbvV86crAGoDzqmgY85xURkz3c435Z9nirMt52UbnGjYMzKBUN
$ cat m | bx hd-public | bx hd-to-address # show the bitcoin address of M/0
1CHCnCjgMNb6digimckNQ6TBVcTWBAmPHK
$ cat m | bx hd-private | bx hd-private --index 12 --hard | bx hd-private --index 4 # generate m/0/12'/4
xprv9yL8ndfdPVeDWJenF18oiHguRUj8jHmVrqqD97YQHeTcR3LCeh53q5PXPkLsy2kRaqgwoS6YZBLatRZRyUeAkRPe1kLR1P6Mn7jUrXFquUt
```

高度な鍵とアドレス

ここからの節では、暗号化秘密鍵、scriptとマルチシグネチャアドレス、文字列指定のあるビットコインアドレス（vanity address）、ペーパーウォレットなど、高度な鍵とアドレスを扱います。

暗号化秘密鍵（BIP0038）

秘密鍵は秘密にしておかなければなりません。もっとも、実際には秘密鍵の機密性（confidentiality）の保持が実用上大変難しいことはよく知られています。というのは、機密性と、いつでも安全に使えることの両立が難しいためです。秘密鍵を秘密に保つことは、秘密鍵のバックアップを保持し紛失を避けるようにすると、さらに難しくなります。ウォレットにあるパスワードで暗号化された秘密鍵は安全かもしれませんが、ウォレットはバックアップしておかなければなりません。例えばウォレットをアップグレードする、または別のウォレットに変えるといったときに、ユーザは鍵を1つのウォレットから別のウォレットに移動する必要があります。秘密鍵のバックアップは、紙（本章「ペーパーウォレット」節参照）またはUSBフラッシュメモリのような外部ストレージに保存されるかもしれません。しかし、

バックアップそのものが盗まれたり紛失したりしたらどうなるでしょうか？　これらの両立が難しいセキュリティ問題を解決するために、持ち出し可能で便利な暗号化秘密鍵が考案されました。この暗号化秘密鍵は、多くのウォレットやビットコインクライアントに実装されており、Bitcoin Improvement Proposal 38（〔bip0038〕参照）で標準化されています。

　BIP0038は、安全なバックアップメディアへの保存やウォレット間の転送ができるように、また鍵が晒される可能性のある状況にも対応できるように、パスフレーズで秘密鍵を暗号化し、さらにBase58Checkでエンコードする標準規格を提案しています。この暗号化基準は、AES（Advanced Encryption Standard）を採用しています。AESは米国国立標準技術研究所（NIST）によって開発され、商用および軍用アプリケーションの暗号化実装に広く使われているものです。

　BIP0038暗号化スキームでは、ビットコイン秘密鍵をインプットとし、通常プレフィックス「5」を伴ったBase58Checkを使い、WIF（Wallet Import Format）にエンコードされます。さらにBIP0038暗号化スキームでは、アルファベットと数字が混ざった複雑な文字列で構成される、パスコードという長いパスワードを使います。BIP0038暗号化スキームの結果として、Base58Checkでエンコードされた、6Pから始まる暗号化秘密鍵が得られます。もし鍵が6Pから始まっていれば、それは暗号化されており、どのウォレットでも使えるWIF形式秘密鍵（5から始まる）に戻すためには、パスフレーズが必要ということが分かります。現在多くのウォレットはBIP0038暗号化秘密鍵を実装しており、鍵をインポートし復号化するときにパスフレーズを求められるでしょう。非常に使いやすいブラウザベースのBit Address（http://bitaddress.org）（Wallet Detailsタブ参照）などのサードパーティのアプリケーションでも、BIP0038鍵を復号化することができます。

　BIP0038暗号化鍵の最も多い利用用途は、秘密鍵を紙にバックアップするときです。ユーザが強力なパスフレーズを選んでいる限り、BIP0038暗号化秘密鍵を伴ったペーパーウォレットは非常に安全で、オフラインビットコインストレージ（「コールドストレージ」と呼ばれてもいます）を作るための最良の方法です。

　パスフレーズを入れることでどのように復号化された鍵を得るかを理解するために、bitaddress.orgを使って、表4-10にある暗号化された鍵をテストしてみてください。

表4-10　BIP0038 暗号化秘密鍵の例

秘密鍵（WIF）	5J3mBbAH58CpQ3Y5RNJpUKPE62SQ5tfcvU2JpbnkeyhfsYB1Jcn
パスフレーズ	MyTestPassphrase
暗号化鍵（BIP0038）	6PRTHL6mWa48xSophU1cKrVjpKhB7xcLRRCdctLJ3z5yxE87MobKoXdTsJ

Pay-to-Script Hash（P2SH）とマルチシグネチャアドレス

　ご存知の通り、初期から使われているビットコインアドレスは「1」から始まり、秘密鍵から導出される公開鍵から作られます。誰もがビットコインを「1」から始まるビットコインアドレスに送りますが、このビットコインは、対応する秘密鍵署名と公開鍵ハッシュを示すことでのみ使用できます。

「3」から始まるビットコインアドレスは pay-to-script hash（P2SH）アドレスであり、ときどき誤ってマルチシグネチャアドレスまたはマルチシグアドレスと呼ばれます。これらではビットコイントランザクションの受取人を、公開鍵の所有者の代わりに script のハッシュを使って指定します。この特徴は、2012年に Bitcoin Improvement Proposal 16（〔bip0016〕参照）で導入され、幅広く採用されています。というのは、この特徴により、アドレス自体に機能を追加することができるようになったためです。「1」から始まるビットコインアドレスに資金を「送る」トランザクション（pay-to-public-key-hash〔P2PKH〕とも呼ばれる）と違って、「3」で始まるビットコインアドレスに送った資金は、その所有権を示すために、1つの公開鍵ハッシュと1つの秘密鍵署名以上のものの提示が要求されます。要求されるものはビットコインアドレスを作ったときに script の中で指定され、このビットコインアドレスへの入金にはすべて同じ要求が課されます。

pay-to-script hash アドレスはトランザクション script から生成され、トランザクションアウトプットを誰が使えるかということを定義しています（詳細については、第5章「Pay-to-Script Hash（P2SH）」節参照）。pay-to-script hash アドレスのエンコードはビットコインアドレスを生成するときに使われる二重ハッシュ関数と同じ関数を使って行われ、公開鍵の代わりに script にのみ適用されます。

```
script hash = RIPEMD160(SHA256(script))
```

出力された「script ハッシュ」は version prefix 5で Base58Check エンコーディングされ、これは3から始まるものになっています。P2SH アドレスの例は、32M8ednmuyZ2zVbes4puqe44NZumgG92sM で、これは Bitcoin Explorer コマンド script-encode、sha256、ripemd160、base58check-encode（第3章「Libbitcoin と Bitcoin Explorer」節参照）を使って生成することができます。

```
$ echo dup hash160 [ 89abcdefabbaabbaabbaabbaabbaabbaabba ] equalverify checksig
> script
$ bx script-encode < script | bx sha256 | bx ripemd160 | bx base58check-encode
--version 5
3F6i6kwkevjR7AsAd4te2YB2zZyASEm1HM
```

 P2SH は、マルチシグネチャの標準トランザクションというわけでありません。P2SH アドレスは**ほとんどの場合に**マルチシグネチャ script を表しますが、他のトランザクションタイプの script を表す可能性もあるのです。

マルチシグネチャアドレスと P2SH

現在、P2SH の最も一般的な実装は、マルチシグネチャアドレス script です。この名前が示しているように、script は所有権を証明し資金を利用するために1つ以上の署名を要求します。ビットコインマルチシグネチャは、N 個の鍵から作られる M 個の署名（「threshold」とも呼

ばれます）を要求し、これは M-of-N multi-sig と呼ばれています。ここで、M は N と等しいか小さい数です。例えば、第1章に出てきたカフェのオーナーのボブは、彼の鍵と彼の奥さんの鍵から作られる1-of-2 シグネチャを要求するマルチシグネチャアドレスを使うことができ、このアドレスに紐づいたトランザクションアウトプットを使うには彼または奥さんのどちらか一方の鍵で署名すればよいのです。ゴペッシュ（ボブのウェブサイトを作ったウェブデザイナー）がビジネス用に2-of-3マルチシグネチャアドレスを持っていたとすると、少なくともビジネスパートナーの2人がトランザクションに署名しなければ、このアドレスに紐づく資金を使うことができません。

第5章で、P2SH（とマルチシグネチャ）でのトランザクションの作成方法について説明します。

Vanity Address

文字列指定のあるビットコインアドレス（vanity address）は、人間が読むことができるメッセージを含んだビットコインアドレスです。例えば、1LoveBPzzD72PUXLzCkYAtGFYmK5vYNR33 には、最初の4文字に「Love」という単語が含まれています。vanity address では、ビットコインアドレスに望んだパターンが出るまで何回も秘密鍵を生成し、チェックしなければなりません。vanity address を生成するいくつかの効率的な方法があるものの、基本的に秘密鍵をランダムに生成して公開鍵、ビットコインアドレスを導出、vanity パターンに合っているかチェックするということを数十億回繰り返す必要があります。

一度望んだパターンを含む vanity address が見つかると、それを導出した秘密鍵は、vanity address 以外のときと全く同じ方法でビットコインの使用に使われます。vanity address の安全性は他のアドレスと全く変わりません。vanity address 以外のときと同じように、安全性は ECC（Elliptic Curve Cryptography）と SHA（Secure Hash Algorithm）に依っています。ただ、vanity パターンに合っているかビットコインアドレスを繰り返し生成してチェックしなければいけないため、vanity address は作ることが難しいのです。

第1章で、フィリピンで子供たちのチャリティ活動を行っているユージニアを紹介しました。ユージニアがビットコインによる寄付を募るために vanity address を作りたいと考えているとしましょう。ユージニアは「1Kids」から始まる vanity address を作ることにしました。どのように vanity address が作られ、ユージニアのチャリティ活動のセキュリティにどう影響するか見ていきましょう。

vanity addressの生成

ビットコインアドレスはBase58文字で表されている数字であるため、「1Kids」のようなパターンの探索は、1Kids111111111111111111111111111から1Kidszzzzzzzzzzzzzzzzzzzzzzzzzzz の範囲に入るアドレスを探すことになります。近似的に58^{29}（約$1.4 * 10^{51}$）個のアドレスがこの範囲にあり、すべて「1Kids」から始まっています。表4-11は1Kidsから始まるアドレスの範囲を示しています。

表4−11 「1Kids」から始まる vanity address の範囲

From	1Kids11111111111111111111111111111
	1Kids11111111111111111111111111112
	1Kids11111111111111111111111111113
	...
To	1Kidszzzzzzzzzzzzzzzzzzzzzzzzzzzzz

　特別なハードウェアではなく、一般的なデスクトップパソコンでだいたい毎秒100,000個の鍵を探すことができると想定すると、どれくらいの時間で望んだパターンを含むビットコインアドレスが現れるでしょうか（表4−12参照）。

表4−12　vanity パターン（1KidsCharity）の出現頻度と、デスクトップ PC での平均探索時間

長さ	パターン	頻出度	探索時間
1	1K	58個に1個	〈1ミリ秒
2	1Ki	3,364個に1個	50ミリ秒
3	1Kid	195,000個に1個	〈2秒
4	1Kids	1100万個に1個	1分
5	1KidsC	6億5600万個に1個	1時間
6	1KidsCh	380億個に1個	2日
7	1KidsCha	2.2兆個に1個	3〜4か月
8	1KidsChar	128兆個に1個	13〜18年
9	1KidsChari	7000兆個に1個	800年
10	1KidsCharit	40京個に1個	46,000年
11	1KidsCharity	2300京個に1個	250万年

　このように、たとえ数千台のコンピュータを使えたとしてもユージニアは「1KidsCharity」を含む vanity address をすぐに作ることはできないでしょう。望むパターンの文字数が1個増えると見つける難しさは58倍になります。7文字より多いパターンだと、特別に設計されたハードウェアが必要になり、複数の GPU（graphical processing unit）を積んだカスタムデスクトップが必要になります。特別に設計されたハードウェアとして、ビットコインマイニングではもう利益を生まなくなったビットコインマイニング「マシン」を vanity address 生成に転用することがよくあります。GPU で組まれたものを使うと、汎用 CPU に比べてはるかに速く計算できるのです。

　vanity address を見つけるもう1つの方法は、vanity マイナープールに依頼することです。例えば、Vanity Pool（http://vanitypool.appspot.com）です。これは GPU ハードウェアを使って vanity address を見つけ出すことで儲けを出そうとしている集団です。少ない費用（0.01bitcoin、本書の執筆段階では約 $35）でユージニアは7文字のパターンを持つ vanity address の探索を外注でき、数時間後に結果を得ることができるようになります。

　vanity address の生成は、1つずつ確認していく総当たり方式です。1個1個ランダムに鍵を作り、望んだパターンに合っているか確認します。例4−8は「vanity マイナー」の例で、C++ で書かれた vanity address を探すプログラムです。例では第3章「その他のビットコインクライアント、ライブラリ、ツールキット」節で紹介した libbitcoin ライブラリを使っています。

例4-8　vanity address マイナー

```cpp
#include <bitcoin/bitcoin.hpp>

// The string we are searching for
const std::string search = "1kid";

// Generate a random secret key. A random 32 bytes.
bc::ec_secret random_secret(std::default_random_engine& engine);
// Extract the Bitcoin address from an EC secret.
std::string bitcoin_address(const bc::ec_secret& secret);
// Case insensitive comparison with the search string.
bool match_found(const std::string& address);

int main()
{
    // random_device on Linux uses "/dev/urandom"
    // CAUTION: Depending on implementation this RNG may not be secure enough!
    // Do not use vanity keys generated by this example in production
    std::random_device random;
    std::default_random_engine engine(random());

    // Loop continuously...
    while (true)
    {
        // Generate a random secret.
        bc::ec_secret secret = random_secret(engine);
        // Get the address.
        std::string address = bitcoin_address(secret);
        // Does it match our search string? (1kid)
        if (match_found(address))
        {
            // Success!
            std::cout << "Found vanity address! " << address << std::endl;
            std::cout << "Secret: " << bc::encode_hex(secret) << std::endl;
            return 0;
        }
    }
    // Should never reach here!
    return 0;
}

bc::ec_secret random_secret(std::default_random_engine& engine)
{
```

```cpp
    // Create new secret...
    bc::ec_secret secret;
    // Iterate through every byte setting a random value...
    for (uint8_t& byte: secret)
        byte = engine() % std::numeric_limits<uint8_t>::max();
    // Return result.
    return secret;
}

std::string bitcoin_address(const bc::ec_secret& secret)
{
    // Convert secret to pubkey...
    bc::ec_point pubkey = bc::secret_to_public_key(secret);
    // Finally create address.
    bc::payment_address payaddr;
    bc::set_public_key(payaddr, pubkey);
    // Return encoded form.
    return payaddr.encoded();
}

bool match_found(const std::string& address)
{
    auto addr_it = address.begin();
    // Loop through the search string comparing it to the lower case
    // character of the supplied address.
    for (auto it = search.begin(); it != search.end(); ++it, ++addr_it)
        if (*it != std::tolower(*addr_it))
            return false;
    // Reached end of search string, so address matches.
    return true;
}
```

 上記の例コードでは std::random_device を使用しています。これは裏で動作している OS によって提供されている、暗号学的に安全な乱数生成器（CSRNG）の値を反映しているかもしれません。Linux のような UNIX に似た OS の場合だとこれは /dev/urandom から乱数を取得しています。ここで使われている乱数生成器はデモ目的のものであり、十分なセキュリティを持ったように実装されていないので商用レベルのクオリティを持ったビットコイン鍵を生成するには適切ではありません。

　この例コードでは、C++ コンパイラと libbitcoin ライブラリを使ってコンパイルする必要があります。例コードを動作させるには、vanity-miner++ 実行ファイルを引数なしで実行（例4-9を参照）し、実行すると「1kid」から始まる vanity address を見つけ始めます。

例4-9　vanity-miner コード例のコンパイルと実行

```
$ # Compile the code with g++
$ g++ -o vanity-miner vanity-miner.cpp $(pkg-config --cflags --libs libbitcoin)
$ # Run the example
$ ./vanity-miner
Found vanity address! 1KiDzkG4MxmovZryZRj8tK81oQRhbZ46YT
Secret: 57cc268a05f83a23ac9d930bc8565bac4e277055f4794cbd1a39e5e71c038f3f
$ # Run it again for a different result
$ ./vanity-miner
Found vanity address! 1Kidxr3wsmMzzouwXibKfwTYs5Pau8TUFn
Secret: 7f65bbbbe6d8caae74a0c6a0d2d7b5c6663d71b60337299a1a2cf34c04b2a623
# Use "time" to see how long it takes to find a result
$ time ./vanity-miner
Found vanity address! 1KidPWhKgGRQWD5PP5TAnGfDyfWp5yceXM
Secret: 2a802e7a53d8aa237cd059377b616d2bfcfa4b0140bc85fa008f2d3d4b225349


real    0m8.868s
user    0m8.828s
sys     0m0.035s
```

例として挙げたコードは、3文字のパターン「kid」と合うビットコインアドレスを探すのに数秒かかります。これは Unix コマンド time で計測したものです。ソースコードの中にある search パターンを変えて、4文字または5文字パターンにするとどれくらい処理に時間がかかるようになるか試してみてください！

vanity address のセキュリティ

vanity address は、セキュリティを増す方向にも下げる方向にも働きます。まさに諸刃の剣なのです。セキュリティを改善する方向の使い方としては、特色があり見て分かりやすいアドレスであるため、悪意ある者があなたのお客さんをだまし、自身のアドレスに支払いをさせることを難しくします。しかし残念ながら vanity address では誰でも似たアドレスを作ることができるため、似たアドレスを使ってお客さんをだますこともできてしまいます。

ユージニアは、ランダムに生成されたビットコインアドレス（例えば、1J7mdg5rbQyUHENYdx39WVWK7fsLpEoXZy）を使って寄付を募ることもできます。また、1Kids から始まる vanity address を作って、区別しやすいアドレスにすることもできます。

どちらの場合でも、1つだけのアドレス（寄付者ごとに区分けされたアドレスではなく）を使うことのリスクの1つは、侵入者があなたのウェブサイトに侵入し、ビットコインアドレスを侵入者のビットコインアドレスに置き換えてしまうことです。もし寄付用のビットコインアドレスをすでに多くの場所に貼り出しているとしたら、寄付者は寄付をする前に、前にウェブサイトやメール、チラシで見たビットコインアドレスと同じであるかを確認するかもしれません。1J7mdg5rbQyUHENYdx39WVWK7fsLpEoXZy のようなランダムなビットコインアドレスを

使っている場合、大方の人はおそらく最初の数文字、「1J7mdg」だけを見てビットコインアドレスが合っているか判断するでしょう。vanity address 生成器があると、表4-13のように、見た目が似ているビットコインアドレスですりかえようとしている誰かが、最初の数文字だけ合っているビットコインアドレスをすばやく作ることができてしまいます。

表4-13 ランダムなアドレスに先頭が一致する vanity address の生成

オリジナルのランダムなアドレス	1J7mdg5rbQyUHENYdx39WVWK7fsLpEoXZy
Vanity（4文字が一致）	1J7md1QqU4LpctBetHS2ZoyLV5d6dShhEy
Vanity（5文字が一致）	1J7mdgYqyNd4ya3UEcq31Q7sqRMXw2XZ6n
Vanity（6文字が一致）	1J7mdg5WxGENmwyJP9xuGhG5KRzu99BBCX

　vanity address はセキュリティを向上させるのでしょうか？　ユージニアが vanity address 1Kids33q44erFfpeXrmDSz7zEqG2FesZEN を作ったとすると、人々は vanity パターンの単語と次の数文字だけを見て正しいかどうかを見ます。例えば、「1Kids33」だけです。悪意ある者は最初の6文字か8文字だけ合っている vanity address を作りますが、2文字多く一致している vanity address を生成する労力はユージニアが4文字の vanity address を作るために使った労力の3,364倍（58×58）です。本質的に、ユージニアがつぎ込んだ（または vanity プールにアドレス生成を頼んだ）労力が多ければ、この悪意ある者はさらに長い vanity パターンの作成を「強いられる」ことになります。もしユージニアが8文字の vanity address の生成を頼んでいたとすると、この悪意ある者は10文字の vanity address を作らなければなりません。これはパーソナルコンピュータ上では実行できず、カスタマイズされた vanity マイニング専用マシンや vanity pool でさえ高価になってしまいます。悪意ある者が詐欺を行うことで得られる報酬が、vanity address の生成コストをカバーしない場合、ユージニアには入手可能なアドレスでも、この攻撃者には入手不可能になります。

ペーパーウォレット

　ペーパーウォレットは、秘密鍵を紙に印刷したものです。ペーパーウォレットは、利便性のため、秘密鍵に対応するビットコインアドレスも含んでいることが多いですが、ビットコインアドレスは秘密鍵から導出できるため、これは必須ではありません。ペーパーウォレットはバックアップやオフラインビットコインストレージを作るとても効率的な方法で、「コールドストレージ」とも呼ばれます。ペーパーウォレットはハードドライブの破損、盗難、また間違ってデータを削除してしまった場合などによる、鍵の紛失に対するバックアップとして機能します。ペーパーウォレットの鍵がオフラインで生成されて、コンピュータ上に保存されていない場合、ペーパーウォレットはハッカーやキーロガー、その他のオンライン上の脅威などに対する安全性が増す「コールドストレージ」として機能します。

　ペーパーウォレットにはいろいろな形、大きさ、デザインがありますが、基本的に秘密鍵とビットコインアドレスが紙に印刷されているだけのものです。表4-14は、最も単純なペーパーウォレットを示しています。

表4-14　ペーパーウォレットの最も単純な形 - ビットコインアドレスと秘密鍵の印刷

公開アドレス	秘密鍵（WIF）
1424C2F4bC9JidNjjTUZCbUxv6Sa1Mt62x	5J3mBbAH58CpQ3Y5RNJpUKPE62SQ5tfcvU2JpbnkeyhfsYB1Jcn

　ペーパーウォレットは、bitaddress.org でのクライアント側 JavaScript ツールなどを使って、簡単に作ることができます（図4-14）。このページには、インターネットに接続していなくてもペーパーウォレットが作れるコードが含まれています。それを使うために、HTMLページをローカルドライブ、または外部 USB フラッシュドライブに保存してください。インターネットから切り離された状態で、ブラウザで保存した HTML ページを開いてみてください。より最適な状況を作り出すためには、CD-ROM で起動できる Linux OS のようなもっと簡素な OS を使って起動し直してください。ツールを使って生成したどんな鍵でも USB ケーブル（無線ではなく）で繋がれた、ローカルプリンタで印刷することができます。これにより、オンラインから切り離されたペーパーウォレットを作ることができます。これらのペーパーウォレットを耐火金庫に入れ、ビットコインをペーパーウォレット上のビットコインアドレスに「送り」ます。ペーパーウォレットはとてもシンプルですが、極めて効果的な「コールドストレージ」です。

図4-14　bitaddress.orgから持ってきたシンプルなペーパーウォレットの例

　簡単なペーパーウォレットの不利な点は、盗難される可能性があることです。盗難者は紙を盗む、またはペーパーウォレットの写真を撮ることで、これらの鍵に紐づいたビットコインをコントロールできるようになります。より洗練されたペーパーウォレットストレージは、BIP0038暗号化秘密鍵を使う方法です。ペーパーウォレットに印刷された鍵は、所有者が記憶しているパスフレーズによって守られています。パスフレーズなしでは、暗号化された鍵を使うことはできません。暗号化秘密鍵を使ったペーパーウォレットは、単なるパスフレーズで保護されたウォレットよりも安全です。というのは、オンラインに晒されることがなく、金庫またはその他の安全なストレージから物理的に取り出さなければいけないためで

す。図4−15は、bitaddress.org上で作られた暗号化秘密鍵（BIP0038）によるペーパーウォレットを示しています。

図4−15　bitaddress.orgから持ってきた暗号化されたペーパーウォレットの例。パスフレーズは「test」。

!　ペーパーウォレットに資金を預けることは何回かできますが、ペーパーウォレットから引き出すときはすべての資金を一度に引き出すべきです。これは、資金のロックを解除して使用するプロセスで、全額を使わなければ、いくつかのウォレットがおつり用のアドレスを生成するかもしれないからです。さらに、もしトランザクションに署名するために使ったコンピュータに脆弱性があった場合、秘密鍵が漏洩してしまうかもしれません。ペーパーウォレットの残高すべてを一度に使うことによって鍵が漏洩してしまうリスクを減らすことになります。もし小さい額だけ必要なのであれば、同じトランザクション内で新しいペーパーウォレットに残りの資金を送るようにしてください。

ペーパーウォレットには多くのデザイン、大きさがあり、また多くの異なる特徴をそれぞれ持っています。いくつかはギフトとして使われることを想定したものであり、クリスマスや新年など季節ごとのテーマを持ったデザインが施されています。また、他のいくつかは銀行の格納庫、または金庫に置くことを想定されたもの、削るスクラッチがついたものなどがあります。図4−16から図4−18は、いろいろな種類のペーパーウォレットを紹介しています。

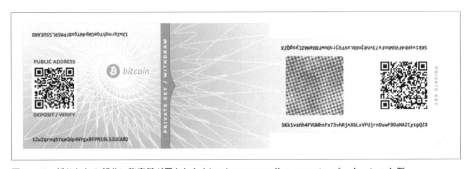

図4−16　折りたたみ部分に秘密鍵が置かれたbitcoinpaperwallet.comペーパーウォレット例

図4-17　秘密鍵部分が覆われて見えないようになっている bitcoinpaperwallet.com ペーパーウォレット

　他のデザインでは、チケットのように切り離し可能になっていて、火事や洪水など自然災害があってもいいように、鍵とビットコインアドレスの複数のコピーが持てるようになっているものもあります。

図4-18　バックアップ用の「切り離し部分」に鍵のコピーがあるペーパーウォレットの例

第 5 章　トランザクション

イントロダクション

　トランザクションは、ビットコインシステムの中で最も重要な部分です。システムの他の要素はすべて、トランザクションが作成され、ビットコインネットワークを伝搬し、検証され、最後にグローバルなトランザクション元帳（ブロックチェーン）に追加されるという、一連の流れを支えるように作られています。トランザクションは、ビットコインシステムの参加者間の価値の移転をエンコードしたデータ構造です。個々のトランザクションは、簿記の元帳であるブロックチェーンに記された、誰でも見ることができる取引記録です。

　この章では、さまざまな形式のトランザクションを説明し、トランザクションには何が含まれるのか、トランザクションはどのように作られ、検証され、永続的な記録の一部になるのかを説明します。

トランザクションのライフサイクル

　トランザクションのライフサイクルは、まず組成（origination）とも呼ばれるトランザクションの生成過程から始まります。このとき、トランザクションには署名がされますが、これはトランザクションが参照する資金を使う許可がなされたことを意味します。署名の後で、トランザクションは、ビットコインネットワークにブロードキャストされ、個々のネットワークノード（ビットコインネットワークの参加者）によって検証されながらビットコインネットワーク内を伝搬し、（ほぼ）すべてのノードに行き渡ります。最後に、トランザクションはマイニングノードによって検証され、ブロックチェーンの中のブロックに記録されます。

　一度ブロックチェーンに記録され、十分な数のブロックによって承認（confirmation）されると、トランザクションはビットコイン元帳の永続的な一部となり、すべての参加者によって有効なものとして受け入れられます。トランザクションによって新しい所有者に割り当てられた資金は、次の新しいトランザクションの中で使用することができ、所有者が変わって再びトランザクションのライフサイクルが始まることになります。

トランザクションの生成

トランザクションは、小切手のように考えると分かりやすいです。トランザクションは小切手と同じように、送金する意思を表す仕組みで、実際に使われるまでは金融システムからは認識されません。また、小切手同様、トランザクションを組成する人（originator）は、トランザクションに署名している人である必要はありません。

口座の正規の署名者ではなくても、オンラインであれオフラインであれ、トランザクションを作ることができます。例えば、口座へのアクセス権を持った事務員は、CEOによる署名が入った小切手を作ることができます。同様に口座へのアクセス権を持った事務員は、ビットコイントランザクションを作ることができ、トランザクションを有効にするデジタル署名を、トランザクションに用いることができます。小切手は資金が納められた特定の口座を参照する一方、ビットコイントランザクションは、口座ではなく、以前実行された特定のトランザクションを参照します。

トランザクションが作られると、資金の所有者によって署名されます。トランザクションが正しく生成され署名されていれば、このトランザクションは有効となり、送金を実行するために必要な情報のすべてを含んでいることになります。この有効なトランザクションは、ビットコインネットワークを伝搬し、マイナーによって公的な元帳（ブロックチェーン）に格納されます。

ビットコインネットワークへのトランザクションのブロードキャスト

ブロックチェーンに記録されるために、トランザクションはまず、ビットコインネットワークに届けられる必要があります。ビットコイントランザクションは300〜400バイトのデータを持ち、数万ものビットコインノードのうち、どれか1つにたどり着かなければなりません。送信者は複数のビットコインノードにブロードキャストするので、ビットコインノードを信用する必要はありません。ノードも送信者を信用する必要がなく、また送信者が誰なのかを特定する必要もありません。トランザクションは署名されており、また一切の機密情報（秘密鍵や証明書）も含まれていないため、どのようなオープンな転送手段を使ってブロードキャストしても構いません。例えば、暗号化されたネットワークでしか送れない、機密情報が含まれるクレジットカードとは異なり、ビットコインでは、トランザクションをどのようなネットワークでも送れます。トランザクションが、どれか1つビットコインノードにたどり着ければ、送る方法は何でもよいのです。

このためビットコイントランザクションは、WiFiやBluetooth、NFC、光通信、バーコード、ビットコインアドレスのウェブフォームへのコピー＆ペーストのような、安全でないネットワークを通してでも送ることができます。極端な例として、パケット通信（アマチュア無線）、衛星中継、バースト転送を用いた短波通信、周波数ホッピングなどのスペクトラム拡散（無線通信）などでも送れます。ビットコイントランザクションは、絵文字でも表現でき、公的なフォーラムへの投稿、またテキストメッセージ、Skypeチャットメッセージとして送ることもできます。ビットコインはお金をデータの形に変え、誰もトランザクションの

作成や執行を阻止できないようにしました。

ビットコインネットワーク上でのトランザクションの伝搬

　トランザクションがネットワークに接続されたノードに送られると、送られたノードはこのトランザクションが有効なものか検証します。有効なものだと確認されると、そのノードは接続している他のノードにこのトランザクションを伝搬します。同時に、成功メッセージが発行ノードに返されます。もしこのトランザクションが無効なものであれば、ノードはこのトランザクションを棄却し、同時に棄却メッセージを発行ノードに返します。

　ビットコインネットワークはpeer-to-peerネットワークであり、それぞれのビットコインノードは数個のノードに接続されています。この数個のノードはpeer-to-peerプロトコルに従ってノードを起動したときに発見したノードです。全ビットコインネットワークは緩やかに接続されたメッシュであり、固定されたトポロジーや構造を持つことなくすべてのノードは平等に扱われます。トランザクションやブロックを含んだメッセージはそれぞれのノードから接続されている他のピアに伝搬します。このプロセスは「flooding」と呼ばれています。有効だと確認された新しいトランザクションは、接続されたすべてのノード（隣接ノード）に送られ、それぞれの隣接ノードはまたすべての隣接ノードにこのトランザクションを送ります。このような方法で、すべての接続されたノードがこのトランザクションを受け取るまで、波紋のようにビットコインネットワーク内を伝わり、数秒以内に全体に広がっていきます。

　ビットコインネットワークは、攻撃に強く、また効率的なルールに従って、すべてのノードにトランザクションとブロックを伝搬できるように設計されています。厄介なスパムやDOS攻撃のような強制的なデータの送りつけを防ぐために、すべてのノードは次のノードにトランザクションを送る前に、すべてのトランザクションが有効なものか確認しています。このため、不備のあるトランザクションが次のノードに送られることはありません。この方法については第8章「独立したトランザクション検証」節で詳細に説明します。

| トランザクションの構造

　トランザクションは、資金のソース（インプットと呼ばれる）から送り先（アウトプットと呼ばれる）への価値の移転を記号化したデータ構造です。トランザクションのインプットやアウトプットは、アカウントやIDなど、個人を特定できる情報と結びついているわけではありません。代わりにこれらを、所有者だけが持っている秘密鍵でロックされているビットコインの固まりとして考えるべきです。トランザクションは、表5-1に示すようないくつかのフィールドを含んでいます。

表 5-1　トランザクションの構造

サイズ	フィールド名	説明
4 バイト	Version	このトランザクションがどのルールに従っているかを指定
1–9 バイト（VarInt）	Input Counter	いくつのインプットが含まれているか
可変サイズ	Inputs	1 つまたは複数のトランザクションインプット
1–9 バイト（VarInt）	Output Counter	いくつのアウトプットが含まれているか
可変サイズ	Outputs	1 つまたは複数のトランザクションアウトプット
4 バイト	Locktime	Unix タイムスタンプ、またはブロック高

トランザクション Locktime

　locktime はトランザクションが検証されたり、ビットコインネットワーク内でリレーされたり、またブロックチェーンに追加されたりした、最も早い時刻です。これは、リファレンス実装であるビットコインコアの中で nLockTime としても知られていたものです。ほとんどのトランザクションでは、すぐに伝搬されたことを表すために locktime が 0 に設定されます。locktime が 0 でなく 500,000,000 以下のときは、locktime をブロック高として解釈し、このブロック高より前のブロックではこのトランザクションがブロックチェーンに取り込まれていないということを意味します。500,000,000 よりも大きいときは locktime を UNIX Epoch タイムスタンプ（1970/1/1 からの秒数）として解釈し、この時刻よりも前にこのトランザクションが有効ではなかったということを意味します。locktime が、将来のブロックまたは時刻になっている場合は、発行システムによってトランザクションが保持されていなければならず、トランザクションが有効になってから、ビットコインネットワークに送信されなければなりません。locktime は、先日付小切手の日付のようなものです。

トランザクションアウトプットとインプット

　ビットコイントランザクションの基本的な構成要素は、未使用トランザクションアウトプット（UTXO：unspent transaction output）です。UTXO は、特定の所有者にロックされた分割不可能なビットコインの固まりです。これはブロックチェーンに記録されており、ビットコインネットワーク全体により通貨の単位として認識されているものです。ビットコインネットワークは、すべての利用可能（未使用）な UTXO を把握しており、その数は現在数百万に達します。ユーザがビットコインを受け取るときはいつでも、UTXO としてブロックチェーンに記録されます。このため、ユーザのビットコインは、数百のトランザクションとブロックの中に、UTXO として散らばっています。ビットコインは、実際には、ビットコインアドレスまたは口座の残高として記録されているわけではないのです。あるのはただ、散らばって特定の所有者のみが利用できるよう設定された UTXO だけです。ユーザのビットコイン残高という概念は、ウォレットによって作り上げられたものにすぎません。ウォレットは、ブロックチェーンをスキャンしてユーザに属しているすべての UTXO を掻き集め、残高を計算しているのです。

ビットコインには口座も残高もありません。あるのは、単にブロックチェーンの中に散らばった未使用トランザクションアウトプット（UTXO）だけです。

UTXO は satoshi を単位とした任意の値を持つことができます。ドルがセントというさらに下の2桁の10進数を持つように、ビットコインは satoshi という8桁の十進数を持ちます。UTXO は任意の値ですが、一度作られるとコインのように2つに切ることができません。別の言い方をすると、もし20 bitcoin の UTXO を持っていて1 bitcoin だけ使いたいとすると、トランザクションは20 bitcoin の UTXO を消費しなければならないため2つのアウトプットを作らなければなりません。1つは支払った1 bitcoin、もう1つはあなたのウォレットに戻ってくるおつりの19 bitcoin です。結果として、ほとんどのビットコイントランザクションは、おつりを生成します。

1.50ドルの飲み物を買う人を想像してみましょう。彼女の財布から1.50ドルになるコインと紙幣の組み合わせを探し出します。もし財布にあるならおつりのいらないちょうどの金額（1ドル札と2つの25セントコイン、または6つの25セントコイン）、無理であれば5ドル札のような大きな単位の紙幣を選びます。もし多くのお金を持っているとすると、5ドルをショップオーナーに支払い、3.50ドルのおつりが帰ってくると考えるでしょう。彼女はこの3.50ドルを財布に戻し、将来の買い物に使うことができます。

同様に、ビットコイントランザクションは、ユーザが使用可能な UTXO から作られます。ユーザは UTXO を半分に割ることはできません。ウォレットは、ユーザの利用可能な UTXO を選び、トランザクションに必要な金額以上になるように組み合わせます。

現実の生活と同様に、ビットコインアプリケーションは購入額を満たすために、いくつかの方法を使うことができます。少額を組み合わせる、おつりがないように支払いたい額と等しい金額を選ぶ、必要な金額より大きい額を使いおつりを受け取るなどです。この方法はウォレットで自動的に実行され、ユーザからは見えないようになっています。関係するとすれば、UTXO からトランザクションをプログラムを通して構成する場合だけです。

トランザクションによって消費された UTXO はトランザクションインプットと呼ばれ、トランザクションによって作られた UTXO をトランザクションアウトプットと呼びます。UTXO の消費と生成の連鎖の中で、ビットコインの固まりは、ある所有者からある所有者に移っていきます。トランザクションは、現在の所有者の署名を使って解錠されることで、UTXO を消費します。

インプットとアウトプットのチェーンの例外は、coinbase トランザクションと呼ばれる特殊なトランザクションです。これは、それぞれのブロックの最初のトランザクションです。このトランザクションはマイニングに「勝った」マイナーによってブロックの最初に置かれるもので、このトランザクションによって、マイニングに対する報酬としてマイナーにビットコインが支払われます。このように、マイニングの過程を通して、ビットコインが供給されます。詳しくは第8章で説明します。

 トランザクションのチェーンの最初には、何が来るでしょうか？ インプットかそれともアウトプットか？ 鶏かそれとも卵か？ 厳密に言うと、アウトプットが最初に来ます。なぜ

なら、新しいビットコインを生成するcoinbaseトランザクションはインプットを持っておらず、何もないところからアウトプットを作るからです。

トランザクションアウトプット

すべてのビットコイントランザクションは、アウトプットを作ります。このアウトプットはビットコイン元帳上に記録され、ほとんどすべてのアウトプット（1つの例外を除いて。本章「データアウトプット（OP_RETURN）」節参照）は、未使用トランザクションアウトプットまたはUTXOと呼ばれる使用可能なビットコインの固まりを作ります。UTXOはビットコインネットワーク全体によって認識されており、所有者が将来の取引でこれを使うことができます。誰かにビットコインを送ることは、送り先のビットコインアドレスと紐づけられた、未使用トランザクションアウトプット（UTXO）を作り出すことです。このUTXOは、受信者が使うことが可能な、トランザクションアウトプットです。

UTXOはすべてのフルノードのビットコインクライアントによって追跡され、UTXOセットまたはUTXOプールと呼ばれる、メモリに格納されたデータベースで管理されています。そして、新しいトランザクションは、UTXOセットにあるアウトプットを消費（使用）することになります。

トランザクションアウトプットは、以下の2つの部分で成り立っています。

- ビットコインの最小単位であるsatoshi単位で表されたビットコイン金額
- アウトプットと使用するにあたって満たさなければいけない「解除条件（encumbrance）」として知られているlocking script

locking scriptの中で使われているトランザクションScript言語の詳細については本章「トランザクションscriptとScript言語」節で説明します。表5-2は、トランザクションアウトプットの構造を示しています。

表5-2　トランザクションアウトプットの構造

サイズ	フィールド名	説明
8バイト	Amount	satoshi単位（10-8 bitcoin）のビットコイン額
1-9バイト（VarInt）	Locking-Script Size	次に続くlocking scriptのバイト長
可変サイズ	Locking-Script	アウトプットを使用するために必要な条件を定義したscript

例5-1でblockchain.info APIを使って、特定のビットコインアドレスの未使用アウトプット（UTXO）を調べています。

例5-1　あるビットコインアドレスに関連したUTXOを見つけ出すblockchain.info APIを呼び出すスクリプト

```
# get unspent outputs from blockchain API
```

```python
import json
import requests

# example address
address = '1Dorian4RoXcnBv9hnQ4Y2C1an6NJ4UrjX'

# The API URL is https://blockchain.info/unspent?active=<address>
# It returns a JSON object with a list "unspent_outputs", containing UTXO, like this:
#{      "unspent_outputs":[
#   {
#       "tx_hash":"ebadfaa92f1fd29e2fe296eda702c48bd11ffd52313e986e99ddad9084062167",
#       "tx_index":51919767,
#       "tx_output_n": 1,
#       "script":"76a9148c7e252f8d64b0b6e313985915110fcfefcf4a2d88ac",
#       "value": 8000000,
#       "value_hex": "7a1200",
#       "confirmations":28691
#   },
# ...
#]}

resp = requests.get('https://blockchain.info/unspent?active=%s' % address)
utxo_set = json.loads(resp.text)["unspent_outputs"]

for utxo in utxo_set:
    print "%s:%d - %ld Satoshis" % (utxo['tx_hash'], utxo['tx_output_n'], utxo['value'])
```

このスクリプトを実行すると、「トランザクション ID」、「:」、「特定の未使用トランザクションアウトプット（UTXO）のインデックス」、「-」、「UTXO の satoshi 単位での金額」という形式のリストが表示されます。例5-2のアウトプットに、locking script は表示されていません。

例5-2　get-utxo.py スクリプトの実行

```
$ python get-utxo.py
ebadfaa92f1fd29e2fe296eda702c48bd11ffd52313e986e99ddad9084062167:1 - 8000000 Satoshis
6596fd070679de96e405d52b51b8e1d644029108ec4cbfe451454486796a1ecf:0 - 16050000 Satoshis
74d788804e2aae10891d72753d1520da1206e6f4f20481cc1555b7f2cb44aca0:0 - 5000000 Satoshis
b2affea89ff82557c60d635a2a3137b8f88f12ecec85082f7d0a1f82ee203ac4:0 - 10000000 Satoshis
...
```

使用条件（解除条件）

　　トランザクションアウトプットはビットコイン（satoshi単位で表された）を、特定の解除条件またはビットコインを使うにあたって満たさなければいけない条件を定義したlocking scriptと関連づけています。多くの場合、locking scriptは特定のビットコインアドレスにアウトプットをロックし、これにより所有権が新しい所有者に移ります。アリスがボブのカフェにコーヒー代を支払ったとき、彼女のトランザクションのアウトプットにはカフェのビットコインアドレスにロックされた0.015 bitcoinアウトプットが含まれていました。この0.015 bitcoinのアウトプットはブロックチェーンに記録され、カフェのビットコインアドレスに紐づいた未使用トランザクションアウトプットの一部になったのです。ボブがこの0.015 bitcoinアウトプットを支払いに使うときに、彼のトランザクションはボブの秘密鍵による署名を含むunlocking scriptを提示することで、この0.015 bitcoinアウトプットのロックを外すのです。

トランザクションインプット

　　簡単に言って、トランザクションインプットは、UTXOへのポインタです。トランザクションインプットは、トランザクションハッシュと、UTXOが記録されているブロックチェーン内の場所を示すシーケンス番号を使って、特定のUTXOを指定します。UTXOを使うために、トランザクションインプットは、unlocking scriptというUTXOのロックを解除するscriptも持っています。unlocking scriptは、通常locking scriptの中にあるビットコインアドレスの所有権を証明する署名です。

　　ユーザが支払いをするとき、ウォレットは使用可能なUTXOを選び、トランザクションを構成します。例えば、0.015 bitcoinの支払いをするのであれば、ウォレットは0.01 bitcoinのUTXOと0.005 bitcoinのUTXOを選び、支払いに必要な金額になるようにするかもしれません。

　　例5-3では「貪欲な（greedy）」アルゴリズムを使うことで、ある金額を満たすようにUTXOを選ぶ例を示しています。この例では、UTXOをあらかじめ決められた配列で与えています。しかし、現実ではUTXOはビットコインコアのRPC APIを使って集めてくるか、または例5-1にあるようなサードパーティAPIを使って集めてきます。

例5-3　支払いに総額いくらのビットコインが必要となるかを計算するためのスクリプト

```
# Selects outputs from a UTXO list using a greedy algorithm.

from sys import argv

class OutputInfo:

    def __init__(self, tx_hash, tx_index, value):
        self.tx_hash = tx_hash
```

```python
        self.tx_index = tx_index
        self.value = value

    def __repr__(self):
        return "<%s:%s with %s Satoshis>" % (self.tx_hash, self.tx_index,
                                             self.value)

# Select optimal outputs for a send from unspent outputs list.
# Returns output list and remaining change to be sent to
# a change address.
def select_outputs_greedy(unspent, min_value):
    # Fail if empty.
    if not unspent:
        return None
    # Partition into 2 lists.
    lessers = [utxo for utxo in unspent if utxo.value < min_value]
    greaters = [utxo for utxo in unspent if utxo.value >= min_value]
    key_func = lambda utxo: utxo.value
    if greaters:
        # Not-empty. Find the smallest greater.
        min_greater = min(greaters)
        change = min_greater.value - min_value
        return [min_greater], change
    # Not found in greaters. Try several lessers instead.
    # Rearrange them from biggest to smallest. We want to use the least
    # amount of inputs as possible.
    lessers.sort(key=key_func, reverse=True)
    result = []
    accum = 0
    for utxo in lessers:
        result.append(utxo)
        accum += utxo.value
        if accum >= min_value:
            change = accum - min_value
            return result, "Change: %d Satoshis" % change
    # No results found.
    return None, 0

def main():
    unspent = [
        OutputInfo("ebadfaa92f1fd29e2fe296eda702c48bd11ffd52313e986e99ddad9084062167",
1, 8000000),
            OutputInfo("6596fd070679de96e405d52b51b8e1d644029108ec4cbfe451454486796a1e
cf", 0, 16050000),
        OutputInfo("b2affea89ff82557c60d635a2a3137b8f88f12ecec85082f7d0a1f82ee203ac4",
```

```
0, 10000000),
          OutputInfo("7dbc497969c7475e45d952c4a872e213fb15d45e5cd3473c386a71a1b0c13
6a1", 0, 25000000),
          OutputInfo("55ea01bd7e9afd3d3ab9790199e777d62a0709cf0725e80a7350fdb22d7b8
ec6", 17, 5470541),
          OutputInfo("12b6a7934c1df821945ee9ee3b3326d07ca7a65fd6416ea44ce8c3db0c07
8c64", 0, 10000000),
          OutputInfo("7f42eda67921ee92eae5f79bd37c68c9cb859b899ce70dba68c4833885
7b7818", 0, 16100000),
    ]

    if len(argv) > 1:
        target = long(argv[1])
    else:
        target = 55000000

    print "For transaction amount %d Satoshis (%f bitcoin) use: " % (target,
target/10.0**8)
    print select_outputs_greedy(unspent, target)

if __name__ == "__main__":
    main()
```

もしselect-utxo.pyしてUTXOの組み合わせ（とおつり）を構成しようとします。パラメータとして支払額を指定すると、スクリプトは指定した支払額を満たすようにUTXOを選びます。例5-4では、0.5 bitcoinまたは50,000,000 satoshiの支払額を指定して、スクリプトを実行しています。

例5-4　select-utxo.pyスクリプトの実行

```
$ python select-utxo.py 50000000
For transaction amount 50000000 Satoshis (0.500000 bitcoin) use:
([<7dbc497969c7475e45d952c4a872e213fb15d45e5cd3473c386a71a1b0c136a1:0 with 25000000
Satoshis>, <7f42eda67921ee92eae5f79bd37c68c9cb859b899ce70dba68c48338857b7818:0 with
16100000 Satoshis>, <6596fd070679de96e405d52b51b8e1d644029108ec4cbfe451454486796a1e
cf:0 with 16050000 Satoshis>], 'Change: 7150000 Satoshis')
```

一度UTXOが選ばれると、ウォレットはそれぞれのUTXOに対して、署名を含むunlocking scriptを作ります。このunlocking scriptによってlocking scriptの条件を満たすため、UTXOが使用可能になります。ウォレットはこれらのUTXOへの参照と、unlocking scriptをインプットとしてトランザクションに追加します。表5-3は、トランザクションインプットの構造を示しています。

表5-3 トランザクションインプットの構造

サイズ	フィールド名	説明
32バイト	Transaction Hash	使われる UTXO を含むトランザクションハッシュ
4バイト	Output Index	使われる UTXO のトランザクション内インデックス、最初のアウトプットの場合は 0
1-9バイト（VarInt）	Unlocking-Script Size	unlocking-script のバイト長
可変サイズ	Unlocking-Script	UTXO の locking script を満たす script
4バイト	Sequence Number	現在トランザクション置き換えは使用不可になっている、0xFFFFFFFF に設定

sequence number は、トランザクションの locktime が無効になる前にトランザクションを書き換えるために使われますが、現在この機能は使用不可になっています。ほとんどのトランザクションではこの値を整数最大値（0xFFFFFFFF）に設定し、この場合ビットコインネットワークで無視されます。もしトランザクションが 0 ではない locktime を持っているとすると、locktime を有効にするために、少なくともこのトランザクションのインプットのうちの 1 つが、0xFFFFFFFF よりも小さい sequence number を持たなければいけないのです。

トランザクション手数料

　ほとんどのトランザクションはトランザクション手数料を含んでいて、これはビットコインマイナーに与えられます。マイニング、手数料、マイナーによって集められた報酬の詳細は、第8章で説明します。この節では、どのようにしてトランザクション手数料がトランザクションに含められるかを説明します。ほとんどのウォレットは、トランザクション手数料を自動的に計算し、トランザクションに含めます。しかし、もしプログラムを通してトランザクションを構築する、またはコマンドラインを使って構築する場合は、これらの手数料を手動でトランザクションに含めなければなりません。

　トランザクション手数料は、トランザクションを次のブロックに含める（マイニングする）ためのインセンティブとして働き、また少額でも手数料をトランザクションに入れなければいけないため、「スパム」トランザクションやビットコインシステムの悪用に対する抑止力として働きます。トランザクション手数料は、トランザクションを記録しているブロックをマイニングしたマイナーによって集められます。

　トランザクション手数料は、トランザクションのデータサイズ（KB）に基づいて計算され、送る金額には影響を受けません。トランザクション手数料は、ネットワーク内での市場原理に基づいて決められます。どのトランザクションを優先的に選ぶかの判断条件は、マイナーごとに異なっており、この判断条件には手数料の大きさも含まれます。手数料が含まれていないトランザクションも、状況によってはマイナーに選ばれるかもしれません。しかし、トランザクション手数料はマイナーによって処理される優先順位に影響し、十分な手数料を持っているトランザクションが、次のブロックに含まれる可能性が高くなり、一方、十分な手数料を含んでいない（またはゼロの）トランザクションは、ブロックに取り込まれることが遅れてしまいます。数ブロック後に取り込まれる、またはそもそも処理されないということになるかもしれません。トランザクション手数料は必須ではなく、ときどき手数料がな

いトランザクションもマイナーに処理されますが、トランザクション手数料を含めることは、処理の優先順位をあげることに繋がります。

　トランザクション手数料の計算方法やトランザクションの優先順位づけの方法は、時間とともに発展してきました。当初、トランザクション手数料は固定されており、ビットコインネットワーク全体で一定でした。次第に手数料制限は緩和され、ビットコインネットワークのキャパシティやトランザクション量に基づく市場の力関係に、トランザクション手数料が影響されるようになってきました。現在の最小トランザクション手数料は、トランザクションのデータサイズ1KBあたり0.0001 bitcoin、0.1ミリbitcoinに固定されており、最近1ミリbitcoinに減らされました。多くのトランザクションは1KBより小さいですが、いくつかのインプットまたはアウトプットを持っているとより大きな手数料になります。ビットコインプロトコルの将来の改定で、ウォレットが最近のトランザクションの手数料平均値に基づき、統計的に最適な手数料を決定できるようになると予想されています。

　マイナーがトランザクションの優先順位づけをする際に使っている、現在のアルゴリズムについては、第8章で詳細に説明します。

トランザクションへの手数料の追加

　トランザクションのデータ構造には、手数料に対応したフィールドはありません。代わりに、手数料はインプットの総和とアウトプットの総和との差として、明示的ではない形で含まれる形になっています。全インプットの総和から全アウトプットの総和を引いて残った余分な額が、マイナーによって集められる手数料です。

　トランザクション手数料はインプットとアウトプットの差として、明示的ではない形で含まれています。

```
Fees = Sum(Inputs) - Sum(Outputs)
```

　これは、いくぶんトランザクションを理解する上で混乱してしまうところですが、重要なポイントです。というのは、もし自身でトランザクションを構築するとしたときに、うっかり大きな額の手数料を含めないようにしないといけないためです。つまり、すべてのインプットを把握しておかなければなりません。そして、必要であればおつりを送るアウトプットを作成しなければなりません。さもなければ、マイナーにとても大きなチップをあげることになってしまうのです！

　例えば、20 bitcoinのUTXOを消費して、1 bitcoinの支払いをしようとするなら、19 bitcoinのおつりがアウトプットに含まれていなければなりません。そうしないと、19 bitcoinの「残り物」はトランザクション手数料としてカウントされてしまい、あなたのトランザクションを含むブロックをマイニングしたマイナーによって19 bitcoinが集められてしまうのです。

> 手動でトランザクションを構築したとき、おつりのアウトプットを追加し忘れてしまうと、おつり分をトランザクション手数料として払ってしまうことになります。「おつりは不要です!」というのは、通常の支払いの感覚からすると不思議に感じるかもしれませんね。

再度アリスのコーヒー代支払いの例を使って、実用上どのように動作するかを見ていきましょう。アリスは0.015 bitcoinをコーヒー代として支払おうとしています。分かりやすくするために、彼女は、0.001 bitcoinをトランザクション手数料にするとしましょう。これは、トランザクションの総コストが0.016 bitcoinになることを意味しています。よって、彼女のウォレットは、0.016 bitcoinかそれ以上の額になるようにUTXOを集め、必要ならおつりを作らなければなりません。彼女のウォレットが0.2 bitcoinのUTXOが使用可能だとしてみると、このUTXOを消費することになります。アウトプットとしては、ボブのカフェへの支払いとして0.015 bitcoinのアウトプットを作り、そして2つ目のアウトプットとして、自分自身のウォレットに返ってくる0.184 bitcoinのおつりのアウトプットを作ります。0.001 bitcoinが残っていますが、これが明示的ではない形でトランザクションに含められるトランザクション手数料になります。

別のシナリオを考えましょう。フィリピンの子供チャリティディレクターのユージニアは、子供のために学校の教科書を購入するための支援金集めが完了し、全世界の人々からの数千個の小さな寄付を受け取りました。総額にして50 bitcoinです。このため、彼女のウォレットは小さな支払い(UTXO)でいっぱいになってしまいました。彼女は数百冊の学校の教科書を地元の出版社から購入したいと考えていて、支払いをビットコインでするつもりでいます。

ユージニアのウォレットは、1個の大きなトランザクションを作ろうとしたため、多くの少額のUTXOで占められているUTXOセットから、UTXOを集めてこなければなりません。結果として作られるトランザクションは、インプットとして数百個の少額のUTXOと、出版社に支払われる1個のアウトプットで構成されることになります。多くのインプットを伴ったトランザクションのデータサイズは、1KB以上、おそらく2、3KBです。結果的に、最小手数料0.0001 bitcoinよりも高いトランザクション手数料が必要になります。

ユージニアのウォレットは、トランザクションのデータサイズと1KBあたりの手数料を掛け合わせて、適切な手数料を計算することになります。多くのウォレットは、大きなトランザクションに対して手数料を多めに払っています。これは、トランザクションを迅速に処理してもらうためです。高い手数料を払うのはユージニアが多くのお金を使っているからではなく、トランザクションがより複雑で、よりデータサイズが大きいからです。トランザクション手数料の額は、トランザクションの額とは無関係なのです。

トランザクションの連鎖とオーファントランザクション

今まで見てきたように、トランザクションは連鎖を形成します。1つのトランザクションは前のトランザクションアウトプット(親と呼ばれる)を使い、また次のトランザクションのためにアウトプット(子と呼ばれる)を作るという連鎖です。親トランザクションが署名され

る前に、署名された有効な子トランザクションが必要であるような複雑な取引を実行するために、トランザクションの連鎖全体（親トランザクション、子トランザクション、孫トランザクション）が、一度に作られることがあります。こうしたテクニックは、複数のトランザクションを混ぜてプライバシーを守る、CoinJoin トランザクションにおいて使われています。

　トランザクションの連鎖は、ビットコインネットワークを伝わる際、順番通りにノードに届くとは限らず、もしかすると親よりも先に子が届いてしまうかもしれません。この場合、子を最初に見つけたノードは、この子が参照している親トランザクションのことはまだ知りません。子を拒否するよりもむしろ、一時的なプールに子を置いておき、親が届くことを待ちます。親がいないトランザクションのプールをオーファン（孤児）トランザクションプールと呼びます。一度親が届くと、親の UTXO を参照しているオーファンはすべてプールから取り出され、再帰的に再確認されます。このとき、トランザクションのチェーン全体がオーファントランザクションプールからトランザクションプールに取り込まれ、ブロックに取り込まれる準備が整います。トランザクションのチェーンは多くの世代を伴ったとしてもいくらでも長くでき、同時に送信できます。オーファンプールにオーファントランザクションを保持しておく方法を使うことで、親の到着が遅れたとしても子を放棄することなく、かつ正しい順番でトランザクションのチェーンを構築できるのです。

　メモリに保持できるオーファントランザクションの数には上限があります。これは、ビットコインノードからの DOS 攻撃を防ぐためです。制限数は、MAX_ORPHAN_TRANSACTIONS というビットコインリファレンスクライアントのソースコード内にあるパラメータで定義されています。プールにあるオーファントランザクションの数が MAX_ORPHAN_TRANSACTIONS を越えると、ランダムに選ばれたいくつかのオーファントランザクションがプールから追い出され、プールにあるオーファントランザクション数が制限以内になるように調整されます。

トランザクション script と Script 言語

　ビットコインクライアントは script を実行することでトランザクションの有効性をチェックします。UTXO にある locking script（解除条件）と通常署名を含んでいる unlocking script はこの Script 言語で書かれています。トランザクションが有効かチェックされるときは、資金の使用条件を満たしているかどうかをみるためにそれぞれのインプットにある unlocking script が対応した locking script とともに実行されます。

　今日、ビットコインネットワークを通して処理される多くのトランザクションは「アリスがボブに支払う」というような形式になっており、Pay-to-Public-Key-Hash と呼ばれる script に基づいています。しかし、アウトプットをロックしインプットを解錠する script を使うことは、プログラミング言語を通してトランザクションに無限個の条件を含められることを意味します。つまり、ビットコイントランザクションは「アリスがボブに支払う」という形式に制限されているわけではないのです。

　これは単に、この Script 言語によって表現できる可能性の、氷山の一角を見せているに過ぎません。この節では、ビットコイントランザクションの Script 言語の要素を説明し、どのように資金使用に対する完全な条件を表現するのか、どのように unlocking script は条件を

満たすことができるのかを説明していきます。

 ビットコイントランザクションの有効性チェックは、静的なパターンに基づいているわけではなく、Script 言語の実行を通して行われています。この言語はほとんど無限個の条件を表現することができます。このようにしてビットコインは「プログラム可能な通貨」を実現しているのです。

scriptの構築 (Lock+Unlock)

ビットコインのトランザクション有効性チェックエンジンは、2種類の script によって成り立っています。1つは locking script、もう1つは unlocking script です。

locking script はアウトプットに置かれている解除条件で、将来アウトプットを使用する際に満たさなければいけない条件を指定しています。歴史的に、locking script は scriptPubKey と呼ばれていました。というのは、locking script に通常公開鍵またはビットコインアドレスが含まれているからです。本書では、script テクノロジーの可能性をより多く認識するために、「locking script」と呼ぶことにします。多くのビットコインアプリケーションでは、ここで locking script と呼んでいるものが scriptPubKey としてソースコードに出てきます。

unlocking script は、locking script によってアウトプットに置かれた条件を「解く」または満たす script で、アウトプットを使用できるようにします。unlocking script はすべてのトランザクションインプットの一部であり、ほとんどの場合、秘密鍵からウォレットが作り出したデジタル署名を含んでいます。通常 unlocking script がデジタル署名を含んでいるため、unlocking script は歴史的に scriptSig と呼ばれています。多くのアプリケーションのソースコードでは、unlocking script を scriptSig と呼んでいます。本書ではこれを「unlocking script」と呼ぶことにします。というのは、すべての unlocking script が署名を含んでいなければいけないわけではなく、locking script の解除をするために必要なものは、署名以外にもあるということに気づいてもらうためです。

ビットコインクライアントは、locking script と unlocking script を一緒に実行することで、トランザクションの有効性を確認します。トランザクションにある個々のインプットに対して、有効性チェックソフトウェアは、インプットによって参照されている UTXO を最初に取得しようとします。この UTXO は、これを使用するときに必要な条件が定義された locking script を含んでいます。有効性チェックソフトウェアは、このときこの UTXO の資金を使おうとしているインプットに含まれる unlocking script を取り出し、locking script と unlocking script を実行します。

オリジナルのビットコインクライアントでは、unlocking script と locking script は結合されており、順番に実行されていました。セキュリティの観点から、これは2010年に変更されました。スタックにデータをプッシュし locking script を無意味にするような、悪意ある unlocking script を許してしまうという脆弱性があったためです。現在の実装では、次に説明するように unlocking script と locking script は別々に実行され、これらの間でスタックが転送される形で script が実行されるようになっています。

最初に、スタック実行エンジンを使って、unlocking scriptが実行されます。もしunlocking scriptがエラーなく（例えば、未実行のオペレータがないなど）実行されると、メインスタック（代替スタックではなく）がコピーされ、locking scriptが実行されます。もしコピーされたスタックデータとともに実行されたlocking scriptの結果が「TRUE」なら、unlocking scriptはlocking scriptによって課されていた条件を解くことに成功したということです。したがって、インプットはUTXOを使用する有効な権限を持っているということになります。TRUE以外が実行結果に残っている場合は、インプットは有効ではありません。UTXOに置いてある使用条件を満たすことができなかったからです。UTXOは、ブロックチェーンに永遠に記録され続けます。このため、条件を解くことに成功しなかった場合、UTXOであるという状態は変化せず、何度新しいトランザクションがUTXOを不正に使用しようとしてもUTXOは全く影響を受けません。UTXOの条件を正しく満たす有効なトランザクションだけが、UTXOに「使用済み」という印をつけ、使用可能な（未使用）UTXOのセットから削除することができるのです。

図5-1は、unlocking scriptとlocking scriptのよくある事例（公開鍵ハッシュへの支払い）です。これは、scriptの有効性チェックの前のunlocking scriptとlocking scriptが連結されたscriptを示しています。

図5-1　トランザクションscriptを評価するためのscriptSigとscriptPubKeyの結合

Script言語

ビットコイントランザクションのスクリプト言語はScriptと呼ばれ、Forthのような「逆ポーランド記法」の言語です。これが全く分からないとしたら、あなたはおそらく1960年代のプログラミング言語を勉強したことがないのでしょう。Scriptは非常にシンプルな言語で、電卓のような組み込みデバイスと同じくらい単純なハードウェアでも動くように設計されています。これは最小の処理しか必要とせず、最近のプログラミング言語でできる多くのことはできません。プログラム可能な通貨にとっては、安全上の観点から望ましい特徴と言えます。

ビットコインのScript言語は、スタックと呼ばれるデータ構造を使っているため、スタックベース言語と呼ばれています。スタックとはとても簡単なデータ構造で、カードを重ねたようなものです。スタックは、プッシュとポップの2つの操作を許しています。プッシュはアイテムをスタックの一番上に加えます。ポップは一番上にあるアイテムをスタックから除

きます。

　Script 言語は、個々のアイテムを左から右に処理することで script を実行していきます。数値（定数）がスタックにプッシュされます。オペレータは、1つまたは複数の値をスタックに対してプッシュまたはポップし、またはそれらに対して何らかの操作をします。場合によっては、操作した結果をスタックにプッシュするかもしれません。例えば、OP_ADD はスタックから2つのアイテムをポップして、2つのアイテムを加え合わせ、結果をスタックにプッシュします。

　条件オペレータは条件を評価して、TRUE か FALSE というブール型の結果を作り出します。例えば、OP_EQUAL はスタックから2つのアイテムをポップして、もしそれらが等しいなら TRUE（TRUE は数値の1によって表現されます）をプッシュし、等しくなければ FALSE（数値の0で表します）をプッシュします。ビットコイントランザクション script は、通常有効なトランザクションを示す TRUE の結果を生成するために、条件オペレータを含んでいます。

　図5－2では、2 3 OP_ADD 5 OP_EQUAL という script で、加法オペレータ OP_ADD を実行し2つの数値を加え結果をスタックに置き、次に OP_ADD の結果と5が等しいかをチェックする条件オペレータ OP_EQUAL を実行しています。簡潔にするために、OP_ というプレフィックスは、図5－2では省略されています。

　以下は少し複雑な script で、*2+7 − 3+1*を計算しています。script がいくつかのオペレータを含んでいるとき、スタックの性質上、1つのオペレータの結果を次のオペレータだけが使うことができます。

```
2 7 OP_ADD 3 OP_SUB 1 OP_ADD 7 OP_EQUAL
```

　この script が有効か、鉛筆と紙を使って確かめてみましょう。script の実行が終わった段階で、スタックに TRUE が残っているはずです。

　ほとんどの locking script は、資金の使用にあたっての所有権の証明のためビットコインアドレスや公開鍵を参照していますが、locking script は複雑である必要はありません。結果として TRUE が出力される locking script と unlocking script であれば、どんな組み合わせも有効とみなされます。Script 言語の例として使った簡単な算数も、トランザクションアウトプットをロックするために使うことができるきちんとした locking script です。

　locking script として、さきほどの算数の script 例の一部を使ってみましょう。

```
3 OP_ADD 5 OP_EQUAL
```

　これは以下の unlocking script を持つインプットがトランザクションにあれば、満たすことができます。

```
2
```

　有効性を確認するソフトウェアは、locking script と unlocking script をつなげて、以下の

scriptを作ります。

```
2 3 OP_ADD 5 OP_EQUAL
```

図5-2で見たように、このscriptが実行されると結果はOP_TRUEになり、トランザクションは有効であると分かります。この場合、有効なトランザクションアウトプットのlocking scriptだけでなく、計算ができる人であれば誰でも2がこのscriptを満たすことが分かるので、UTXOを使うことができることになります。

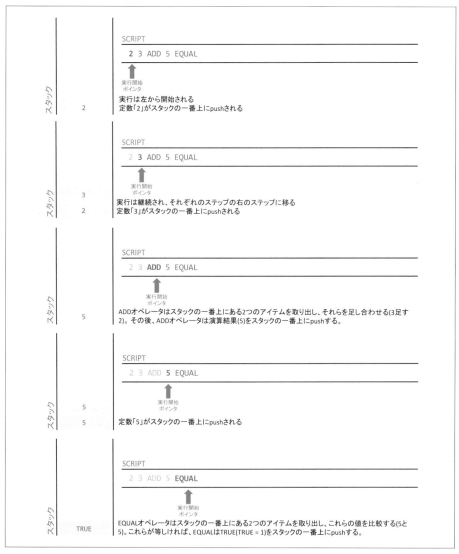

図5-2 ビットコインのscript検証を使って、簡単な計算を行う。

もしスタックの一番上にTRUE（{0x01}のように表現されます）、またはTRUEではないものの0以外の値があれば、トランザクションは有効と検証されたことになります。または、script実行後に、スタックに空値ではなく何も残っていなかった場合も、トランザクションは有効と検証されたことになります。トランザクションが無効になってしまう場合は、スタックの一番上に偽（{}のように表現される長さ0の空値）がある場合や、OP_VERIFYやOP_RETURNやOP_ENDIFのような条件付き終了オペレータによって、明示的にscript実行が終了させられる場合です。詳細については、Appendix Aを参照してください。

チューリング不完全性

　ビットコイントランザクションのScript言語は多くのオペレータを持っています。しかし、意図的にループやif文などの分岐処理がないように制限されています。これは言語がチューリング完全ではないということであり、つまり、scriptが複雑でなく、処理回数が予測できることを意味します。Script言語は汎用言語ではありません。これらの制約によって、無限ループを作ることやビットコインネットワークを使ったDOS攻撃を起こすようなトランザクションに内在する「論理爆弾（logic bomb）」などを作ることができなくなっています。すべてのトランザクションは、ビットコインネットワーク上のすべてのフルノードによって有効性が確認されているので、トランザクションの有効性確認の処理に問題があれば、簡単に脆弱性が作れてしまいます。言語が制限されているために、トランザクションの有効性確認メカニズムが、脆弱性を生むことを防いでいるのです。

ステートレスな検証

　トランザクションScript言語は、ステートレスです。これは、scriptの実行前の状態を何も保持しない、またはscriptの実行後の状態を一切保存しないということを意味します。このため、scriptを実行するために必要なすべての情報は、scriptの中に含まれていることになり、scriptはどんなシステム上でも、同じプロセスで実行できることが予想されます。もしあなたのシステムがscriptを検証できるなら、確実にビットコインネットワーク内の他のすべてのシステムもまたscriptを検証でき、有効なトランザクションはすべての人に対して有効なのです。この結果の予測可能性は、ビットコインシステムの本質的な利点です。

標準的なトランザクション

　ビットコインの発展の最初の数年は、ビットコインリファレンスクライアントによって処理されるscriptの種類に、開発者たちがいくつかの制限を加えていました。これらの制限はisStandard()と呼ばれる関数の中にあり、5つの「標準的なトランザクション」の種類が定義されています。これらの制限は一時的なもので、あなたが本書を読むときまでに解除されているかもしれません。これらの制限が解除されるまでは、5つの標準的なトランザクションscriptだけが、ビットコインコアクライアントや、これを動作させている多くのマイナーに受け入れられています。非標準的なトランザクションを作ることは可能ですが、このトラ

ンザクションをブロックに入れてくれるマイナーを見つけなければなりません。

　どんなscriptが、有効なトランザクションscriptとして許可されているかを見るため、ビットコインコアクライアント（リファレンス実装）のソースコードをチェックしてみましょう。

　トランザクションscriptの5つの標準的な種類は、pay-to-public-key-hash（P2PKH）、public-key、multi-signature（最大15個のキーまで）、pay-to-script-hash（P2SH）、データアウトプット（OP_RETURN）です。これらの詳細な説明は次節で行います。

Pay-to-Public-Key-Hash（P2PKH）

　ビットコインネットワーク上で処理されているトランザクションの多くは、P2PKHトランザクションです。これは公開鍵ハッシュ（ビットコインアドレス）を伴った、トランザクションアウトプットを拘束しているlocking scriptを含んでいます。ビットコインアドレスへの支払いをするトランザクションは、P2PKH scriptを含んでおり、このP2PKH scriptでロックされているアウトプットは、公開鍵とこの公開鍵に対応したデジタル署名を提示することで解除（資金の使用）ができます。

　例えば、アリスがボブのカフェに支払う場面を再度見てみましょう。アリスはこのカフェのビットコインアドレスに0.015 bitcoinの支払いをします。このトランザクションアウトプットには、以下のようなlocking scriptが含まれています。

```
OP_DUP OP_HASH160 <Cafe Public Key Hash> OP_EQUAL OP_CHECKSIG
```

　Cafe Public Key Hashは、このカフェのビットコインアドレス（Base58Checkエンコーディングが施されていないもの）と同じものです。多くのアプリケーションでは公開鍵ハッシュを16進数で表したものを使っており、なじみのある1から始まるBase58Check形式のビットコインアドレスではありません。

　このlocking scriptは、以下のunlocking scriptで条件を満たすことができます。

```
<Cafe Signature> <Cafe Public Key>
```

　この2つのscriptを合わせることで、以下の検証scriptの形になります。

```
<Cafe Signature> <Cafe Public Key> OP_DUP OP_HASH160
<Cafe Public Key Hash> OP_EQUAL OP_CHECKSIG
```

　これを実行するとき、unlocking scriptがlocking scriptの条件を満たし、かつその場合に限り、この結合されたscriptはTRUEと評価されます。他の言い方をすると、もしunlocking scriptがボブのカフェの秘密鍵から作られた有効な署名を持っていれば、結果はTRUEになります。

図5-3と図5-4は、結合されたscriptの逐次実行を（2つの部分で）表しており、この結合されたscriptが有効なトランザクションであることを証明することになります。

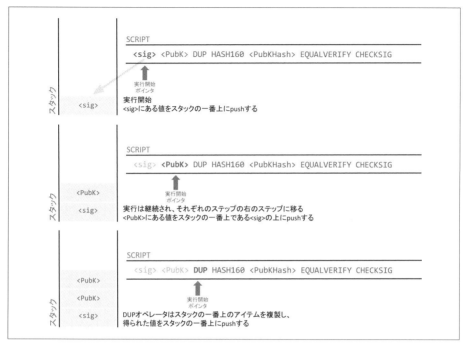

図5-3　P2PKHトランザクションにおけるscriptの評価（1／2）

Pay-to-Public-Key

　pay-to-public-keyは、pay-to-public-key-hashよりもシンプルなビットコイン支払いの形式です。このscript形式は、前に出てきたP2PKHにおける非常に短い公開鍵ハッシュではなく、公開鍵そのものをlocking scriptに配置しています。pay-to-public-key-hashはビットコインアドレスをより短くして使いやすくするために、サトシ・ナカモトによって発明されたものです。現在pay-to-public-keyはcoinbaseトランザクションでよく見られ、P2PKHが使えるように更新されていない古いマイニングソフトウェアで使われています。

　pay-to-public-key locking scriptは、以下のようなものです。

```
<Public Key A> OP_CHECKSIG
```

　アウトプットを解除するために提示されなければならないunlocking scriptは、以下のようなシンプルな署名です。

```
<Signature from Private Key A>
```

トランザクションの有効性検証に使われる、結合された script は以下です。

```
<Signature from Private Key A> <Public Key A> OP_CHECKSIG
```

この script は CHECKSIG オペレータを用いたちょっとした工夫で、正しい秘密鍵に紐づく署名を検証して TRUE を返します。

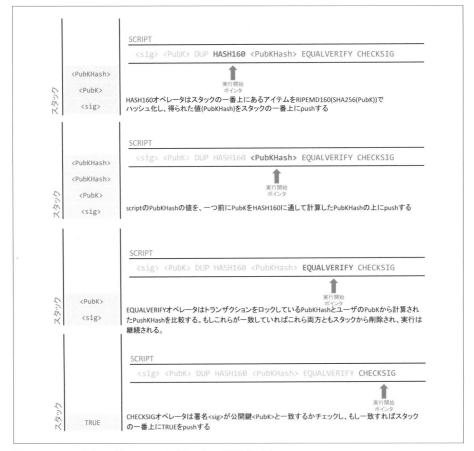

図5-4　P2PKHトランザクションにおけるscriptの評価（2／2）

マルチシグネチャ

　マルチシグネチャ script は、N 個の公開鍵と、解除条件を解放する少なくとも M 個の署名が入っている条件を設定しています。これは M-of-N スキームとしても知られており、N はキーの総数、M は検証に必要な署名数です。例えば2-of-3マルチシグネチャでは、あらかじめ登録しておいた署名者の3つの公開鍵があり、これらのうち2つを使って有効なトランザ

クションに対する署名を作らなければなりません。このとき、標準的なマルチシグネチャ
scriptは最大でも15個の公開鍵だけが使用できるように制限されており、これは1-of-1から
15-of-15までのマルチシグネチャ、またはそれぞれの組み合わせを使用できるということを
示しています。この制限は本書が出版されるまでに引き上げられるかもしれません。ビット
コインネットワークによって現在何が許可されているかを見るために、isStandard()関数を
チェックしてみてください。

M-of-Nマルチシグネチャ条件を設定しているlocking scriptの一般形式は、以下の通りで
す。

```
M <Public Key 1> <Public Key 2> ... <Public Key N> N OP_CHECKMULTISIG
```

ただし、Nは登録されている公開鍵の総数、Mはアウトプットを使うにあたって必要な署
名数です。

2-of-3マルチシグネチャ条件を設定しているlocking scriptは、以下のようなものです。

```
2 <Public Key A> <Public Key B> <Public Key C> 3 OP_CHECKMULTISIG
```

このlocking scriptは、署名と公開鍵のペアを含む以下のunlocking scriptで、条件を満た
すことができます。

```
OP_0 <Signature B> <Signature C>
```

登録されている3つの公開鍵に対応する秘密鍵から作られる署名であれば、どんな2つの
組み合わせでも使うことができます。

> 最初に置かれているOP_0はCHECKMULTISIGのオリジナルの実装にバグがあり、それを補完
> するために必要となっています。このバグというのは、CHECKMULTISIGを実行したときに処理
> に関係のないスタック上のアイテムを、1つ余分にポップしてしまうというバグです。
> CHECKMULTISIG処理は事実OP_0を無視して実行され、OP_0は単なる空箱のようなものになっ
> ています。

この2つのscriptは、以下の結合された検証scriptを形作ります。

```
OP_0 <Signature B> <Signature C> 2 <Public Key A> <Public Key B> <Public Key C> 3 OP_
CHECKMULTISIG
```

これを実行するとき、unlocking scriptがlocking scriptの条件を満たし、かつその場合に限
り、この結合されたscriptはTRUEと評価されます。この場合、解除条件に設定してある3
つの公開鍵のうち、2つに対応した秘密鍵から作られる有効な署名を、unlocking scriptが持っ

ているかどうかが条件になります。

データアウトプット（OP_RETURN）

　ビットコインのタイムスタンプ付き分散型元帳であるブロックチェーンは、支払い以外にも多くの応用可能性を持っています。デジタル公証人サービス、株券、スマートコントラクトなどのために、多くの開発者たちがトランザクションScript言語を使い、より高いシステムのセキュリティやレジリエンス（可用性）を確保しようとしてきました。初期には、ビットコインのScript言語をこれらの目的に使う場合、トランザクションアウトプットを利用することが考えられました。たとえば、ファイルの存在証明があります。これは、このトランザクションが参照している特定の日付を利用して、あるファイルの存在証明（proof-of-existence）を誰でもできるようにしています。このことで、ファイルのデジタル指紋を記録するのです。

　ビットコインの支払いとは無関係なデータをブロックチェーン上に記録することは、物議を醸してきました。多くの開発者たちは、このようなブロックチェーンの使い方を非難すべきものと考え、思いとどまらせようと考えました。一方、これがブロックチェーン技術の強力な拡張性を示すものと感じ、実験を押し進めようとする人たちもいました。支払いと関係のないデータを含めることに反対な人たちは、これにより「ブロックチェーンの肥大化」を引き起こすと考えており、ブロックチェーンが本来運ぶ必要のなかったデータのためにディスクストレージのコストが増大し、フルノードを動作させているサーバのコストが増えてしまうと考えました。さらに、このようなトランザクションは使用されないUTXOを作り出し、送り先ビットコインアドレスの領域20バイトを、自由に使える領域として使ってしまいます。このビットコインアドレスはデータのために使われるので、秘密鍵に対応しておらず決して使われないUTXOを結果として生み出してしまうのです。これはあたかも偽物の支払いのようになってしまいます。決して使われないこれらのトランザクションはUTXOセットから決して削除されず、永遠にUTXOデータベースのサイズを大きくし続け、「肥大化」させてしまいます。

　ビットコインコアクライアントのバージョン0.9では、妥協策としてOP_RETURNオペレータが導入されました。OP_RETURNは開発者たちが支払いに関係のない80バイトのデータをトランザクションアウトプットに追加できるようにしています。「偽物の」UTXOと違って、OP_RETURNオペレータは、UTXOセットに保持される必要がない明示的使用不可アウトプットを作り出します。OP_RETURNアウトプットは、ブロックチェーン上に記録されるためディスク容量を消費し、ブロックチェーンのデータサイズ増大を促してしまいますが、UTXOセットに保存されないため、UTXOメモリプールと高価なRAMのコストの肥大化にはならないようになっています。

　OP_RETURN scriptは以下のようなものです。

```
OP_RETURN <data>
```

このdataは80バイトに制限され、多くの場合SHA256アルゴリズム（32バイト）の出力結果のようなハッシュになっています。多くのアプリケーションは、アプリケーションを示すidをプレフィックスとしてdataの前に置いています。例えば、Proof of Existence（http://proofofexistence.com）というデジタル公証人サービスは、8バイトのプレフィックス「DOCPROOF」を使っていて、ASCIIコードで表すと16進数で44f4350524f4f46になります。

OP_RETURNアウトプットを、「使用する」ためのunlocking scriptがないことを覚えておいてください。つまり、OP_RETURNでは、このアウトプットでロックされている資金を使うことはできないのです。そして、使用可能なものとしてUTXOセットに保持しておく必要はありません。このアウトプットに割り当てられているどんなビットコインも永遠に失われてしまうため、OP_RETURNアウトプットは通常0 bitcoinを持ちます。もしscript検証ソフトウェアがOP_RETURNを見つけた場合には、検証scriptの実行を直ちに停止し、トランザクションを無効にします。このため、もし偶然OP_RETURNアウトプットをトランザクションインプットが参照した場合は、このトランザクションは無効になります。

標準的なトランザクション（isStandard()を確認してみてください）はたった1つだけしかOP_RETURNアウトプットを持つことができませんが、OP_RETURNアウトプットは他の種類のアウトプットを持つトランザクションと結合することができます。

現在のビットコインコアバージョン0.10では、2つの新しいコマンドラインオプションが追加されました。datacarrierオプションはOP_RETURNトランザクションのリレーとマイニングを行うかどうかをコントロールしており、デフォルトは「1」でリレーとマイニングの実行を許可するものになっています。datacarriersizeオプションは数値を引数として取りOP_RETURNデータの最大バイトサイズを指定します。この最大バイトサイズのデフォルトは40バイトです。

> OP_RETURNは最初80バイトの制限をつけた形で提案されていましたが、この機能が実際にリリースされたときに、制限が40バイトに削減されました。2015年2月にリリースされたビットコインコアバージョン0.10の中で、この制限は80バイトに引き上げられました。ノードはOP_RETURNトランザクションをリレー、マイニングしないか、または単にリレーだけして80バイトより小さいデータを持つOP_RETURNトランザクションのみをマイニングするか、を選べるようになっています。

Pay-to-Script-Hash（P2SH）

pay-to-script-hash（P2SH）は2012年に導入されたもので、複雑なトランザクションscriptをはるかに単純化した、新しい種類のトランザクションです。P2SHを説明するために、実用的な例を見てみましょう。

第1章で、ドバイで電子機器の輸入業を営んでいるムハンマドを紹介しました。ムハンマドの会社は、口座管理のためにビットコインのマルチシグネチャ機能を利用しています。マルチシグネチャscriptは、ビットコインの先進的なScript言語の主要な使い方の1つで、とても強力な機能です。ムハンマドの会社は、すべての顧客からの支払い（会計用語で「売掛金」）にマルチシグネチャを使っています。マルチシグネチャスキームを使い、顧客による

すべての支払いは次のような方法で安全性を担保しています。支払いを実行するには少なくとも2つの署名が必要であり、登録されている人はムハンマド、彼のパートナーのうちの1人、バックアップキーを持っている彼の代理人です。このようなマルチシグネチャスキームはコーポレートガバナンスをサポートし、盗難、横領、または紛失を防ぐ役割があります。

このためのscriptはとても長く、以下のようなものです。

```
2 <Mohammed's Public Key> <Partner1 Public Key> <Partner2 Public Key> <Partner3 Public Key> <Attorney Public Key> 5 OP_CHECKMULTISIG
```

マルチシグネチャscriptはとても強力な機能ですが、扱いにくいものです。というのは、ムハンマドは、支払いをする前にこのscriptについてすべての顧客に説明する必要があるためです。それぞれの顧客は、特別なトランザクションscriptを作ることができる特別なウォレットを使う必要があり、また特別なscriptを使ってどのようにトランザクションを作ればよいか理解する必要があります。さらに、このscriptがとても長い公開鍵を含んでいるため、作られたトランザクションは単純な支払いトランザクションと比べて約5倍も大きいのです。そのため、余分に大きいトランザクションデータサイズの負担が、顧客ごとのトランザクション手数料として乗ってきます。最終的に、このような大きなトランザクションscriptは、使用されるまですべてのフルノードのRAM内のUTXOセットに保持されます。このような問題点によって実用上、複雑なアウトプットscriptの使用が難しくなってしまうのです。

pay-to-script-hash（P2SH）は、これらの実用的な難点を解決するために開発され、ビットコインアドレスでの支払いと同じくらい簡単に複雑なscriptを使えるようにしたのです。P2SHでの支払いで、複雑なlocking scriptは暗号学的なハッシュに置き換えられます。UTXOを使おうとするトランザクションがのちに作られたとき、このトランザクションはunlocking scriptだけでなくこのハッシュとマッチするscriptを含んでいなければなりません。簡単に言って、P2SHは「このハッシュとマッチするscriptに対して支払い、このscriptはのちほどこのアウトプットが使用されるときに与えられます」という意味です。

P2SHトランザクションでは、ハッシュによって置き換えられたlocking scriptはredeem scriptと呼ばれます。なぜなら、これがlocking scriptとしてよりはむしろ回収時に、システムに提供されるからです。表5-4はP2SHではないscriptを示し、表5-5はP2SHでエンコードされた同じscriptを示しています。

表5-4　P2SHを使用しない複雑なscript

Locking Script	2 PubKey1 PubKey2 PubKey3 PubKey4 PubKey5 5 OP_CHECKMULTISIG
Unlocking Script	Sig1 Sig2

表5-5　P2SHを使用した複雑なscript

Redeem Script	2 PubKey1 PubKey2 PubKey3 PubKey4 PubKey5 5 OP_CHECKMULTISIG
Locking Script	OP_HASH160 <20-byte hash of redeem script> OP_EQUAL
Unlocking Script	Sig1 Sig2 redeem script

表にあるとおり、P2SHを使用したscriptでは、アウトプットを使用するための詳細条件が書かれた複雑なscriptがlocking scriptにありません。その代わり、redeem scriptのハッシュのみがlocking scriptにあり、redeem script自身は、アウトプットが使用されるときのunlocking scriptの一部として、後で出てきます。このことで、手数料と複雑性の負担が、トランザクションの送り手から受け手に移されます。

ムハンマドの会社の場合の、複雑なマルチシグネチャscriptとP2SH scriptを見てみましょう。

まず、ムハンマドの会社が顧客からの支払いに使っているマルチシグネチャscriptは、以下です。

```
2 <Mohammed's Public Key> <Partner1 Public Key> <Partner2 Public Key> <Partner3 Public Key> <Attorney Public Key> 5 OP_CHECKMULTISIG
```

上記の＜＞を実際の公開鍵（04から始まる520bitの数値）に置き換えてみると、以下のようにとても長くなってしまうことが分かるはずです。

```
2
04C16B8698A9ABF84250A7C3EA7EEDEF9897D1C8C6ADF47F06CF73370D74DCCA01CDCA79DCC5C395D7EEC
6984D83F1F50C900A24DD47F569FD4193AF5DE762C58704A2192968D8655D6A935BEAF2CA23E3FB87A349
5E7AF308EDF08DAC3C1FCBFC2C75B4B0F4D0B1B70CD2423657738C0C2B1D5CE65C97D78D0E34224858008
E8B49047E63248B75DB7379BE9CDA8CE5751D16485F431E46117B9D0C1837C9D5737812F393DA7D4420D7
E1A9162F0279CFC10F1E8E8F3020DECDBC3C0DD389D99779650421D65CBD7149B255382ED7F78E9465806
57EE6FDA162A187543A9D85BAAA93A4AB3A8F044DADA618D087227440645ABE8A35DA8C5B73997AD343BE
5C2AFD94A5043752580AFA1ECED3C68D446BCAB69AC0BA7DF50D56231BE0AABF1FDEEC78A6A45E394BA29
A1EDF518C022DD618DA774D207D137AAB59E0B000EB7ED238F4D800 5 OP_CHECKMULTISIG
```

このscript全体は、20バイトの暗号学的ハッシュで表現できます。このハッシュは最初にSHA256ハッシュ化アルゴリズムを適用し、その後この結果にRIPEMD160アルゴリズムを適用することで作成されます。前のscriptに対してハッシュ化して得た20バイトのハッシュは、以下になります。

```
54c557e07dde5bb6cb791c7a540e0a4796f5e97e
```

P2SHトランザクションは、さきの長いscriptの代わりに、このハッシュを含めたlocking scriptでアウトプットをロックしています。

```
OP_HASH160 54c557e07dde5bb6cb791c7a540e0a4796f5e97e OP_EQUAL
```

前のlocking scriptよりもずいぶん短いことが分かります。「5つのキーのマルチシグネチャscriptに対する支払い」ではなく、P2SHでは「このハッシュを持ったscriptへの支払い

(pay to a script with this hash)」になります。ムハンマドの会社の顧客は、とても短いlocking
scriptを含めるだけで、支払いができるのです。ムハンマドがこのUTXOを使いたいとき
は、オリジナルのredeem scriptと解除するための署名を、以下のように提供しなければな
りません。

```
<Sig1> <Sig2> <2 PK1 PK2 PK3 PK4 PK5 5 OP_CHECKMULTISIG>
```

2つのscriptは2つの段階で結合されます。まず、このハッシュが合っているかを確認する
ためにlocking scriptに対してredeem scriptがチェックされます。

```
<2 PK1 PK2 PK3 PK4 PK5 5 OP_CHECKMULTISIG> OP_HASH160 <redeem scriptHash> OP_EQUAL
```

もしredeem scriptハッシュが合っていれば、unlocking scriptはredeem scriptを解除するた
めに実行されます。

```
<Sig1> <Sig2> 2 PK1 PK2 PK3 PK4 PK5 5 OP_CHECKMULTISIG
```

Pay-to-script-hashアドレス

　P2SHに関してもう1つの重要な点は、BIP0013で定義されているようにscriptハッシュを
エンコードしてアドレスとして使えるようにする点です。P2SHアドレスは、scriptの20バイ
トハッシュをBase58Checkエンコードしたものです。これはちょうど、公開鍵の20バイト
ハッシュのBase58Checkエンコードをしたビットコインアドレスのようなものです。P2SH
アドレスはversion prefixとして「5」が使われており、Base58Checkエンコードしたアドレス
は「3」から始まるものになっています。例えば、ムハンマドの複雑なscriptでは、P2SHと
して20バイトにハッシュ化されてBase58Checkエンコードを施されたP2SHアドレスは、39
RF6JqABiHdYHkfChV6USGMe6Nsr66Gzwになります。ムハンマドはこの「アドレス」を彼の顧
客に送ることで、彼の顧客はビットコインアドレスに対する支払いと同じようにウォレット
を使うことができます。3というプレフィックスは、このアドレスが特別な種類のアドレス
であることを示します。

　P2SHアドレスはすべての複雑な点を隠蔽し、支払う人がscriptを見ることなく支払いが
できるようにしています。

pay-to-script-hashの利点

　pay-to-script-hashはlocking scriptを複雑なまま直接扱うことに比べて以下の利点がありま
す。

- より短いデジタル指紋で複雑なscriptを置き換えることで、トランザクションのデータ
サイズを小さくする
- scriptがアドレスとして実装されることで、送り主と送り主のウォレットはP2SHに関

する複雑な実装をする必要がない
- P2SHは、scriptを構成する負担を、送り手ではなく受け手側に移している
- P2SHは、アウトプットが持つ長いscript（これはUTXOセットに含まれるためメモリを圧迫する）を、インプット側（ブロックチェーン上にのみ保存される）に移すことで、データストレージの負担をインプット側に移している
- P2SHは、支払い時点に生じる長いscriptを、資金が使われる時点で生じるようにすることで、データストレージの負担が生じる時刻を移している
- P2SHは、長いscriptを伴って資金を送るときに送り手が負担するトランザクション手数料を、redeem scriptを使って受け手が資金を使うときに負担するように変更している

redeem scriptとisStandard検証

ビットコインコアクライアントのバージョン0.9.2より前では、pay-to-script-hashはisStandard()関数による標準的なビットコイントランザクションscriptに含められていませんでした。これは、トランザクションを使用するときに提供されるredeem scriptが、OP_RETURNとP2SH自身を除くP2PK、P2PKH、マルチシグネチャのうちのどれか1つに統合されるしかないということを意味しています。

現在のビットコインコアクライアントのバージョン0.9.2では、P2SHトランザクションは有効なscriptはなんでも含むことができ、P2SHはよりフレキシブルになりました。そして、多くの斬新で複雑なトランザクションの実験が許可されています。

P2SH redeem scriptの中にP2SHを置くことはできない、という点に注意してください。というのは、P2SHの設計で再帰ができないようになっているためです。また、まだredeem scriptの中でOP_RETURNを使用することはできません。OP_RETURNは、定義によってあとでこれを含むアウトプットを使用するということができないためです。

注意点として、redeem scriptはP2SHアウトプットを使用しようとするまでビットコインネットワークに提供されません。このため、もし間違ったredeem scriptハッシュを伴ったアウトプットをロックしてしまった場合も、このトランザクションはお構いなしにビットコインノードの検証をパスします。しかし、このアウトプットを使うことはできません。なぜなら、redeem scriptをこのアウトプットを使用するときに提示しても、このredeem scriptハッシュが間違っているため、redeem scriptが受理されないのです。使用することができないP2SHにビットコインがロックされてしまうため、リスクを生みます。redeem scriptハッシュだけでは、このredeem scriptハッシュがredeem scriptを表しているか分からないため、たとえ無効なredeem scriptだとしても、ビットコインネットワークはP2SH解除条件をパスしてしまうでしょう。

> P2SH locking scriptは、redeem scriptのハッシュを含んでいます。このハッシュは、redeem scriptに関して一切ヒントを与えてくれません。もしこのredeem scriptが無効だったとしても、P2SHトランザクションは有効だと考えられ受け入れられてしまいます。誤って後で使えないような形で、ビットコインをロックしてしまうかもしれません。

第6章 ビットコインネットワーク

Peer-to-Peer ネットワークアーキテクチャ

ビットコインは、インターネット上の peer-to-peer ネットワークアーキテクチャとして構築されています。peer-to-peer または P2P という用語は、ネットワークに参加しているコンピュータがそれぞれ同等の立場を持ち、平等で、特別なノードがなく、すべてのノードがネットワークサービスを提供する負荷を分担していることを意味します。ノードは、「フラットな」形態を持つネットワークの中で、互いに繋がっています。ここには、サーバも、中心を持ったサービスも、ネットワーク内の階層もありません。peer-to-peer ネットワーク内のノードは、サービスを提供し、また同時に消費もすることで互いに利益を保っており、これがネットワークに参加するインセンティブになっています。peer-to-peer ネットワークは、レジリエントで分散化（decentralized）されており、オープンです。P2P ネットワークアーキテクチャの代表例は、初期のインターネットそのもので、IP ネットワーク上のノードはすべて平等でした。今日のインターネットのアーキテクチャはより階層的になりましたが、インターネットプロトコルは、本質的にはまだフラットな性質を保っています。P2P 技術を用いたサービスにおいて、ビットコイン以前の最大の成功事例はファイル共有であり、そのパイオニアとしては Napster、最近の革新的なアーキテクチャの例としては BitTorrent があります。

ビットコインの P2P ネットワークアーキテクチャは、形態上の選択にとどまらないものです。ビットコインは、計画的に設計された peer-to-peer のデジタル通貨のシステムです。そして、ビットコインのネットワークアーキテクチャは、そうしたビットコインの中心的な特徴の反映であり、基盤でもあります。コントロールの分散化はビットコインの中心的な設計原則であり、それは、フラットで分散的な P2P コンセンサスネットワークがあって初めて達成され、維持されるものです。

「ビットコインネットワーク」という用語は、ビットコイン P2P プロトコルが動作しているビットコインノードの集合体を指します。ビットコイン P2P プロトコル以外にも、Stratum などのプロトコルも存在し、マイニングのほか、軽量ウォレットやモバイルウォ

レットに使われています。これらの付加的なプロトコルは、ビットコインネットワークへのアクセスを制御するゲートウェイによって提供されており、これによってP2P以外のプロトコルで動くノードにも、ネットワークが拡がることになります。例えばStratumサーバは、Stratumプロトコルを通じて、Stratumマイニングノードをビットコインネットワークに接続させ、Stratumプロトコルとビットコイン P2P プロトコルの橋渡しをします。このような、ビットコイン P2P プロトコル、プールマイニングプロトコル、Stratumプロトコル、その他の関連プロトコルを含むネットワーク全体を、「拡張ビットコインネットワーク」という用語で表します。

ノードタイプと役割

ビットコイン P2P ネットワーク内のノードは平等ですが、いくつかの役割に分かれています。ビットコインノードは、ルーティング、ブロックチェーンデータベース、マイニング、ウォレットという機能の集合体です。これら4つの機能すべてを持つものがフルノードであり、図6-1で示されています。

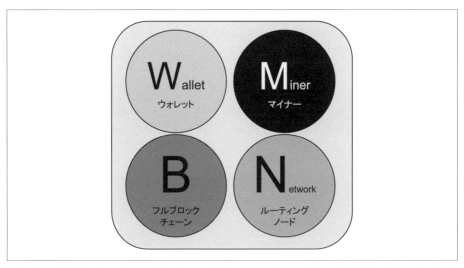

図6-1　4種類のビットコインネットワークノード機能: ウォレット、マイナー、フルブロックチェーンデータベース、ネットワークルーティング

すべてのノードは、ビットコインネットワークに参加するためのルーティング機能を必ず持っていますが、その他の機能については、伴う場合もあれば伴わない場合もあります。すべてのノードは、トランザクションとブロックを検証して伝搬し、その他のピアを発見して接続を常に保っています。図6-1のフルノードの例では、「ネットワークルーティングノード」と書いてある円で、ルーティング機能を示しています。

フルノードと呼ばれるノードは、最新の完全なブロックチェーンの管理もしています。フ

ルノードは外部を参照することなく、自律的に、権威をもってトランザクションを検証します。これに対し、ブロックチェーンの一部の管理のみを行うノードもあり、SPV（simplified payment verification）という簡便な方法でトランザクションを検証します。こうしたノードはSPVノードまたは軽量ノードと呼ばれています。図6-1では、「フルブロックチェーン」と書いた円で、フルノードのブロックチェーンデータベースを示しています。図6-3では、SPVノードが「フルブロックチェーン」の円がない形で描かれており、これはブロックチェーンの完全なコピーを持たないことを表しています。

マイニングノードは新しいブロックを作り出す競争をしており、proof-of-workアルゴリズムを解くための特別なハードウェアを稼動させています。いくつかのマイニングノードはフルノードでもあり、ブロックチェーンの完全なコピーを管理しています。それ以外はマイニングプールに参加している軽量ノードであり、フルノードを管理しているプールサーバに依存しています。マイニング機能は、図6-1では、「マイナー」と書かれた円で示されています。

ユーザウォレットの一部は、デスクトップのビットコインクライアントという形で、フルノードとして動いています。ますます多くのユーザウォレットが、スマートフォンなどのリソースが限られたデバイスで動作するようになり、SPVノードになってきています。ウォレット機能は、図6-1では「ウォレット」と書かれた円で示されています。

ビットコインP2Pプロトコル上の主なノードタイプに加えて、その他のプロトコルで動作しているノードもあります。例えば、マイニングプール特化型のプロトコルや、軽量クライアントアクセスプロトコルなどです。

図6-2は、拡張ビットコインネットワーク上の、主なノードタイプを示しています。

拡張ビットコインネットワーク

ビットコインP2Pプロトコルが動作しているメインのビットコインネットワークは、ビットコインリファレンスクライアント（Bitcoin Core、ビットコインコア）のさまざまなバージョンを動作させている7,000～10,000個のノードから構成されています。また、ビットコインP2Pプロトコルの実装であるBitcoinJ、Libbitcoin、btcdなどを動作させているノードも数百あり、これらもビットコインネットワークを構成しています。ノードの中にはマイニングノードを兼ねているものもあって、マイニング、トランザクション検証、新ブロック生成の競争を行っています。多くの大企業が、ビットコインコアクライアントを基盤としたフルノードクライアントを用いてネットワークと通信していますが、これらはブロックチェーンの完全なコピーやネットワークノードとしての機能は持っているものの、マイニングやウォレットの機能は持っていません。これらのノードは、ネットワークの末端で外部と接続するエッジルータとして機能しており、その他のサービス（交換所、ウォレット、ブロックエクスプローラ、決済システム）を構築できるようにしています。

拡張ビットコインネットワークは、ビットコインP2Pプロトコルが動作しているネットワーク以外にも、特殊なプロトコルで動作しているノードも含んでいます。その他のプロトコルで動作しているノードを繋いでいる多くのプールサーバやプロトコルゲートウェイが、

メインのビットコインP2Pネットワークに付属しています。これらの他のプロトコルのノードは、ほとんどがプールマイニングノード（第8章参照）や軽量ウォレットクライアントであり、ブロックチェーンのフルコピーを持っていません。

図6-3は拡張ビットコインネットワークを示しており、ノードのいろいろなタイプ、ゲートウェイサーバ、エッジルータ、およびウォレットクライアント、またそれぞれが接続し合うために使っているさまざまなプロトコルを示しています。

リファレンスクライアント
(ビットコインコア)

ビットコイン P2Pネットワーク上のウォレット、マイナー、フルブロックチェーンデータベース、ネットワークルーティングノードを含む

フルブロックチェーンノード

ビットコイン P2Pネットワーク上のフルブロックチェーンデータベース、ネットワークルーティングノードを含む

ソロマイナー

フルブロックチェーンコピーを持ったマイニング機能、ビットコイン P2Pネットワークルーティングノードを含む

軽量 (SPV) ウォレット

ブロックチェーンを持たないビットコイン P2Pプロトコル上のウォレット、ネットワークノードを含む

プールプロトコルサーバ

プールマイニングノードやStratumノードのようなその他のプロトコルで動作しているビットコイン P2Pネットワークに接続するゲートウェイルータ

マイニングノード

ブロックチェーンを持たないStratumプロトコルノード(S)やその他のプールマイニングプロトコルノード(P)を伴うマイニング機能を含む

軽量 (SPV) Stratumウォレット

ブロックチェーンを持たないStratumプロトコル上のウォレットやネットワークノードを含む

図6-2　拡張ビットコインネットワーク上のさまざまなノードタイプ

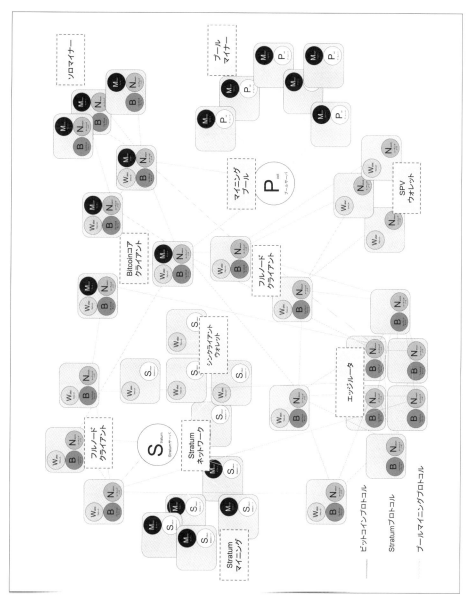

図6-3　さまざまなノードタイプやゲートウェイ、プロトコルを表した拡張ビットコインネットワーク全体図

ネットワークの発見

　新しいノードが立ち上がったとき、ビットコインネットワークに参加するには他のビットコインノードを見つけなければなりません。そして、この新しいノードは、少なくとも既存のノードを1つ見つけ、接続しなければなりません。他のノードの地理的な位置は関係ありません。ビットコインネットワークの形態は、地理的な位置と関連づけて決められてはいな

いからです。このため、既存のノードはランダムに選ばれ得るのです。

　ピアに接続するために、ノードはTCP接続を確立し、通常8333番ポート（一般にビットコインによって使われるポート）か、または指定されている場合は別のポートを用います。接続を確立すると、ノードはversionメッセージを送信することで「握手（handshake）」を始めます（図6-4参照）。versionメッセージとは、以下のような基本的な識別情報を含んでいるものです。

PROTOCOL_VERSION
　クライアントが「会話をする」ビットコイン P2P プロトコルバージョンを示す定数（例えば70002）

nLocalServices
　ノードがサポートしているローカルサービスのリスト、現状 NODE_NETWORK のみ

nTime
　現在時刻

addrYou
　このノードから見えるリモートノードの IP アドレス

addrMe
　ローカルノードの IP アドレス

subver
　このノード上で動作しているソフトウェアの種類を示すサブバージョン（例えば"/Satoshi:0.9.2.1/"）+

BestHeight
　このノードのブロックチェーンのブロック高

（versionネットワークメッセージの例についてはGitHub（http://bit.ly/1qlsC7w）を参照）

　ピアノードは接続を承認し確立するためにverackを返します。場合によっては、もし接続のお返しにピアとして接続し直す場合は自身のversionメッセージを送ります。
　新しいノードは、どのようにしてピアを見つけるのでしょうか？ 最初に行うことは、「DNSシード」を使ってDNSに問い合わせることです。DNSシードは、ビットコインノードのIPアドレスリストを提供するDNSサーバです。DNSシードのうちいくつかは、ビットコインノードの静的なIPアドレスを提供します。また、いくつかのDNSシードは、カスタマイズされたBIND（Berkeley Internet Name Daemon）で実装されていて、クローラや長期間稼働しているビットコインノードによって集められたノードのリストから、一部をランダム

に選んで返します。ビットコインコアクライアントは、5つのDNSシードを含んでいます。これらは所有者やDNSシードの実装が多様になるように構成され、確実に初期起動が実行できるようになっています。ビットコインコアクライアントでは、DNSシードを使うかどうかを、-dnsseedオプションでコントロールできるようになっています（1がデフォルトで、DNSシードを使用するようになっています）。

DNSシードを使わない場合、初期起動中のノードはビットコインネットワークについて何も知らないため、少なくとも1つのビットコインノードのIPアドレスが与えられなければなりません。IPアドレスが1つ与えられた後、このノードは他のノードとの接続を確立することができます。コマンドラインオプション-seednodeは、最初のシードビットコインノードと接続を確立するために使われます。初期起動が最初のシードノードを通じて行われた後、ビットコインクライアントはこのシードノードとの接続を切り、新たに発見したピアを使うようになります。

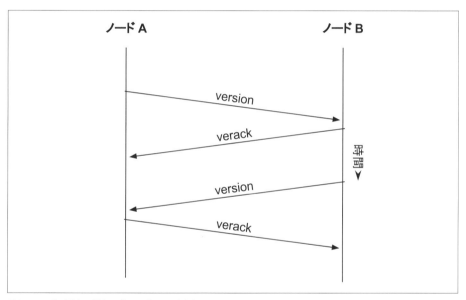

図6-4　ピア同士の最初の「ハンドシェイク」

新しいノードは、1つまたはそれ以上の接続を確立すると、addrメッセージという自身のIPアドレスが含まれた情報を隣接ノードに送信します。隣接ノードは、そのaddrメッセージを彼らの隣接ノードに転送し、新しく接続されたノードがビットコインネットワークの中でよく知られた存在になるようにします。また、新しく接続されたノードはgetaddrメッセージを隣接ノードに送ることができ、他のピアのIPアドレスリストを返してもらうよう頼むこともできます。そうすれば、ノードは接続するピアを新たに見つけることができ、その存在を他のノードに知らせることができるのです。図6-5は、アドレスを発見する手順を示しています。

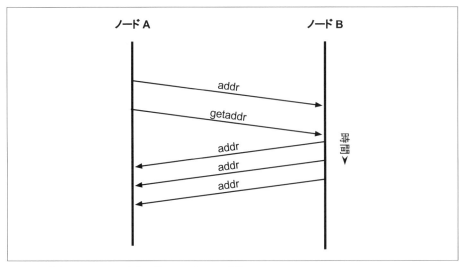

図6-5　自身のIPアドレスの伝搬と他のIPアドレスの発見

　ノードは、2、3個の異なったピアと接続し、ビットコインネットワークへの多様な経路を確立しておく必要があります。一般に、ネットワークへの経路は信頼できるものではない――ノードとの接続は突然切れたり復活したりします――ため、他のノードの初期起動を助けるという目的のみならず、自分が古い接続を失ったときのためにも、ノードは、常に新しいノードを見つけ続けなければなりません。ノードの初期起動を行うには、別のノードへの接続が1つあれば十分です。というのは、最初に接続したノードが自分のピアに新たなノードを紹介し、そのピアはさらにそのピアに紹介をしてくれるからです。多くのノードへの接続は不必要で、ネットワークリソースの無駄です。初期起動を終えた後、ノードは直近でうまく接続できたピアを覚えているので、再起動したときにすばやく接続を確立できます。以前繋がっていたどのピアも接続リクエストに応えなければ、そのノードは、再度DNSシードノードを使って初期起動を行うことになります。
　ビットコインコアクライアントが動作しているノードでは、getpeerinfoのコマンドを使ってピア接続を表示することができます。

```
$ bitcoin-cli getpeerinfo
[
    {
        "addr" : "85.213.199.39:8333",
        "services" : "00000001",
        "lastsend" : 1405634126,
        "lastrecv" : 1405634127,
        "bytessent" : 23487651,
        "bytesrecv" : 138679099,
        "conntime" : 1405021768,
```

```
        "pingtime" : 0.00000000,
        "version" : 70002,
        "subver" : "/Satoshi:0.9.2.1/",
        "inbound" : false,
        "startingheight" : 310131,
        "banscore" : 0,
        "syncnode" : true
    },
    {
        "addr" : "58.23.244.20:8333",
        "services" : "00000001",
        "lastsend" : 1405634127,
        "lastrecv" : 1405634124,
        "bytessent" : 4460918,
        "bytesrecv" : 8903575,
        "conntime" : 1405559628,
        "pingtime" : 0.00000000,
        "version" : 70001,
        "subver" : "/Satoshi:0.8.6/",
        "inbound" : false,
        "startingheight" : 311074,
        "banscore" : 0,
        "syncnode" : false
    }
]
```

　これまで説明してきたピアとの接続の自動的な管理ではなく、接続し得るピアの範囲を限定するために、-connect=<IPAddress> オプションが用意されていて、1つまたは複数のピアのIPアドレスを指定できます。このオプションが使われると、ノードは、自動的にピアを見つけたり接続を維持したりせず、選択されたIPアドレスにのみ接続します。

　接続したにもかかわらず何もトラフィックがない場合、ノードは接続維持のため定期的にメッセージを送ります。90分以上何のやり取りもなかった場合、ノードはその接続は切れたとみなし、新しいピアを探し始めます。このようにビットコインネットワークは、一時的なノードやネットワークの問題に常に対応しながら、中央のコントロールなしに有機的に成長したり収縮したりします。

フルノード

　フルノードは、すべてのトランザクションを含む、完全なブロックチェーンを管理しているノードです。正確には、フルノードは「フルブロックチェーンノード」と呼ばれるべきでしょう。初期のビットコインにおいては、すべてのノードがフルノードでしたが、現在はビットコインコアがフルブロックチェーンノードです。しかしながら、2012年から、完全な

ブロックチェーンを管理するのではなく、軽量クライアントを動かすというビットコインクライアントの新しい形が導入されてきました。次節でこの詳細を説明します。

フルブロックチェーンノードは、最初のブロック（genesisブロック）から最新のブロックまで、最新の完全なブロックチェーンのコピーを構築し検証します。また、フルブロックチェーンノードは、他のノードや情報源に頼ることなく、自律的かつ権威をもってどんなトランザクションでも検証します。フルブロックチェーンノードは、新しいトランザクションのブロックをネットワークから受け取り、それらを検証した後、ブロックチェーンのローカルコピーに追加します。

フルブロックチェーンノードを動作させると分かるように、他のノードを頼ることも信用することもなく、すべてのトランザクションの検証が独立に進められていきます。フルブロックチェーンを保持するためには20GB強［訳注：2016年4月現在65GB程度］のストレージが必要であり、フルブロックチェーンノードを走らせるにはネットワークからブロックチェーンをダウンロードするための大きなディスク容量と2、3日の時間が必要です。

フルブロックチェーンビットコインクライアントの代替的な実装はいくつか存在し、それらは別のプログラミング言語やソフトウェアアーキテクチャで構築されています。しかし、最も一般的な実装はリファレンスクライアントであるビットコインコアであり、これはSatoshiクライアントとも呼ばれています。90%以上のノードが、さまざまなバージョンのビットコインコアを動作させています。このバージョンは、例えば/Satoshi:0.8.6/のように、「Satoshi」の後に、前述のgetpeerinfoコマンドの結果に出てくるサブバージョンが付加された形で表示されます。

「在庫（Inventory）」の交換

フルノードがピアと接続して最初に行うことは、完全なブロックチェーンを構築することです。もしノードが新しくできたもので、全くブロックチェーンを持っていないとすれば、ビットコインコアに埋め込まれている最初のブロック、つまりgenesisブロックしか知らないことになります。新しいノードは、ネットワークと同期を取るために、数十万ものブロックをネットワークからダウンロードし、フルブロックチェーンを再構築しなければなりません。

ブロックチェーンの同期プロセスは、versionメッセージから始まります。というのは、versionメッセージには、現在のノードのブロックチェーン高（ブロック数）を示すBestHeightが含まれているからです。ノードは、versionメッセージを見て相手のピアが何ブロック保持しているかを知り、自身のブロックチェーンと比較できるようになります。次にピア同士のノードは、ローカルブロックチェーンの一番上のブロックのハッシュ（デジタル指紋）を含んだ、getblocksメッセージを交換します。一番上ではなく古いブロックのハッシュと、受け取ったハッシュが一致することが分かれば、自身の持っているブロックチェーンが相手のピアよりも長いことが推測できます。

長いブロックチェーンを持っているピアは、他のノードよりも多くのブロックを持っており、そのノードが「追いつく」ために必要なブロックを特定できます。そして、他のノード

と共有するべき最初の500ブロックを特定すると、ブロック1つ1つのハッシュを、inv
（inventory）メッセージを使って他のノードに送ります。これらのブロックを持っていない
ノードは、getdataメッセージを使ってフルブロックデータを送ってもらうようリクエスト
を出し、invメッセージにあるハッシュを使って自身のブロックチェーンに足りないブロッ
クを特定することで、ブロック数を挽回します。

　例えば、あるノードがgenesisブロックしか持っていないとしましょう。そのノードは、
genesisブロックの次の500ブロックのハッシュを含むinvメッセージを、他のピアから受け
取ります。このノードは、接続しているピアすべてに、次の500ブロックに関するブロック
データ送信リクエストを送りますが、ピアがこのリクエストの対応に忙殺され機能不全にな
ることを避ける仕組みになっています。このノードは、ピアごとに何ブロックがまだ送られ
てきていない「送信中」状態にあるかを追跡しており、1ピアに対する送信中状態最大ブ
ロック数（MAX_BLOCKS_IN_TRANSIT_PER_PEER）を超えないようにチェックし続けています。この
方法により、多くのブロックが必要な場合も、前のデータ送信リクエストが完了してから次
のリクエストを送るようになっています。これによって、ピアはペースをコントロールで
き、ネットワーク全体に対する負荷も時間的に分散されます。第7章で見るように、各ブ
ロックは受け取られると、ブロックチェーンに追加されていきます。ローカルブロック
チェーンが徐々に構築されていくにつれて、より多くのブロックがリクエストされて受け取
られ、この過程はこのローカルブロックチェーンがビットコインネットワークのブロック
チェーンに追いつくまで続きます。

　このローカルブロックチェーンと他のピアのブロックチェーンとの比較、および不足ブ
ロックの取得プロセスは、ノードがどれだけの間オフラインになっていても行われます。
ノードが数分オフラインとなり数ブロックだけ足りない場合も、数か月オフラインとなり数
千ブロックが足りない場合も、このノードはまずgetblocksを送りinvレスポンスを受け取
り、足りないブロックのダウンロードを開始します。図6-6は、在庫とブロックの伝搬の
プロトコルを示しています。

SPVノード

　すべてのノードが、フルブロックチェーンを保持する能力を備えているわけではありませ
ん。多くのビットコインクライアントは、ディスク容量や計算速度が限られているスマート
フォンやタブレット、組み込みシステムなどのデバイス上で動作するように設計されていま
す。このようなデバイスではSPV（simplified payment verification）が使われますが、これによっ
て、フルブロックチェーンを保持することなしに、前節で説明したプロセスを実行できるの
です。この方法を用いるクライアントを、SPVクライアントまたは軽量クライアントと呼び
ます。このクライアントが多く採用されるにつれて、SPVノードがビットコインノード、特
にビットコインウォレットの最も一般的な形になっています。

　SPVノードはブロックヘッダのみをダウンロードし、トランザクション自体はダウン
ロードしません。トランザクションがない、ヘッダだけのブロックチェーンは、フルブロッ
クチェーンの1/1000くらいの大きさになります。SPVノードは、ビットコインネットワーク

上のすべてのトランザクションについて知っているわけではないため、使用可能なすべての UTXO を構築できません。SPV ノードは、必要に応じてブロックチェーンの関連した部分のみを提供するようピアに依頼するという、フルノードと少し異なる方法を用いてトランザクションを検証します。

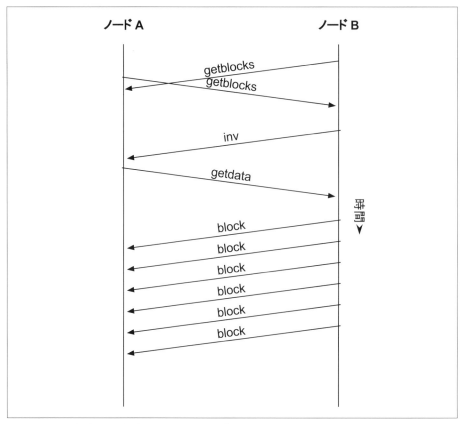

図6-6　ピアからブロックを取得することによってブロックチェーンと同期するノード

　フルノードは、通りや住所が詳細に記された地図を持っている観光客のようなものです。これに対して、SPV ノードは、目抜き通りしか知らず、行き当たりばったりで進む観光客のようなものです。両者とも目抜き通りを確認できる点は同じですが、地図を持っていない観光客は目抜き通りにどんな横道があるか、他にどのような通りがあるかは分かりません。単に23 Church Street という通りにいるだけでは、地図を持っていない観光客は、同じ名前の通りが他にもあるかどうか、目の前の通りが目的地なのかどうかを知ることはできないのです。地図を持たない観光客がとれる最も良い方法は、十分な数の人々に尋ね、彼らが自分をだまそうとしないことを祈ることです。

　SPV では、ブロックチェーンの高さではなく深さを参照することでトランザクションを検証します。フルブロックチェーンノードが、最初のブロックまで遡って、完全に検証された

数千ブロックのブロックチェーンとすべてのトランザクションを検証する一方、SPVノードはすべてのブロックチェーン（しかしすべてのトランザクションではない）と、このSPVノードと関連のあるトランザクションだけを検証します。

例えばブロック300,000にあるトランザクションを調べる場合、フルノードは300,000個のブロックをgenesisブロックまで結びつけ、UTXOのフルデータベースを構築し、UTXOが使用されていないことを確認することでそのトランザクションを検証します。SPVノードは、UTXOが使用されていないかどうか検証できません。その代わり、SPVノードはマークルパス（第7章「マークルツリー」節参照）を使うことで、そのトランザクションとトランザクションが収められたブロックを結びつけます。ブロック300,000のトランザクションを使用する場合、SPVノードは6個のブロック、300,001番目〜300,006番目までを確認するまで待ちます。ネットワーク上の他のノードが300,000番目のブロックを受け取り、さらに6ブロック以上が上に作られたという事実が、トランザクションが二重に使用されていないことの証明になるからです。

あるトランザクションがブロックに含まれるどうかを、SPVノードに問い詰めることはできません。SPVノードはマークルパス証明を要求し、ブロックチェーンにあるproof of workを検証することでブロックの中のトランザクションの存在を確認できます。しかし、トランザクションの存在は、SPVノードには「隠されて」いるのです。SPVノードは、トランザクションが「存在すること」を確実に証明できますが、すべてのトランザクションの記録を持っているわけではないため、UTXOの二重使用のようなトランザクションが「ないこと」を証明できません。この脆弱性は、DOS攻撃または二重使用攻撃に利用され得るものです。これに対抗するために、SPVノードはいくつかのノードとランダムに接続する必要があります。少なくとも信用できるノード1つとは接続できる確率を高めるためです。ランダムに接続することの必要性は、SPVノードがネットワーク分割攻撃またはSybil攻撃に対しても脆弱であることを意味します。これらの攻撃を受けると、ノードは偽のノードや偽のネットワークに接続してしまい、信用できるノードや正しいビットコインネットワークにアクセスできなくなってしまいます。

実用上、よい接続を持つSPVノードは十分に安全で、必要なリソース量、実用性、安全性のよいバランスがとられています。しかしながら、絶対に確実な安全性という点では、フルブロックチェーンノードが最も良いです。

 フルブロックチェーンノードは、トランザクションを検証する際、UTXOが未使用であることを保証するために、そのトランザクションより下のすべてのブロックのチェーンをチェックします。一方、SPVノードは、このブロックがどれだけ深く埋められているかを、このブロックの上の一握りのブロックを見ることで、確認しています。

ブロックヘッダを得るために、SPVノードはgetblocksメッセージの代わりにgetheadersメッセージを使います。getheadersメッセージを受け取ったピアは2,000個までのブロックヘッダを、1個のheadersメッセージで返します。このプロセスは、フルノードがブロックを集めるものと同じです。また、SPVノードは、ピアが送信したブロックやトランザクショ

ンをフィルタリングしています。関連あるトランザクションを取得する際には、getdata リクエストを使います。ピアは、トランザクションが含まれている tx メッセージを生成します。図6-7は、ブロックヘッダの同期を示しています。

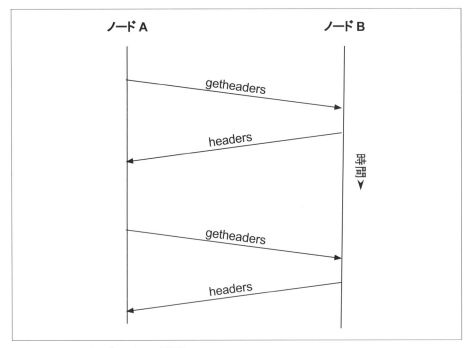

図6-7　SPVノードのブロックヘッダ同期

　SPVノードは、関連があるトランザクションのみを取得するので、プライバシーに関するリスクが生じます。すべてのトランザクションを取得するフルブロックチェーンノードとは異なり、SPVノードは特定のデータを要求するので、ウォレットのビットコインアドレスが分かってしまう可能性があるのです。例えば、ネットワークをモニタリングしている第三者は、SPVノード上のウォレットから要求されたトランザクションをすべて追跡することができ、それを用いてビットコインアドレスをウォレットのユーザと結びつけることができてしまいます。
　SPV／軽量ノードが導入されたあとすぐ、ビットコインの開発者たちは、ブルームフィルタ（bloom filter）と呼ばれる、プライバシーに関するリスクを削減する機能を追加しました。ブルームフィルタは、SPVノードが関心を持っているビットコインアドレスが正確にどれなのかを明らかにすることなく、トランザクションのセットを取得する方法です。このフィルタのパターンは固定しておらず、確率を利用したものです。

ブルームフィルタ

　ブルームフィルタは確率的な探索フィルタで、欲しいパターンを正確に特定しなくてもパターンを記述できる方法です。ブルームフィルタは、プライバシーを守りながら探索パターンを作る効率的な方法を提供します。このフィルタを使うことで、SPV ノードは、どのアドレスを探しているかを明らかにすることなく、特定のパターンに合ったトランザクションを他のピアに確認できるのです。

　前節での観光客の喩えに戻って、地図を持っていない観光客が、人にある住所「23 Church St.」への行き方を尋ねているとします。もし彼女が、この土地に初めて来た人に尋ねたら、彼女は情報を得ることなく、うっかり自分の行き先を明かしてしまうことになります。これに対し、ブルームフィルタは、「この近くに RCH で名前が終わる通りはありますか？」と尋ねるようなものです。このような質問は、直接に「23 Church St.」を尋ねるよりも、少しは行き先を明かさずにすみます。このテクニックを使って、より詳しく「URCH で名前が終わる通り」と聞いたり、より粗く「H で名前が終わる通り」と聞いたりすることで、観光客は行き先を特定できるかもしれません。質問の詳しさを変えることで、自分の行き先についての情報を相手にどれだけ与えるかを調節し、それによって、得られる情報の詳しさが左右されます。もし、彼女がパターンを特定せず、行き先についての情報を少ししか与えなければ、プライバシーは守られますが、住所の候補が数多く返ってきて、その多くは本当に行きたい場所とは無関係のものです。よりパターンを特定して、行きたい場所の情報を多く与えれば、絞り込まれた候補が手に入りますが、プライバシーが守られません。

　ブルームフィルタは、この例と同じことを SPV ノードがトランザクションを探すときに使えるようにし、正確性とプライバシーのバランスを取ることができるようにします。より正確なブルームフィルタは正確な結果を返しますが、どのビットコインアドレスをウォレットが使っているかを明かすことでプライバシーを犠牲にします。代わりに、より粗いブルームフィルタはこのビットコインノードに関係しない、より多くのトランザクションに関する多くのデータを返しますが、それによってプライバシーを保てるようにします。

　SPV ノードは、ブルームフィルタを「空」の状態で初期化しますが、この状態ではフィルタはどんなパターンにもマッチしません。次に SPV ノードは、ウォレットが持っているすべてのビットコインアドレスのリストを作成し、個々のアドレスに紐づいたトランザクションアウトプットごとに、探索パターンを作成します。通常、探索パターンは pay-to-public-key-hash script です。これは、public-key-hash（ビットコインアドレス）への支払いをするトランザクションに提供される locking script です。もし SPV ノードが P2SH アドレスの残高をトラッキングしているのであれば、探索パターンは pay-to-public-key-hash script の代わりに pay-to-script-hash script になります。次に、SPV ノードはブルームフィルタが探索パターンを認識できるように、これらの探索パターンをブルームフィルタに追加します。最後に、SPV ノードはブルームフィルタをピアに送り、ピアは送られてきたブルームフィルタを使ってどのトランザクションが探索パターンにマッチするかを調べます。

　ブルームフィルタは、N 個のビット列と M 個のハッシュ関数で構成されています。ハッシュ関数はいつも 1〜N の間の値を生成するようになっており、この数はビット列の場所に

対応しています。ハッシュ関数は確定的なものとして作られていますので、どのノードでも同じハッシュ関数を使えば、特定の入力に対して同じ結果を得られます。ブルームフィルタの長さ（N）とハッシュ関数の数（M）として異なったものを選ぶことで、ブルームフィルタをチューニングすることができ、正確性のレベルを、従ってプライバシーの確保の度合いを調整できます。

図6-8では、ブルームフィルタがどのように動くかのデモンストレーションとして、16個のビット列と3個のハッシュ関数を使っています。

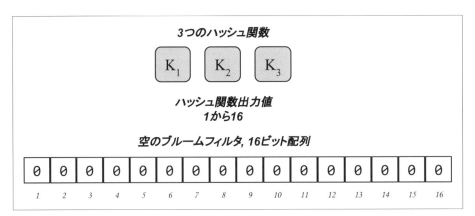

図6-8　16bitのフィールドと3つのハッシュ関数を持った極端にシンプルにしたブルームフィルタの例

ブルームフィルタは、まずすべてのビット列が0になるように初期化されます。ブルームフィルタにパターンを追加するために、パターンをそれぞれのハッシュ関数でハッシュ化します。インプットパターンを最初のハッシュ関数に通して1〜Nまでの間の数を得ます。この数に対応したビット列（1〜Nまでのインデックスが振ってある）のビットを見つけ、1を立てます。次のハッシュ関数に対しても同様に行い、M個のハッシュ関数すべてに対して行うと、ビットが0〜1に変わったMビット分の情報として、トランザクションに対する探索パターンがブルームフィルタに「記録（record）」されます。

図6-9は、パターンAを図6-8のブルームフィルタに記録した例です。

2つ目のパターンを追加するプロセスは、1つ目のプロセスを繰り返すだけです。2つ目に対してもそれぞれのハッシュ関数を使ってハッシュ化し、ビット列の特定の場所のビットに1を立てることでパターンを記録します。多くのパターンを記録していくにつれて、すでに1のビットが立っている場所に、もう一度1を立てようとするかもしれませんが、この場合このビットは変化しません。本質的に、ブルームフィルタに多くのパターンを記録すればするほど、1が立っている場所が増えて飽和していき、ブルームフィルタの正確性は衰えていきます。これが、ブルームフィルタが確率的なデータ構造であり、パターンを追加すればするほど正確性が失われる理由です。正確性はパターンの数が多くなればなるほど減り、逆に、ビット列の大きさ（N）とハッシュ関数の数（M）が大きくなればなるほどこの減り度合いを抑制できます。より大きなビット列と多くのハッシュ関数を使うことで、多くのパターンを

より正確に記録できるのです。

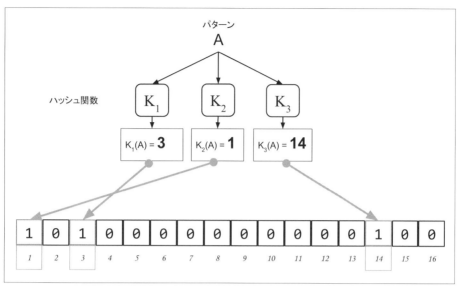

図6-9　前に示した単純なブルームフィルタにパターンAを与えた場合

図6-10は、パターンBをブルームフィルタに追加する例です。

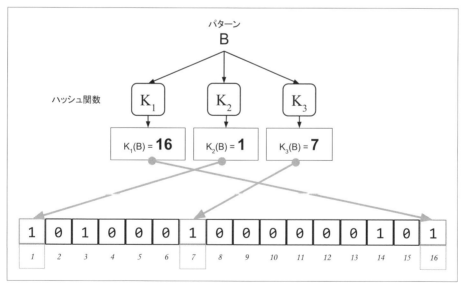

図6-10　前に示した単純なブルームフィルタに2番目のパターンBを与えた場合

あるパターンがブルームフィルタの一部にあるかどうかチェックするために、このパター

ンをそれぞれのハッシュ関数でハッシュ化して得られたビットパターンと、ブルームフィルタのビット列を比較します。あるパターンのビットパターンの中で1になっている場所が、ブルームフィルタのビット列でも1になっていれば、あるパターンがおそらくブルームフィルタに含まれているだろうと推察できます。ブルームフィルタのビット列のあるビットは、複数のパターンによる重複で1になっているかもしれないので、答えとして確実なものではなく、確率的な答えです。簡単に言うと、ブルームフィルタは「たぶん含まれる」と答えるだけです。

図6-11は、パターンXがブルームフィルタに含まれているかをチェックしている例です。対応したビットは1になっており、おそらくパターンXを含みます。

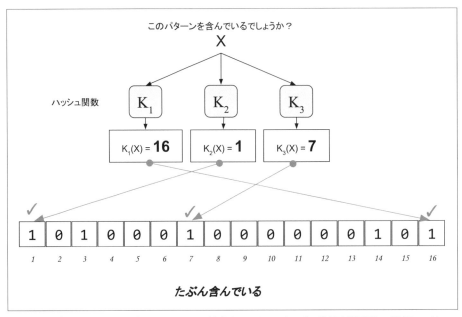

図6-11　ブルームフィルタを使ってパターンXが存在するかチェック。その結果は「確率的にポジティブ」、つまり「たぶんある」。

逆に、あるパターンがブルームフィルタに含まれていない、ということをチェックする場合は、対応したブルームフィルタのビット列のどれか1つが0であることを確認すればよく、このことで、あるパターンがブルームフィルタに含まれていないことを証明できます。含まれていないというチェックに対しての答えは、確率的ではなく確実なものです。簡単に言うと、ブルームフィルタは「絶対に含まれない」と答えることができます。

図6-12はパターンYが、ブルームフィルタに含まれているかチェックする例です。対応したビットの1つが0になっており、よってパターンYは全体に含まれないということになります。

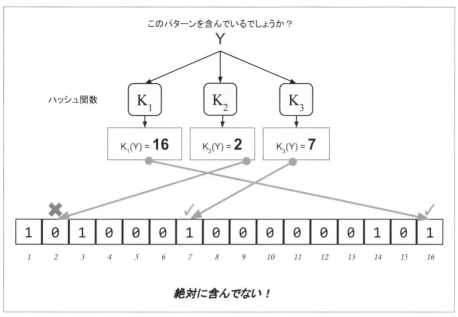

図6-12 ブルームフィルタを使ってパターンYが存在するか確認。その結果は「確実にネガティブ」、つまり「確実にない」。

ブルームフィルタのビットコインでの実装は、Bitcoin Improvement Proposal 37（BIP0037）に記述されています。Appendix Bを参照するか、GitHub（http://bit.ly/1x6qCiO）を参照してください。

ブルームフィルタと在庫の更新

ブルームフィルタは、SPVノードが受け取るトランザクション（およびそれらを含んでいるブロック）をフィルタリングするために使われます。SPVノードは、自身のウォレットにあるビットコインアドレスのみにマッチするフィルタを作成します。SPVノードは、ブルームフィルタを含んでいるfilterloadメッセージをピアに送ります。ブルームフィルタが送られるとピアはそれぞれのトランザクションのアウトプットを、送られてきたブルームフィルタでチェックします。ブルームフィルタにマッチしたトランザクションだけがSPVノードに送られます。

getdataメッセージに対するレスポンスとして、ピアはmerkleblockメッセージをSPVノードに送ります。merkleblockメッセージには、ブルームフィルタにマッチしたブロックのヘッダと、マッチしたトランザクション1つ1つに対するマークルパス（第7章「マークルツリー」節参照）が含まれています。ピアはまた、ブルームフィルタにマッチしたトランザクションを含むtxメッセージも送ります。

SPVノードは、filteraddメッセージをピアに送ることで、新たなパターンをブルームフィルタに追加できます。またブルームフィルタを削除するためには、filterclearメッセージを

ピアに送ることができます。パターンがもう望ましいものではなくなったとき、ブルームフィルタからあるパターンだけを削除することはできないので、SPVノードは、一度ブルームフィルタを削除してから新しいブルームフィルタを送り直すことになります。

トランザクションプール

　ビットコインネットワーク上のほとんどのノードはメモリプールまたはトランザクションプールと呼ばれる、未検証のトランザクションの一時的なリストを持っています。ノードは、このプールを使って、ネットワークに伝わっていてもブロックチェーンにはまだ含まれていないトランザクションを追跡しています。例えば、ウォレットを持っているノードは、ネットワークに伝わっていてもまだ承認されていないウォレットへの入金トランザクションを、一時的にこのトランザクションプールに保持しています。

　トランザクションが到着し検証されると、これらはトランザクションプールに追加されたあと隣接ノードに中継され、ビットコインネットワーク上を伝搬していきます。

　いくつかのノードは、オーファン（孤児）となっているトランザクションを入れる、別のプールも持っています。トランザクションインプットが、まだ知られてないトランザクションを参照していた場合（親トランザクションが見失われた状態）、その親トランザクションが到着するまで、オーファントランザクションは一時的にオーファンプールに保存されます。

　トランザクションがトランザクションプールに追加されると、ノードは、オーファンプールにあるオーファントランザクションがこのトランザクションアウトプットを参照しているか確認します。もし参照していれば、オーファンプールから削除してトランザクションプールに追加されます。このプロセスは、オーファンプールにあるトランザクションすべてに対して行われ、トランザクションが到着することが起点となり全トランザクションのチェーンが再構築されていきます。

　トランザクションプールも（もし実装されていれば）オーファンプールも、ローカルメモリに保持され、永続的なストレージには保存されません。これらは常にビットコインネットワークからメッセージが届くたびに書き変わるため、ローカルメモリのほうが都合がよいのです。ノードが最初に起動するときはどちらのプールも空で、ネットワークからトランザクションが届くと次第に混み合ってきます。

　いくつかのビットコインクライアントの実装では、UTXOデータベースまたはUTXOプールも管理しています。このプールは、ブロックチェーン上のすべての未使用アウトプットを集めたものです。「UTXOプール」という名前の響きが、トランザクションプールと似ていますが、別のデータの集まりです。トランザクションプールやオーファンプールと違って、UTXOプールの初期状態は空ではなく、最初から数百万個の未使用トランザクションアウトプット（2009年からのトランザクションアウトプット）が入っています。UTXOプールは、ローカルメモリまたは永続的なストレージのデータベースに保持されています。

　トランザクションプールとオーファンプールは、それぞれのノードの個々の状況を反映したもので、ノードがいつ起動または再起動したかによって大きく変わってきます。一方、UTXOプールは、ビットコインネットワーク内で合意されたものであり、ノードごとの違

いはわずかです。また、トランザクションプールとオーファンプールは、未検証トランザクションのみを含み、UTXO プールは検証済アウトプットのみを含みます。

アラートメッセージ

アラートメッセージは稀にしか使われない機能ですが、それにもかかわらずほとんどのノードに実装されています。アラートメッセージはビットコインの「緊急放送システム」で、コアのビットコイン開発者たちが、緊急メッセージをすべてのビットコインノードに送ることができます。この機能を使うことで、コアのビットコイン開発者たちが、ビットコインネットワーク内の重大な問題を、すべてのビットコインユーザに通知できるようになっています。例えばユーザが何らかのアクションをとらなければならない、クリティカルなバグのようなものを通知するためです。このアラートシステムは数回しか使われていませんが、その中で最も重大なものは、2013年初期にデータベースバグがブロックチェーンの分岐を引き起こしたときのアラートです。

アラートメッセージは alert メッセージによって伝搬され、以下にあるフィールドを含んでいます。

ID
アラートを一意に指定する ID

Expiration
アラートが失効するまでの時間

RelayUntil
アラートが中継されなくなるまでの時間

MinVer, MaxVer
アラートが適用されるビットコインプロトコルバージョンの範囲

subVer
アラートが適用されるクライアントバージョン

Priority
アラートの優先レベル、現在使用されていない

アラートは、公開鍵で暗号学的に署名されています。公開鍵に対応した秘密鍵は、何人かの選ばれたコア開発メンバーによって保持されています。このデジタル署名によって、ビットコインネットワーク内を、偽のアラートが伝搬しないようになっています。

アラートメッセージを受け取ったノードはそれを検証し、有効期間をチェックし、すべて

のピアにアラートメッセージを伝搬します。このため、ビットコインネットワーク上をすばやく伝搬することができるようになっています。

ビットコインコアクライアント内に、このアラートを表示することができるコマンドラインオプション -alertnotify があり、アラートを受け取ったときに実行する動作を指定できます。アラートメッセージは alertnotify コマンドに、パラメータとして渡されます。最もよくあるものは、ノードの管理者にアラートメッセージを含むEメールを送るよう、alertnotify を設定することです。このアラートはまた、グラフィカルなユーザインターフェイス（bitcoin-Qt）で、ポップアップダイアログとして表示されることもあります。

ビットコインプロトコルの他の実装では、アラートを別の形で扱っているかもしれません。ハードウェアに埋め込まれたビットコインマイニングシステムでは、ユーザインターフェイスがないため、その多くにはアラートメッセージ機能が実装されていません。このようなマイニングシステムを動作させているマイナーは、マイニングプールオペレータを通してアラートを受け取るか、アラートの受信のためだけに軽量ノードを動作させておくことを強く推奨します。

第7章　ブロックチェーン

イントロダクション

　ブロックチェーンのデータ構造は、トランザクションが格納されたブロックが数珠つなぎに並べられたもので、個々のブロックは1つ前のブロックへのリンクを持っています。ブロックチェーンはフラットファイルとして保持されたり、単純なデータベース内に保持されたりします。ビットコインコアクライアントの場合、GoogleのLevelDBデータベースを使ってブロックチェーンのメタデータを保存しています。個々のブロックは1つ前のブロックを参照する形で、「後ろ向きに」繋がっています。ブロックチェーンは垂直な積み重なりとして、最初のブロックが土台となってその上にブロックが積み重ねられる形で表現されることが多いです。このような垂直に積み重ねていく表現から、最初のブロックからあるブロックまでの距離を表現するのに「高さ（height）」という用語を用い、新しく追加された最後のブロックを「トップ（top）」または「先端（tip）」という用語で表します。

　ブロックチェーンのブロックは、そのヘッダの情報に対して、SHA256暗号学的ハッシュアルゴリズムを適用して得られるハッシュ値で、1つ1つ識別されます。また、個々のブロックは、自身のヘッダの「previous block hash（前ブロックハッシュ値）」のフィールドを通して1つ前のブロックを参照しており、この参照されているブロックを親ブロックと呼びます。言い換えると、個々のブロックは親ブロックのハッシュ値を、自身のヘッダに持っているのです。ブロックを親に繋ぐハッシュ値の連なりをたどっていくと、最終的にはgenesisブロックと呼ばれる最初に生成されたブロックに達します。

　1つのブロックには1つの親ブロックしかありませんが、1つのブロックに複数の子ブロックが一時的にできるケースがあります。これは、それぞれの子ブロックヘッダの「previous block hash」フィールドに、同一の親ブロックのハッシュ値が格納されている状態です。このような状態は複数のマイナーがほぼ同時に新しいブロックをマイニング（mining、採掘）した場合に発生し、ブロックチェーンは一時的に「フォーク（fork、分岐）」することになります（詳細は第8章「ブロックチェーンフォーク」節参照）。しかし最終的には、複数の子ブロックの中の1つだけがブロックチェーンの一部となり、フォークは解消されることになります。ブ

ロックが複数の子ブロックを持ち得ても、それぞれのブロックの親ブロックは必ず1つです。これは、ヘッダ内の「previous block hash」フィールドには、1つの親ブロックの情報しか入っていないためです。

「previous block hash」フィールドがブロックのヘッダにあるため、現在のブロックのハッシュ値は「previous block hash」フィールドの影響を受けます。親ブロックのハッシュ値が変更された場合は、子ブロックのハッシュ値が変わってしまうのです。親ブロックの内容を変更すると親ブロックのハッシュ値が変わり、親ブロックのハッシュ値が変わると子ブロックの「previous block hash」フィールドの値が変わり、結果、子ブロックのハッシュ値も変わります。同様に子ブロックのハッシュ値の変更により孫ブロックのハッシュ値が、孫ブロックのハッシュ値の変更により曾孫ブロックのハッシュ値が変更されます。この連鎖により、あるブロックの後に多くの世代が続くと、そのブロックの内容を変更するには、その後の世代のすべてのハッシュ値を再計算しなければなりません。この再計算は非常に多くの計算量を要するため、古い世代のブロックの変更は極めて困難であり、この変更不可能性こそがビットコインの安全性を支える重要な特徴となっています。

ブロックチェーンは地層や氷河のようなものです。表層部分は季節や気候の変化によって変化しやすいものの、十数センチ下の層では状態は安定し、さらに数十メートル下の層では数百万年前の状態がそのままの形で残っているのが見てとれます。ブロックチェーンも同様です。最近の数ブロックであれば、フォークによる再計算を行って書き換えられるかもしれません。先頭の6ブロックは深さ十数センチ分の表土のようなものですが、これより深くブロックチェーンの奥に入っていくと、ブロックはどんどん変更されにくくなります。深さ100ブロックまで降りると極めて安定的になり、このブロックに格納されているcoinbaseトランザクション（新規にマイニングされたビットコインが含まれるトランザクション）を使えるようになります。数千ブロック（1か月分のブロック）まで降りると、このブロックは歴史に刻まれ確固たるものになっており、現実に生じるどんな目的の支払いにも使えます。ビットコインのプロトコルは、ブロックチェーンがより長いブロックチェーンによって置き換えられることを許していて、どんなにブロックが積み重ねられても書き換えられる可能性は常にありますが、このような書き換えが起こる可能性は、時間とともに限りなくゼロに近づいていきます。

ブロックの構造

1つのブロックは、ブロックチェーンに取り込むトランザクションを集めた、コンテナ型のデータ構造になっています。ブロックはメタデータを含むヘッダと、ブロックのサイズの大半を占める大量のトランザクションのリストによって構成されています。ブロックのヘッダサイズは80バイトですが、1つのトランザクションのサイズは最低でも250バイトあり、平均して500個のトランザクションが1つのブロックに含まれます。つまりブロック全体のサイズは、ヘッダサイズの1000倍程度になります。表7-1にブロックの構造を示しています。

表7-1 ブロック構造

サイズ	フィールド名	説明
4バイト	Block Size	この次のフィールドからブロックの最後までのデータサイズ（バイト単位）
80バイト	Block Header	nonce などいくつかのフィールドがこのヘッダフィールドに含まれる
1-9バイト (VarInt)	Transaction Counter	ブロックに含まれるトランザクション数
可変	Transactions	ブロックに記録されるトランザクションのリスト

ブロックヘッダ

　ブロックヘッダは、3種類のメタデータで構成されています。1つ目は、1つ前のブロックのハッシュ値であり、ブロックチェーンの中での直前のブロックを示す情報になります。2つ目はdifficulty、タイムスタンプ、nonceといったマイニング競争に関係するメタデータです（マイニングについては第8章で詳述）。そして3つ目は、ブロック内の全トランザクションデータを効率的に要約するためのデータ構造である、マークルツリー（merkle tree）のルートハッシュです。表7-2にブロックヘッダの構造を示します。

表7-2 ブロックヘッダの構造

サイズ	フィールド名	説明
4バイト	Version	ソフトウェア／プロトコルバージョン番号
32バイト	Previous Block Hash	親ブロックのハッシュ値
32バイト	Merkle Root	ブロックの全トランザクションに対するマークルツリーのルートハッシュ
4バイト	Timestamp	ブロックの生成時刻（Unix 時間）
4バイト	Difficulty Target	ブロック生成時の proof of work の difficulty
4バイト	Nonce	proof of work で用いるカウンタ

　マイニングの過程で使われる、nonce、difficulty、タイムスタンプの詳細については、第8章で説明します。

ブロック識別子：ブロックヘッダハッシュとブロック高

　最も重要なブロックの識別子は、そのブロックの暗号学的ハッシュ値（デジタル指紋）で、これは、ブロックヘッダに対してSHA256アルゴリズムを用いて2回ハッシュ化した結果として生成される値です。この32バイトのハッシュ値はブロックハッシュと呼ばれます（ハッシュ値の計算にはヘッダのデータのみが利用されるため、より正確にはブロックヘッダハッシュと呼ばれるべきものです）。例えば、000000000019d6689c085ae165831e934ff763ae46a2a6c172b3f1b60a8ce26fは、最初に生成されたブロックのブロックハッシュです。ブロックハッシュは各ブロックにユニークに与えられる識別子であり、個々のノードが独立にブロックヘッダをハッシュ化することで導けるものです。

　ブロックは、ビットコインネットワーク内で伝送されているときであれ、ブロックチェーンとしてストレージ内に格納された後であれ、そのデータ構造内に「自分自身の」ブロックハッシュを持っていない、ということに注意してください。そのブロックのブロックハッ

シュは、ビットコインネットワークがブロックを受け取ったときに、ノードによって計算されるのです。もっとも、各ノードでブロック検索の高速化を目的として索引を付加するために、ブロックハッシュがメタデータの一部として別テーブルに保持されることはあります。

ブロックを識別するもう1つの方法は、ブロックチェーンにおける位置であり、これはブロック高（block height）と呼ばれます。最初に作られたブロックのブロック高は0（ゼロ）です（このブロックは、先ほど例として挙げたブロックハッシュ 000000000019d6689c085ae165831e934ff763ae46a2a6c172b3f1b60a8ce26f によって参照されているブロックと同じです）。したがってブロックは、ブロックハッシュとブロック高の2通りの方法で識別できます。後続のブロックは最初のブロックの「上に」積み重ねられ、積み重ねられるたびにブロック高は1つ「高く」なっていきます。これはちょうど、積み重ねられた箱のようなものです。2014年1月1日現在でブロック高は約278,000であり、これは2009年1月に最初のブロックが生成されて以来、その上に278,000個のブロックが積み上げられたことを意味します。

ブロックハッシュと違って、ブロック高はユニークな識別子ではありません。1つのブロックは単一のブロック高を持っていますが、逆は真ではありません。同じブロック高が、複数のブロックに割り当てられている可能性があります。これは、複数のブロックが、競争してブロックチェーンの同じ場所（高さ）を取ろうとしているためです。これがどのように起こるかについては、第8章「ブロックチェーンフォーク」節で説明します。ブロック高はまた、ブロックのデータ構造の一部ではありません。個々のノードは、ネットワークからブロックを受け取ったときに、このブロックのブロックチェーンにおける位置（ブロック高）を、動的に特定します。もっとも、すばやくブロックを検索するために、ブロック高がデータベースにメタデータとして保存される可能性はあります。

ブロックハッシュは常に１つのブロックを一意に指定します。ブロックは常に特定の**ブロック高**を持っています。しかし、あるブロック高は、1つのブロックを指定できるわけではありません。これは、複数のブロックがブロックチェーン内の同じ位置を取り合っているかもしれないためです。

genesisブロック

ブロックチェーンの最初のブロックは、2009年に作られ、「genesis（原初の）」ブロックと呼ばれます。これはブロックチェーン上のすべてのブロックの祖先であり、どのブロックからブロックチェーンを過去に遡っても、最終的に行き当たるものです。

すべてのノードは、ブロックを少なくとも1つ含んだブロックチェーンから始まります。というのは、genesis ブロックに関連したデータは、変更されないように、ビットコインクライアントにハードコーディング（コード上に直接に記述）されているためです。すべてのノードは、genesis ブロックのハッシュ値、データ構造、genesis ブロックが生成された時点、1つのトランザクションを「もともと知って」いるのです。これにより、すべてのノードは、信用できるブロックチェーンを構築するための安全な土台を持つことができるのです。

ビットコインコアクライアントにハードコーディングされた genesis ブロックを見るには、

chainparams.cpp（http://bit.ly/1x6rcwP）を参照してください。

以下が genesis ブロックのハッシュ値です。

```
000000000019d6689c085ae165831e934ff763ae46a2a6c172b3f1b60a8ce26f
```

blockchain.info のようなブロック探索サイトで、ブロックハッシュを検索することができます。例えば、以下のようなブロックハッシュを含む URL を参照することで、ブロックの内容が書かれたページを見ることができます。

https://blockchain.info/block/000000000019d6689c085ae165831e934ff763ae46a2a6c172b3f1b60a8ce26f

https://blockexplorer.com/block/000000000019d6689c085ae165831e934ff763ae46a2a6c172b3f1b60a8ce26f

ビットコインコアのリファレンスクライアントの以下のコマンドを実行することでも、ブロックの内容を確認することができます。

```
$ bitcoind getblock 000000000019d6689c085ae165831e934ff763ae46a2a6c172b3f1b60a8ce26f

{
    "hash" : "000000000019d6689c085ae165831e934ff763ae46a2a6c172b3f1b60a8ce26f",
    "confirmations" : 308321,
    "size" : 285,
    "height" : 0,
    "version" : 1,
    "merkleroot" : "4a5e1e4baab89f3a32518a88c31bc87f618f76673e2cc77ab2127b7afdeda33b",
    "tx" : [
        "4a5e1e4baab89f3a32518a88c31bc87f618f76673e2cc77ab2127b7afdeda33b"
    ],
    "time" : 1231006505,
    "nonce" : 2083236893,
    "bits" : "1d00ffff",
    "difficulty" : 1.00000000,
    "nextblockhash" : "00000000839a8e6886ab5951d76f411475428afc90947ee320161bbf18eb6048"
}
```

genesis ブロックにはメッセージが隠されています。coinbase トランザクションインプットには「タイムズ紙、2009年1月3日、2度目の銀行救済の瀬戸際に立つ大蔵大臣（The Times 03/Jan/2009 Chancellor on brink of second bailout for banks.）」という文章が記載されています。このメッ

セージは、英国タイムズ紙の見出しを参照することで、genesis ブロックが2009年1月3日以前にはなかったことの証明になっています。これはまた、前例のない世界規模の金融危機と同時期にビットコインのシステムが稼動を開始したという事実をもって、独立した金融システムの重要性を想起させる、皮肉なリマインダになっています。このメッセージは、ビットコインの創造者であるサトシ・ナカモトによって、最初のブロックに埋め込まれたものです。

ブロックの連結

　ビットコインフルノードは、genesis ブロックから始まるブロックチェーンのローカルコピーを保持しています。このローカルコピーは、新しいブロックが見つかりブロックチェーンが伸びるたびに更新されます。ノードは、ビットコインネットワークから新入りのブロックを受け取ったとき、これらのブロックの検証を行い、すでに保持しているブロックチェーンに連結します。この連結を行うために、ノードは受け取ったブロックのヘッダを調べ「前ブロックハッシュ値」を探します。

　例えば、あるノードが持っているブロックチェーンのローカルコピーに、277,314個のブロックがあるとしましょう。ノードが知っている最後のブロックはブロック277,314で、ブロックヘッダのハッシュ値は 00000000000000027e7ba6fe7bad39faf3b5a83daed765f05f7d1b71a1632249 です。

　続いてこのノードは、以下のような新しいブロックをネットワークから受け取りました。

```
{
    "size" : 43560,
    "version" : 2,
    "previousblockhash" :
        "00000000000000027e7ba6fe7bad39faf3b5a83daed765f05f7d1b71a1632249",
    "merkleroot" :
        "5e049f4030e0ab2debb92378f53c0a6e09548aea083f3ab25e1d94ea1155e29d",
    "time" : 1388185038,
    "difficulty" : 1180923195.25802612,
    "nonce" : 4215469401,
    "tx" : [
        "257e7497fb8bc68421eb2c7b699dbab234831600e7352f0d9e6522c7cf3f6c77",

#[...中略...]

        "05cfd38f6ae6aa83674cc99e4d75a1458c165b7ab84725eda41d018a09176634"
    ]
}
```

　ノードは、この新しいブロックを調べ、previousblockhash フィールドを見つけます。ここに書かれている親ブロックのハッシュ値は、ノードが持っているブロックチェーンの最後

のブロック高277,314のハッシュ値と同一でした。このため、ノードはこの新しいブロックが最後のブロックの子ブロックであると分かり、新しいブロックをブロックチェーンの最後に追加しました。その結果ブロック高の値が1つ増え、277,315となりました。図7-1は3つのブロックの連鎖を示していて、それぞれのブロックはpreviousblockhashフィールドを通して連結されています。

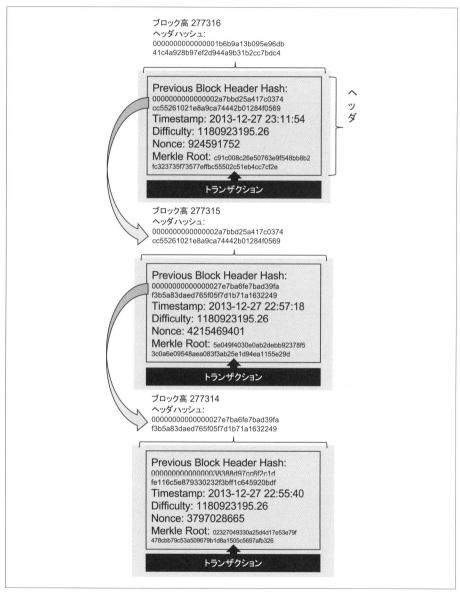

図7-1　ブロックヘッダにprevious block hash（前ブロックハッシュ）値を通して、チェーン内で連結されているブロック。

マークルツリー

ブロックチェーンの個々のブロックには、そのブロックに格納されているすべてのトランザクションを要約した情報が含まれています。そしてその要約には、マークルツリー（merkle tree）という手法が用いられます。

マークルツリーは二分ハッシュ木（binary hash tree）とも呼ばれ、大規模データを効率的に要約し検証できるようにするデータ構造です。マークルツリーは、暗号学的なハッシュ値を含む二分木（binary tree）です。「木（tree）」という用語は、コンピュータサイエンスの分野で、枝葉を持つデータ構造を表すのに使われています。「木」という名ではありますが、後述するように、一番上が「根（root）」で一番下が「葉（leaves）」と、上下が逆の状態で表されます。

マークルツリーは、ブロックに含まれるすべてのトランザクションを要約するために用いられ、トランザクション全体のデジタル指紋を作成することを通じて、あるトランザクションがブロックに含まれているかを非常に効率的に検証する方法を提供します。マークルツリーは再帰的に葉ノードのペアから1つのハッシュ値を計算し、ハッシュ値が1つだけ残るまで続けます。この最後に残ったハッシュ値をルートまたはマークルルートと呼びます。ビットコインのマークルツリーに用いられる暗号学的なハッシュアルゴリズムは、SHA256を2回適用したもので、double-SHA256とも呼ばれています。

N個のデータ要素がハッシュ化され、マークルツリーの中に要約されているとき、多くとも$2*\log_2(N)$回の計算をすることで、あるデータ要素がマークルツリーに含まれているかを確認できます。

マークルツリーは一番下からボトムアップで作られます。例として、A、B、C、Dの4つのトランザクションから始めてみましょう。これらは図7-2に示されている通り、マークルツリーの葉を構成するものです。トランザクションはマークルツリーに保存されるのではなく、トランザクションのデータのハッシュ値が、H_A、H_B、H_C、H_Dといった葉ノードに保存されます。

```
H_A = SHA256(SHA256(Transaction A))
```

隣同士の葉ノードのペアは、親ノードにまとめられます。その際、2つの葉ノードのハッシュ値を連結した値を作り、その値をハッシュ化してハッシュ値を取り、この値を親ノードとします。例えば、親ノードH_{AB}を作るためには、2つの子ノードの32バイトのハッシュ値が連結され64バイトの文字列となり、この文字列が2回ハッシュ化され親ノードのハッシュ値となります。

```
H_AB = SHA256(SHA256(H_A + H_B))
```

この過程はノードが1つになるまで続けられ、最後に残ったノードをマークルルートと呼びます。この32バイトのマークルルートはブロックヘッダに保存され、4つ全部のトランザ

クションのデータがこのマークルルートに要約されたことになります。

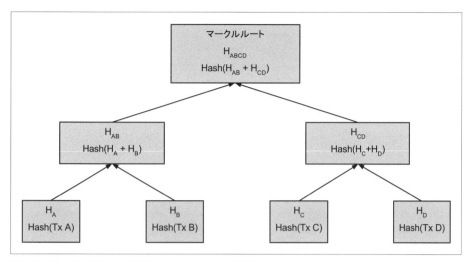

図7-2 マークルツリー内での各ノードのハッシュ値計算

　マークルツリーは二分木であるため、葉ノードは偶数個である必要があります。トランザクションの数が奇数個である場合は、最後のトランザクションと同じものがもう1つあると仮定して、偶数個の葉ノードがあるようにします。平衡木（balanced tree）と呼ばれるこの構造は図7-3に示されており、ここではトランザクションCが二重になっています。

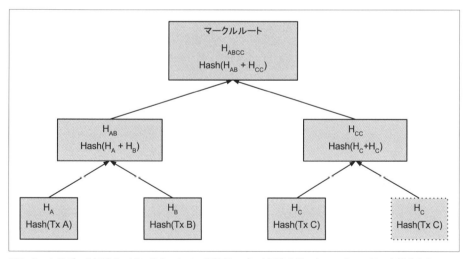

図7-3 あるデータ要素を二重に使うことで、偶数個のデータ要素を持ったマークルツリーを構成する

　4つのトランザクションからマークルツリーを作る方法は、どんな大きなサイズのものにも一般化できます。ビットコインでは、1つのブロックに数百〜千個以上のトランザクショ

ンが格納されていることはよくあり、これらのトランザクションはさきほどと全く同じ方法で、マークルルートの32バイトのハッシュ値として要約されます。図7-4には、16個のトランザクションからなるマークルツリーが描かれています。マークルルートは図の中では葉ノードよりも大きく見えますが、厳密に葉ノードと同じ32バイトです。ブロックに格納されたトランザクションが1つでも10万個でも、マークルルートはトランザクションを常に32バイトのハッシュ値に要約します。

　特定のトランザクションがブロックに格納されていることを証明するために、ビットコインノードは$\log_2(N)$個の32バイトのハッシュ値を作るだけでよく、これにより特定のトランザクションをマークルルートに繋ぐマークルパス（merkle path）を構成します（authentication pathとも呼ばれます）。これはブロックに含まれるトランザクションの数が多くなるにつれて特に重要になってきます。というのは、トランザクション数に対して2を底とする対数を計算すると、トランザクション数が増えてもほとんど大きくならないからです。このことで、データサイズが数MBにもなるブロックの千個以上のトランザクションから、1個のトランザクションを特定するためのマークルパスを、たった10個〜12個のハッシュ値（320〜384バイト）で効率的に作り出すことができるのです。

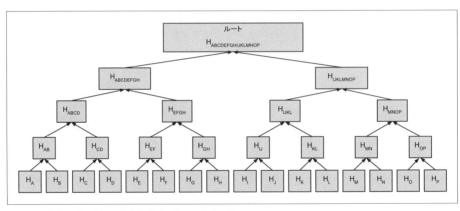

図7-4　多くのデータ要素をまとめているマークルツリー

　図7-5にある通り、ビットコインノードは32バイトのハッシュ値を4つ（全部で128バイト）用いたマークルパスを作るだけで、あるトランザクションKがブロックに含まれていることを証明できるのです。このマークルパスは4つのハッシュ値H_L、H_{IJ}、H_{MNOP}、$H_{ABCDEFGH}$から構成されます（これらハッシュ値は図7-5に------の四角で記されています）。これらの4つのハッシュ値がマークルパスとして提示されると、あらゆるビットコインノードはH_K（図7-5に------の四角で表示）がマークルルートに含まれているということを、対となる追加の4つのハッシュ値、H_{KL}、H_{IJKL}、$H_{IJKLMNOP}$、マークルルートを計算することで示せます（図7-5に------の四角で表示）。

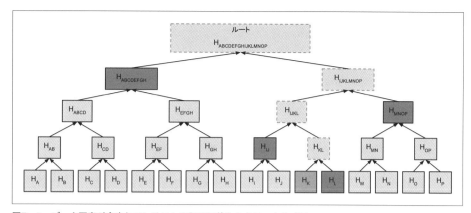

図7-5　データ要素が含まれていることの証明に使われるマークルパス

例7-1にあるコードは、葉ノードからマークルルートまでのマークルツリーを作り出すプロセスのデモンストレーションであり、いくつかの補助関数で libbitcoin ライブラリを使っています。

例7-1　マークルツリーの構築

```
#include <bitcoin/bitcoin.hpp>

bc::hash_digest create_merkle(bc::hash_list& merkle)
{
    // Stop if hash list is empty.
    if (merkle.empty())
        return bc::null_hash;
    else if (merkle.size() == 1)
        return merkle[0];

    // While there is more than 1 hash in the list, keep looping...
    while (merkle.size() > 1)
    {
        // If number of hashes is odd, duplicate last hash in the list.
        if (merkle.size() % 2 != 0)
            merkle.push_back(merkle.back());
        // List size is now even.
        assert(merkle.size() % 2 == 0);

        // New hash list.
        bc::hash_list new_merkle;
        // Loop through hashes 2 at a time.
        for (auto it = merkle.begin(); it != merkle.end(); it += 2)
```

```cpp
        {
            // Join both current hashes together (concatenate).
            bc::data_chunk concat_data(bc::hash_size * 2);
            auto concat = bc::make_serializer(concat_data.begin());
            concat.write_hash(*it);
            concat.write_hash(*(it + 1));
            assert(concat.iterator() == concat_data.end());
            // Hash both of the hashes.
            bc::hash_digest new_root = bc::bitcoin_hash(concat_data);
            // Add this to the new list.
            new_merkle.push_back(new_root);
        }
        // This is the new list.
        merkle = new_merkle;

        // DEBUG output -------------------------------------
        std::cout << "Current merkle hash list:" << std::endl;
        for (const auto& hash: merkle)
            std::cout << "  " << bc::encode_hex(hash) << std::endl;
        std::cout << std::endl;
        // --------------------------------------------------
    }
    // Finally we end up with a single item.
    return merkle[0];
}

int main()
{
    // Replace these hashes with ones from a block to reproduce the same merkle root.
    bc::hash_list tx_hashes{{
        bc::hash_literal("0000000000000000000000000000000000000000000000000000000000000000"),
        bc::hash_literal("0000000000000000000000000000000000000000000000000000000000000011"),
        bc::hash_literal("0000000000000000000000000000000000000000000000000000000000000022"),
    }};
    const bc::hash_digest merkle_root = create_merkle(tx_hashes);
    std::cout << "Result: " << bc::encode_hex(merkle_root) << std::endl;
    return 0;
}
```

例7-2にさきほどのコードをコンパイルし、実行した結果を示します。

例7-2 マークルツリー構築サンプルコードのコンパイルと実行

```
$ # Compile the merkle.cpp code
$ g++ -o merkle merkle.cpp $(pkg-config --cflags --libs libbitcoin)
$ # Run the merkle executable
$ ./merkle
Current merkle hash list:
  32650049a0418e4380db0af81788635d8b65424d397170b8499cdc28c4d27006
  30861db96905c8dc8b99398ca1cd5bd5b84ac3264a4e1b3e65afa1bcee7540c4

Current merkle hash list:
  d47780c084bad3830bcdaf6eace035e4c6cbf646d103795d22104fb105014ba3

Result: d47780c084bad3830bcdaf6eace035e4c6cbf646d103795d22104fb105014ba3
```

マークルツリーの効率性は、ブロックのデータサイズスケールが大きくなるほど顕著になります。表7-3は、ブロックのデータサイズ、ブロック内トランザクション数に応じて必要なマークルパスの大きさを示しています。

表7-3 マークルツリーの効率性

トランザクション数	ブロック平均データサイズ	パスサイズ（ハッシュ数）	パスサイズ（バイト）
16トランザクション	4KB	4ハッシュ	128バイト
512トランザクション	128KB	9ハッシュ	288バイト
2,048トランザクション	512KB	11ハッシュ	352バイト
65,535トランザクション	16MB	16ハッシュ	512バイト

表から分かるように、ブロックのデータサイズが急速に大きく（16個のトランザクションは4KBで、65,535個では16MB）なっていっても、マークルパスのデータサイズが大きくなるスピードはトランザクション数よりもゆっくりです（128バイトから512バイトにしか増えない）。ノードは、マークルツリーとともにブロックヘッダ（1ブロックあたり80バイト）を取得し、フルノードから小さなマークルパスを取得することで、ブロックの中にあるトランザクションが含まれているかどうかを知ることができます。これには、数GBもあるブロックチェーンの大半を保存したり、また受け渡してもらったりする必要はありません。フルブロックチェーンを持たないSPV（simplified payment verification）ノードは、マークルパスを使うことですべてのブロックをダウンロードせずにトランザクションを検証しています。

マークルツリーとSPV

マークルツリーは、SPVノードによってよく利用されます。SPVノードはすべてのトランザクションを持っているわけではなく、完全なブロックチェーンをダウンロードすることもありません。ただ、ブロックヘッダのみを持っています。SPVノードは、あるトランザク

ションがブロックに含まれているかどうかを、マークルパスを使って確認します。

　例えば、ウォレット内のビットコインアドレスへの支払いにだけ関心があるSPVノードを考えましょう。このSPVノードは、ウォレット内のビットコインアドレスを含むトランザクションのみを取得するため、ピアにブルームフィルタを送ります。ピアはブルームフィルタに合致するトランザクションを確認すると、`merkleblock`メッセージを送り返します。このメッセージにはブロックヘッダとマークルパスが含まれており、このマークルパスは、SPVノードが関心を持つトランザクションから、マークルルートへの経路となっています。SPVノードは、このマークルパスを使って、関心のあるトランザクションがブロック内に含まれていることを確認します。またこのブロックヘッダを使い、このブロックをすでに保持しているブロックチェーン情報と結びつけます。トランザクションとブロックの連結、ブロックとブロックチェーン連結の両方を用いることで、このトランザクションがブロックチェーンに記録されていることを確認できます。この過程でSPVノードは、ブロックヘッダとマークルパスという1KB以下のデータを受け取りますが、これはフルノード（現在だと1MB程度［訳注：原著執筆時］）と比べて1,000分の1以下のデータ量に過ぎません。

第8章　マイニングとコンセンサス

イントロダクション

　マイニングとは、新しいビットコインがマネーサプライに追加されるプロセスのことです。マイニングはまた、不正なトランザクションや、同じビットコインが二度使用されるダブルスペンド（二重使用）と呼ばれる不正から、システムを保護します。マイナーは、ビットコインを報酬として受け取る可能性と引き換えに、ビットコインネットワークに処理能力を提供します。

　マイナーは、新しいトランザクションを検証し、これらをグローバルな元帳に記録します。新しいブロックには、直前のブロック以降に生じたトランザクションが含まれ、10分ごとに「マイニング」されてブロックチェーンに追加されます。ブロックチェーンに追加され、ブロックの一部になったトランザクションは、「承認済み（confirmed）」とされ、そのトランザクションで送付されたビットコインを新しい所有者が使用できるようになります。

　マイナーは、マイニングに対する報酬を2種類受け取ります。1つは、新しいブロックを作った際に新たに発行されたビットコイン、もう1つは、ブロックに含まれている全トランザクションから得られる、トランザクション手数料です。これらの報酬を得るために、マイナーたちは暗号学的ハッシュアルゴリズムに基づいた、難解な数学の問題を競って解かなければなりません。proof of workと呼ばれるこの問題への解は新しいブロックに含められ、マイナーが十分なコンピュータリソースをつぎ込んだことの証明として、機能することになります。報酬を稼ぐためのproof-of-workアルゴリズムの解と、トランザクションをブロックチェーンに記録する権利をマイナーたちが競って得る仕組みは、ビットコインのセキュリティモデルの基盤をなしています。

　新しいビットコインの生成プロセスは、マイニングと呼ばれています。ちょうど貴金属をマイニング（採掘）するのと同じように、得られる報酬が徐々に減っていくように設計されているからです。ビットコインの供給はマイニングを通して行われ、これは、中央銀行による紙幣の発行に似ています。マイニングを通して新たに作られるビットコインの量は、おおよそ4年ごと（正確には210,000ブロックごとに）減っていきます。2009年1月の時点で、1ブロック

あたり50 bitcoinから始まり、2012年11月には半分の1ブロックあたり25 bitcoinになりました。次は2016年のいつかに、1ブロックあたり12.5 bitcoinとさらに半分になります［訳注：2016年7月に12.5 bitcoinになる見込み］。この公式にあてはめると、ビットコインのマイニングの報酬は、すべてのビットコイン（20,999,999.98 bitcoin）が発行される2140年頃まで、指数関数的に減少していきます。2140年以降は、新たにビットコインが発行されることはありません。

ビットコインのマイナーはまた、トランザクションから手数料を得ます。すべてのトランザクションには手数料が含まれている可能性があり、手数料は、トランザクションインプットとトランザクションアウトプットの差として与えられます。マイニング競争に勝ったマイナーは、生成したブロックに含まれるトランザクションにある「おつり」を取っておくことになります。今日、この手数料はビットコインマイナーの収入の0.5%以下であり、主な収入はあくまで新しくマイニングされたビットコインです。しかし、時間の経過とともに新しくマイニングされるビットコインとしての報酬は減り、1ブロックに含まれるトランザクション数が増えていくと、ビットコインマイニング収入の多くの部分は手数料になるでしょう。2140年以降になると、ビットコインマイナーの収入は、すべて手数料の形で得られるようになります。

「マイニング」は少々紛らわしい用語です。貴金属の採掘を想起させ、私たちの注意をマイニングで得られる新たなビットコインによる報酬に向けてしまうためです。確かにマイニングはこの報酬がインセンティブになっていますが、マイニングの本来の目的は、こうした報酬や新しいビットコインを生成することではないのです。マイニングを、ビットコインが作られるプロセスとだけ考えているのであれば、目的と手段（インセンティブ）を取り違えています。マイニングは分散的な手形交換であり、マイニングによってトランザクションが検証されるのです。マイニングはビットコインシステムを安全なものにし、またマイニングがあることで中央当局なしにネットワーク上での合意形成（コンセンサス）が可能になったのです。

マイニングはビットコインを特別なものにしている発明であり、peer-to-peerのデジタル通貨を基礎とした、分散的セキュリティ機構です。新たなビットコインやトランザクション手数料という報酬は、マイナーたちにビットコインネットワークの安全性を守らせるインセンティブの枠組みであり、また同時に通貨供給の目的も果たしているのです。

この章では、最初に通貨供給メカニズムとしてのマイニングを説明し、その後マイニングの最も重要な性質でありビットコインの安全性の土台である、分散型創発的コンセンサス（decentralized emergent consensus［訳注：ネットワーク参加者が個々に独立に動いているにもかかわらず、結果としてネットワーク全体でのコンセンサスが得られるような仕組み］）について説明します。

ビットコインの経済学と通貨の発行

ビットコインは、1つ1つのブロックが作られる間に「鋳造」され、新たに鋳造される量は時間の経過とともに徐々に少なくなります。新たなビットコインは、約10分ごとに生成されるブロックに含まれ、何もないところから生成されます。210,000ブロックごとに、または

約4年ごとに、通貨発行量は半分に減ります。ビットコインネットワークが稼働を始めてから最初の4年間は、1つのブロックが50 bitcoinの新たなビットコインを含んでいました。

新しいビットコインの発行量は、2012年11月に1ブロックあたり25 bitcoinに減り、420,000ブロックがマイニングされる2016年のどこかで、さらに12.5 bitcoinに減ります。この1ブロックあたりの発行量は指数関数的に減少し、64回の半減を繰り返して13,230,000ブロック（おおよそ2137年にマイニングされるはずのブロック）まで減少していきます。これ以降はビットコインの最小通貨単位である1 satoshiを下回ってしまうため、新しくビットコインを発行できなくなり、最終的には2140年頃に1344万ブロックでほぼ2100万 bitcoin（2,099,999,997,690,000satoshi）が発行されることになります。この後、ブロックには新しいビットコインが含まれなくなり、マイナーは単にトランザクション手数料を通して報酬を得るようになります。図8-1は、時間の経過とともに新規の発行量が減りながら、流通しているビットコイン総量がどのように推移するかを示しています。

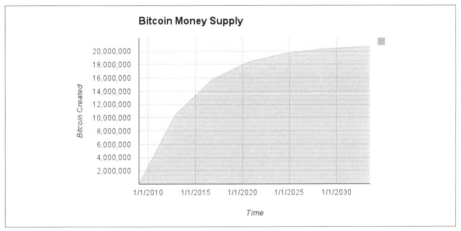

図8-1　幾何級数的に減少していく発行率に基づく、ビットコインの総供給量

 採掘されるビットコインの最大値は、ビットコインに対する可能なマイニング報酬の**上限**です。実際、マイナーはブロックを採掘しても、得る報酬を故意に完全な報酬より少なくするかもしれません。そのようなブロックの可能性があるため、結果的な総発行量はより少なくなります。

例8-1にあるサンプルコードで、将来発行されるビットコインの総発行量を計算しています。

例8-1　支払いに総額いくらのビットコインが必要となるかを計算するためのスクリプト

```
# Original block reward for miners was 50 BTC
start_block_reward = 50
```

```
# 210000 is around every 4 years with a 10 minute block interval
reward_interval = 210000

def max_money():
    # 50 BTC = 50 0000 0000 Satoshis
    current_reward = 50 * 10**8
    total = 0
    while current_reward > 0:
        total += reward_interval * current_reward
        current_reward /= 2
    return total

print "Total BTC to ever be created:", max_money(), "Satoshis"
```

例8-2にはこのスクリプトによって出力される結果を示しています。

例8-2　max_money.pyスクリプトの実行

```
$ python max_money.py
Total BTC to ever be created: 2099999997690000 Satoshis
```

1ブロックあたりの通貨発行量を減少させ、ビットコインの総量を有限にすることで、インフレを抑制できます。中央銀行によって無限に発行し得る法定通貨と異なり、ビットコインは通貨発行によってはインフレが起きません。

デフレ的な傾向を持った貨幣

　ビットコインの総発行量に上限があり、徐々に新規発行が少なくなることの最も重要な帰結は、ビットコインがデフレーション（デフレ）的な傾向をもとから備えているということです。デフレは、需要と供給のミスマッチのために貨幣の価値が上昇する現象です。インフレとは逆に、デフレではお金の購買力が時間とともに上がります。

　多くのエコノミストたちが、デフレ経済はどれほど費用をかけてでも回避すべき厄災であると論じています。というのは、急激なデフレが生じると、人々は物価が下がることを見越してお金を使わず貯め込もうとするからです。日本の「失われた10年」ではこのような現象が展開し、デフレスパイラルが生じました。

　ビットコインの専門家たちは、デフレがそれ自体として悪いというより、デフレは需要がなくなるという悪い状況と結びついているのだと考えています。無限に発行可能な法定通貨の場合、需要がなくなりかつ追加の貨幣発行をしないといった条件が揃って、デフレスパイラルが生じます。一方、ビットコインのデフレ傾向は、需要がなくなることによって起こるものではなく、予見可能な制限された貨幣供給によるものです。

　現実には、買い手が貯蓄をやめるくらいに価格が下がるまで、デフレが続くことになります。価格の下落は買う側と売り側の双方の思惑が均衡した価格になるまで続きます。需要減退

のような経済的後退を伴わない、貨幣が持つデフレ的傾向については、問題を含むものかどうか、検討するポイントとして残されています。

分散化コンセンサス

前章でブロックチェーンというグローバルな公的元帳を説明しました。これは、ビットコインネットワークの参加者全員が、所有権の権威ある記録として認めているものです。

しかし、ビットコインネットワークに参加している皆さんは、共通認識である「誰が何を所有しているのか」ということの「真偽」を、誰も信用することなく、どのようにして認めているのでしょうか。既存のすべての支払システムは、すべての取引を検証しクリアリングする手形取引サービスを提供する、中央集権的な信用モデルに依存しています。ビットコインには中央集権的な仕組みはありません。しかし、ほぼすべてのフルノードが、権威ある記録として信用できる公的元帳の完全なコピーを持っています。このブロックチェーンは中央権力によって作られるのではなく、ビットコインネットワークに属しているすべてのノードによって独立に組み立てられます。ビットコインネットワークに属するすべてのノードは、必ずしも信用できないネットワークから送られた情報に基づき動作するにもかかわらず、結果的に他のすべてのノードと同じ公的元帳のコピーを組み立てることになります。この章では、ビットコインネットワークが中央権力なしで全体としてコンセンサスに達するプロセスを説明します。

サトシ・ナカモトの主要な発明は emergent consensus（創発的コンセンサス）のための分散メカニズムです。emergent というのは、選挙やある決められた瞬間に明示的に同意が形成されるわけではないという意味で、ここでの同意は、数千の独立したノードの非同期的相互作用の結果として生まれた人工物で、全ノードは下記のシンプルなルールに従っています。通貨、トランザクション、支払い、および中央権力や信用に依存しないセキュリティモデルといったビットコインのすべての特徴は、この発明から導かれます。

ビットコインの分散化されたコンセンサスは、ビットコインネットワークを通して独立的に各ノードで起こる、以下4つのプロセスの相互作用から生じます。

- 独立したトランザクション検証（すべてのフルノードによる判断条件の包括的なリストに基づく検証）
- 独立したトランザクション集積（proof-of-work アルゴリズムによる計算と結びついた、マイニングノードによるブロックへのトランザクションの集積）
- 独立した新規ブロック検証とブロックチェーンへの埋め込み（すべてのノードによって新しいブロックが検証され、このブロックがブロックチェーンに取り込まれる）
- 独立したブロックチェーン選択（個々のノードで、proof of work を通して証明された、最も多くの累積計算量を持っているブロックチェーンが選ばれる）

次のいくつかの節で、これらのプロセスについて説明し、どのようにしてノードが相互作

用をしてビットコインネットワーク全体の創発的コンセンサスを達成しているのかを説明します。

独立したトランザクション検証

第5章で、どのようにしてウォレットが UTXO を集めてトランザクションを作り、適切な unlocking script を付与して、新しい所有者に割り当てられた新しいアウトプットを作るかを説明しました。結果的に作られたトランザクションは、ビットコインネットワーク全体に伝搬できるように、ビットコインネットワーク内の隣接ノードに送られます。

しかし、隣接ノードにトランザクションが転送される前に、トランザクションを受け取ったすべてのビットコインノードは、まずトランザクションを検証します。これによって有効なトランザクションだけが、ビットコインネットワーク内を伝搬することが保証されており、無効なトランザクションは、最初にこのトランザクションを検証したノードによって破棄されます。

個々のノードは、以下の長いチェックリストを判断基準として、すべてのトランザクションを検証します。

- トランザクションの構文とデータ構造は正しいか
- インプットとアウトプットのいずれも空でないか
- バイト単位のトランザクションデータサイズが MAX_BLOCK_SIZE よりも小さいか
- それぞれのアウトプット value および total value は許されている値の範囲内(0 より大きく、2,100 万 bitcoin よりも小さい)にあるか
- インプットのいずれも hash=0, N=-1 でないか(coinbase トランザクションはリレーされるべきでない)
- nLockTime は INT_MAX より小さいかまたは等しいか
- バイト単位でのトランザクションデータサイズは 100 より大きいかまたは等しいか
- トランザクションに含まれている署名オペレーション数は、署名オペレーション回数上限よりも小さいか
- unlocking script(scriptSig)はスタックに数字を push することだけしかできず、locking script(scriptPubkey)は isStandard 形式に合っているか(これにより「非標準」トランザクションは拒否される)
- トランザクションプールまたはメインブランチブロックチェーンのブロックに、同じトランザクションがあるか
- 各インプットに対して、もしこのインプットが参照しているアウトプットをトランザクションプールの他のトランザクションも参照していた場合、このトランザクションを拒否する
- 各インプットに対して、メインブランチブロックチェーンかトランザクションプールにインプットが参照しているトランザクションアウトプットが見つかるかを確認する。もし参照しているアウトプットが見つからなければ、これはオーファン(孤児)トランザ

クションである。オーファントランザクションプールにまだこのトランザクションがなければ、オーファントランザクションプールにこのトランザクションを追加する
- 各インプットに対して、もしインプットが参照しているアウトプットが coinbase アウトプットだった場合、このアウトプットは少なくとも COINBASE_MATURITY（100）の承認数を持っているか
- 各インプットに対して、参照しているアウトプットがすでに使用されて使用不可になっていないか
- 参照しているアウトプットを使って、それぞれのインプット value とその総和が許されている値の範囲内（0 より大きく、2100 万 bitcoin よりも小さい）にあるか
- もしインプット value の総和がアウトプット value の総和よりも小さければ拒否する
- もしトランザクション手数料が少なすぎて、空ブロックに入れることができない場合は拒否する
- 各インプットにある unlocking script は、対応したアウトプットの locking script を解除できるか

これらの条件はビットコインリファレンスクライアントにある AcceptToMemoryPool、CheckTransaction、CheckInputs 関数を見ることで詳細を確認できます。この条件は、新しい種類の DOS 攻撃に対応したり、またさらにトランザクションの種類を増やすためにときどき緩めたりと、時間とともに変わっていくことに注意してください。

トランザクションを受け取ったときや他のノードに伝搬させたりする前に、独立にそれぞれのトランザクションを検証することによって、すべてのノードがトランザクションプール、メモリプールまたは mempool と呼ばれるプールを構築します。

マイニングノード

いくつかのビットコインノードはマイナーと呼ばれる、特別なビットコインノードです。第1章で、上海にいるコンピュータ工学の学生で、ビットコインマイナーであるジンを紹介しました。ジンは、ビットコインをマイニングするために作られた特別なコンピュータ「マイニング専用マシン」を走らせてビットコインを稼いでいます。ジンの特別なマイニングハードウェアは、フルビットコインノードが走っているサーバに接続されています。ジンと違い、マイナーの中には本章「マイニングプール」節で見るようにフルノードを使うことなくマイニングをしているマイナーもいます。他のフルノードと同様、ジンのノードは承認されていないビットコインネットワーク上のトランザクションを受け取って伝搬しています。しかし、ジンのノードはそれだけでなく、いくつかのトランザクションの新しいブロックへの集積もしているのです。

ジンのビットコインノードは、すべてのビットコインノードがするようにビットコインネットワーク上を伝搬している新しいブロックを待っています。しかし、新しいブロックが来ることはマイニングノードにとって特別な意味を持ちます。新しいブロックが伝搬してくるということは、マイナー同士の競争が事実上終わったということです。この伝搬は競争の

勝者を伝えることになるからです。マイナーに新しいブロックが届くということは他の誰かが競争に勝ち、それ以外の人は負けたということを意味します。しかし、このラウンドの終わりは次のラウンドの始まりです。新しいブロックはレースの終わりを示すチェッカーフラッグであるのみならず、次のブロックに対するスタート合図のピストルでもあります。

ブロックへのトランザクション集積

トランザクションを検証した後、ビットコインノードはメモリプール（トランザクションプール）にそれらのトランザクションを追加します。このプールにあるトランザクションはブロックに含められる（マイニングされる）までこのプールで待機しています。ジンのビットコインノードは他のビットコインノードと同じように、トランザクションを集め検証し、新しいトランザクションをリレーします。しかし、他のビットコインノードと違うのは、ジンのビットコインノードはこれらのトランザクションを候補ブロック（candidate block）に集めておくということです。

アリスがボブのカフェでコーヒー代を払ったときに作られたブロックを追ってみましょう（第2章「コーヒー代金の支払い」節参照）。アリスのトランザクションはブロック277,316に含まれていました。説明を容易にするために、このブロックがジンのマイニングシステムによってマイニングされ、アリスのトランザクションがこの新しいブロックの一部になっているとしましょう。

ジンのマイニングビットコインノードはブロックチェーンのローカルコピーを保持していて、このブロックチェーンには2009年にビットコインシステムが稼働を始めてから作られたすべてのブロックが含まれています。アリスがコーヒー代を支払うまでに、ジンのビットコインノードはブロック277,314までブロックチェーンを組み立てました。ジンのビットコインノードはトランザクションを待っていたり、新しいブロックをマイニングしたり、他のビットコインノードが発見したブロックを待っていたりしています。ジンのビットコインノードが、マイニング中にビットコインネットワークからブロック277,315を受け取りました。このブロックが到着したということは、ブロック277,315の競争が終わり、ブロック277,316を作る競争が始まったことを意味します。

ブロック277,315が到着する前の10分間、ジンのビットコインノードはブロック277,315に対する解を探しながら、同時に次のブロックの準備のためトランザクションを集めていました。現在まで数百個のトランザクションをメモリプールに集めました。ブロック277,315を受け取り検証するとすぐに、ジンのビットコインノードはメモリプールにあるすべてのトランザクションをチェックし、ブロック277,315に含まれていたトランザクションをメモリプールから削除していきます。

ジンのビットコインノードはすぐに、ブロック277,316の候補となる新しい空ブロックの構築を始めました。このブロックは候補ブロックと呼ばれており、有効なproof of workが含まれていないブロックです。このブロックは、マイナーがproof-of-workアルゴリズムへの解を見つけたときにのみ有効になるのです。

トランザクション年齢、トランザクション手数料、トランザクション優先度

　候補ブロックを構築するために、ジンのビットコインノードはメモリプールからトランザクションを選びました。この選び方はそれぞれのトランザクションごとに優先度を計算し、最も優先度が高いものから先に選びます。トランザクション優先度は未使用トランザクションであるUTXOの「年齢」に基づき計算され、新しく、より小さいvalueインプットを持つトランザクションよりも、古く大きなvalueインプットを持つトランザクションが優先されます。優先トランザクションで、しかもこのブロックに十分なスペースがあれば、トランザクション手数料がないトランザクションも送られます。

　トランザクションの優先度は、インプットのvalueと年齢 (Input Age) の積の総和をトランザクションの総データサイズ (Transaction Size) で割ったもので計算しています。

```
Priority = Sum (Value of input * Input Age) / Transaction Size
```

　この方程式にあるインプットのvalueは、satoshi単位（bitcoinの1億分の1）で計られます。UTXOの年齢は、UTXOがブロックチェーンに記録されてから積み重ねられたブロック数で、このUTXOが含まれているブロックがブロックチェーンのトップから何ブロック「深いか」で計ります。トランザクションのデータサイズはバイト単位で計られます。

　トランザクションが「優先度が高い (High Priority)」と判断されるようになるためには、優先度が57,600,000よりも大きくなければなりません。インプットのvalueは1 bitcoin（1億satoshi）に、年齢は1日（144ブロック）に、トランザクションのデータサイズは250バイトに相当します。

```
High Priority > 100,000,000 satoshis * 144 blocks / 250 bytes = 57,600,000
```

　ブロック内のトランザクションスペースの最初の50KBは、優先度が高いトランザクションのために取ってあります。このため、ジンのビットコインノードは、トランザクション手数料によらず、最初の50KBを最も優先度が高いトランザクションで埋めます。優先度が高いトランザクションは、トランザクション手数料がゼロであっても処理されます。

　その後、ジンのマイニングビットコインノードは、ブロックサイズの最大値（コード内のMAX_BLOCK_SIZE）までブロックの残りをトランザクションで埋めます。ここで埋められるトランザクションは最低トランザクション手数料以上を持つものであり、埋められる優先度は、トランザクション手数料をトランザクションのデータサイズ（KB単位）で割った値の高い順で決められます。

　もしブロックにまだスペースがあれば、ジンのマイニングビットコインノードはトランザクション手数料がないトランザクションを、残りブロックスペースに埋めることを選択するかもしれません。中には最善努力として、トランザクション手数料を持たないトランザクションをマイニングすることを選ぶマイナーもいますが、他のマイナーはトランザクション手数料がないトランザクションは無視するかもしれません。

このブロックがすべて埋められた後、メモリプールに残されたトランザクションは次のブロックに含めるためにメモリプールに残されます。トランザクションがメモリプールに残る時間が長くなるにつれて、このトランザクションインプットの「年齢」はどんどん上がっていきます。これは、新しいブロックがブロックチェーンの上に次々と追加されるためです。トランザクションの優先度はこのトランザクションのインプットの年齢に依存するので、メモリプールに残ったままになっているトランザクションは古くなり優先度が上がっていきます。結局トランザクション手数料を持たないトランザクションは、十分に高い優先度になり、無料でブロックに取り込まれます。

　ビットコイントランザクションに消滅期限はありません。現在有効なトランザクションは永遠に有効です。しかし、もしトランザクションがビットコインネットワーク内を1ノード分しか伝搬されないとすると、このトランザクションはマイニングビットコインノードのメモリプールに保持されている間だけしか存在できません。メモリプールは一時的なストレージなので、マイニングビットコインノードが再起動されたとき、そのメモリプールは初期化され、データが削除されます。有効なトランザクションはビットコインネットワークを通じて伝搬されるかもしれませんが、伝搬されない場合は長期間メモリプールに居続けることはできません。ウォレットには、そのようなトランザクションを再送信することや、また適度な時間内でうまく処理されないようであれば、より高いトランザクション手数料を設定してトランザクションを再構築することが期待されています。

　ジンのビットコインノードはメモリプールからすべてのトランザクションを集め、新しい候補ブロックは総トランザクション手数料が0.09094928 bitcoin になる、418個のトランザクションを持つようになりました。例8-3に示しているように、ビットコインコアクライアントのコマンドラインインターフェイスを使うことで、ブロックチェーン内のこのブロックを確認することができます。

```
$ bitcoin-cli getblockhash 277316
0000000000000001b6b9a13b095e96db41c4a928b97ef2d944a9b31b2cc7bdc4

$ bitcoin-cli getblock 0000000000000001b6b9a13b095e96db41c4a928b97ef2d944a9b31b2cc7bdc4
```

例8-3　ブロック277,316

```
{
    "hash" : "0000000000000001b6b9a13b095e96db41c4a928b97ef2d944a9b31b2cc7bdc4",
    "confirmations" : 35561,
    "size" : 218629,
    "height" : 277316,
    "version" : 2,
    "merkleroot" : "c91c008c26e50763e9f548bb8b2fc323735f73577effbc55502c51eb4cc7cf2e",
    "tx" : [
```

```
        "d5ada064c6417ca25c4308bd158c34b77e1c0eca2a73cda16c737e7424afba2f",
        "b268b45c59b39d759614757718b9918caf0ba9d97c56f3b91956ff877c503fbe",

        …417個のトランザクション…

    ],
    "time" : 1388185914,
    "nonce" : 924591752,
    "bits" : "1903a30c",
    "difficulty" : 1180923195.25802612,
    "chainwork" : "000000000000000000000000000000000000000000000934695e92aaf53afa1a",
    "previousblockhash" : "0000000000000002a7bbd25a417c0374cc55261021e8a9ca74442b01284f0569",
    "nextblockhash" : "00000000000000000010236c269dd6ed714dd5db39d36b33959079d78dfd431ba7"
}
```

generationトランザクション

ブロックに最初に追加されたトランザクションは特別なトランザクションで、generationトランザクションまたはcoinbaseトランザクションと呼ばれています。このトランザクションはジンのビットコインノードによって構築され、マイニングの努力に対する報酬になります。ジンのビットコインノードは、彼自身のウォレットへの支払いとしてgenerationトランザクションを作ります。具体的には「ジンのビットコインアドレスに25.09094928 bitcoinを支払う」というようなものです。結局、ジンがブロックをマイニングして得る報酬総額は、coinbase報酬（新規発行分の25 bitcoin）と、ブロックに含まれているすべてのトランザクションから得られたトランザクション手数料（0.09094928 bitcoin）の和になります。これは、例8－4に示されています。

```
$ bitcoin-cli getrawtransaction d5ada064c6417ca25c4308bd158c34b77e1c0eca2a73cda16c737e7424afba2f 1
```

例8－4　Generationトランザクション

```
{
    "hex" : "01000000010000000000000000000000000000000000000000000000000000000000000000ffffffff0f03443b0403858402062f503253482fffffffff0110c08d9500000000232102aa970c592640d19de03ff6f329d6fd2eecb023263b9ba5d1b81c29b523da8b21ac00000000",
    "txid" : "d5ada064c6417ca25c4308bd158c34b77e1c0eca2a73cda16c737e7424afba2f",
    "version" : 1,
    "locktime" : 0,
```

```
    "vin" : [
        {
            "coinbase" : "03443b0403858402062f503253482f",
            "sequence" : 4294967295
        }
    ],
    "vout" : [
        {
            "value" : 25.09094928,
            "n" : 0,
            "scriptPubKey" : {
                "asm" : "02aa970c592640d19de03ff6f329d6fd2eecb023263b9ba5d1b81c29b523da8b21OP_CHECKSIG",
                "hex" : "2102aa970c592640d19de03ff6f329d6fd2eecb023263b9ba5d1b81c29b523da8b21ac",
                "reqSigs" : 1,
                "type" : "pubkey",
                "addresses" : [
                    "1MxTkeEP2PmHSMze5tUZ1hAV3YTKu2Gh1N"
                ]
            }
        }
    ],
    "blockhash" : "00000000000000001b6b9a13b095e96db41c4a928b97ef2d944a9b31b2cc7bdc4",
    "confirmations" : 35566,
    "time" : 1388185914,
    "blocktime" : 1388185914
}
```

通常のトランザクションとは異なり、generationトランザクションはインプットとしてUTXOを持ちません。その代わり、coinbaseと呼ばれるたった1つのインプットを持ち、これが何もないところからビットコインを生み出します。generationトランザクションは1つのアウトプットを持ち、これはマイナー自身のビットコインアドレスへの支払いになっています。このため、上記のgenerationトランザクションのアウトプットは、マイナーのビットコインアドレスである1MxTkeEP2PmHSMze5tUZ1hAV3YTKu2Gh1Nに25.09094928 bitcoinを送るというものになります。

coinbase報酬と手数料

ジンのビットコインノードはgenerationトランザクションを構築するために、最初にトランザクション手数料の総額（Total Fees）を計算します。この総額は、ブロックに追加された418個のトランザクションのインプットとアウトプットから計算され、トランザクション手数料は以下のようになります。

```
Total Fees = Sum(Inputs) - Sum(Outputs)
```

ブロック277,316にあるトランザクション手数料の総額は、0.09094928 bitcoinです。

次に、ジンのビットコインノードは新しいブロックに対する正しい報酬を計算します。この報酬はブロック高に基づいて計算され、最初は1ブロックあたり50 bitcoinから始まり210,000ブロックごとに半減します。このブロックのブロック高は277,316であるため、報酬は25 bitcoinです。

この計算は、例8-5に示されている通り、ビットコインコアクライアントの関数GetBlockSubsidyで見ることができます。

例8-5　ブロックの報酬を計算する

```
CAmount GetBlockSubsidy(int nHeight, const Consensus::Params& consensusParams)
{
    int halvings = nHeight / consensusParams.nSubsidyHalvingInterval;
    // Force block reward to zero when right shift is undefined.
    if (halvings >= 64)
        return 0;

    CAmount nSubsidy = 50 * COIN;
    // Subsidy is cut in half every 210,000 blocks which will occur approximately every 4 years.
    nSubsidy >>= halvings;
    return nSubsidy;
}
```

初期報酬は、COIN定数（100,000,000satoshi）に50を掛けてsatoshi単位で表したものになります。これによって初期報酬（nSubsidy）が50億satoshiになっています。

次に、この関数は半減ブロック間隔（SubsidyHalvingInterval）で現在のブロック高を割ることで、半減数halvingsを計算します。ブロック277,316の場合、ブロック半減間隔が210,000ブロックごとであるため、半減数は1回となります。

許されている半減数の最大値は64回で、もし64回の半減数を越えると、このコードでは新しいブロックに対する報酬が0になります（単にトランザクション手数料のみが返る）。

次に、この関数は半減が起こるたびに、2進数右シフト演算子を使って報酬（nSubsidy）を2で割ります。ブロック277,316の場合、50億satoshiの報酬に対して1回だけ2進数右シフト演算（1回半減）を行い、報酬は25億satoshi（25 bitcoin）になります。2進数右シフト演算子を使うのは、整数または浮動小数点での割り算よりも効果的に2で割ることができるためです。

最後に、coinbase報酬（nSubsidy）にトランザクション手数料（nFees）が加えられ、この和が返されます。

generationトランザクションの構造

これらの計算を行うことで、ジンのビットコインノードは彼自身に25.09094928 bitcoin を支払う generation トランザクションを構築します。

例8-4を見ると分かるように、generation トランザクションは特別なフォーマットです。使用する前の UTXO を特定するトランザクションインプットと違って、これは「coinbase」インプットを持っています。表5-3でトランザクションインプットを説明しました。ここでは、通常のトランザクションインプットと generation トランザクションインプットを比較してみましょう。表8-1は通常のトランザクションの構造を示していて、表8-2は generation トランザクションインプットの構造を示しています。

表8-1 「通常」のトランザクションインプットの構造

サイズ	フィールド名	説明
32バイト	Transaction Hash	使われる UTXO を含むトランザクションハッシュ
4バイト	Output Index	使われる UTXO のトランザクション内インデックス、最初のアウトプットの場合は0
1-9バイト（VarInt）	Unlocking-Script Size	unlocking-script のバイト長
可変サイズ	Unlocking-Script	UTXO の locking script を満たす script
4バイト	Sequence Number	現在トランザクション置換は使用不可になっていて、0xFFFFFFFF に固定

表8-2 generation トランザクションインプットの構造

サイズ	フィールド名	説明
32バイト	Transaction Hash	すべてのビットが0であり、他のトランザクションハッシュの参照はしていない
4バイト	Output Index	すべてのビットが1：0xFFFFFFFF
1-9バイト（VarInt）	Coinbase Data Size	coinbase data サイズの長さ（2〜100バイト）
可変サイズ	Coinbase Data	バージョン2ブロックの extra nonce や mining tag のために使われる任意のデータであり、ブロック高から始まらなければならない
4バイト	Sequence Number	0xFFFFFFFF に固定

generation トランザクションでは、最初の2つのフィールドは UTXO への参照を表現していない値が設定されています。通常のトランザクションの「Transaction Hash」の代わりに、最初のフィールドはすべてが0の32バイトで埋められています。「Output Index」はすべてが0xFF（10進数で255）に設定された4バイトで埋められています。「Unlocking Script」は coinbase data で置き換えられており、マイナーによって使われる任意のデータを入れられるフィールドになっています。

coinbase data

generation トランザクションは unlocking script フィールド（または scriptSig）を持っていません。その代わりに、このフィールドは coinbase data フィールドで置き換えられています。このフィールドに入るデータは、2バイト〜100バイトの間のデータになっていなければ

なりません。

例えばサトシ・ナカモトは、genesisブロックのcoinbase dataフィールドに、日付と"The Times 03/Jan/2009 Chancellor on brink of second bailout for banks"というテキストを加えました。サトシ・ナカモトはこれを、日付の証明と伝えたいメッセージのために使用しています。以下の節で見るように、現在マイナーはCoinbase Dataフィールドをextra nonceやマイニングプールを特定する文字列を含めることに使っています。

coinbase dataフィールドの最初の数バイトは任意に使われていましたが、現在はもはやこのようにはなっていません。Bitcoin Improvement Proposal 34（BIP0034）にある通り、version-2ブロック（ブロックのversionフィールドが2）では、スクリプトの「push」オペレーションのようにcoinbase dataフィールドの最初にブロック高を入れておかなければなりません。

ブロック277,316では、このcoinbase dataフィールド（例8-4参照）に03443b0403858402062f503253482fという16進数が含まれています。これはトランザクションインプットの「Unlocking Script」またはscriptSigフィールドにあります。これをデコードしてみましょう。

最初の1バイト03は、スクリプト実行エンジンに次の3バイトをスクリプトスタックにpushするという意味です（表A-1参照）。次の3バイト0x443b04は、リトルエンディアンフォーマット（逆読み、最下位バイトが最初に来る）でエンコードされたブロック高です。バイトの順番を逆にして0x043b44にし、これを10進数で読むと277,316になります。

次の数個の16進数（03858402062）は、proof of workの適切な解を探すためのextra nonce（本章「extra nonceによる解決」節参照）またはランダムな値をエンコードするために使われます。

coinbase dataフィールドの最後の部分（2f503253482f）は/P2SH/のASCIIコードで、このブロックをマイニングしたマイニングビットコインノードが、BIP0016で定義されているpay-to-script-hash（P2SH）をサポートしていることを示しています。P2SHの導入には、BIP0016またはBIP0017のいずれを支持するかを示すためのマイナーによる「投票」が必要でした。BIP0016の実装は/P2SH/をcoinbase dataフィールドに含めることであり、BIP0017の実装はp2sh/CHVをcoinbase dataフィールドに含めることでした。結果的にBIP0016の実装が勝者として選ばれ、多くのマイナーはP2SHへの支持を表明するために/P2SH/をcoinbase dataフィールドに含め続けることになったのです。

例8-6は第3章「その他のビットコインクライアント、ライブラリ、ツールキット」節で紹介したlibbitcoinライブラリを使っており、genesisブロックからcoinbase dataフィールドを取り出してサトシのメッセージを表示するものです。libbitcoinライブラリはgenesisブロックの静的なコピーを持っており、このサンプルコードではこのライブラリから直接genesisブロックを取得することができます。

例8-6　genesisブロックからのcoinbase dataフィールドの抽出

```
/*
  Display the genesis block message by Satoshi.
*/
```

```
#include <iostream>
#include <bitcoin/bitcoin.hpp>

int main()
{
    // Create genesis block.
    bc::block_type block = bc::genesis_block();
    // Genesis block contains a single coinbase transaction.
    assert(block.transactions.size() == 1);
    // Get first transaction in block (coinbase).
    const bc::transaction_type& coinbase_tx = block.transactions[0];
    // Coinbase tx has a single input.
    assert(coinbase_tx.inputs.size() == 1);
    const bc::transaction_input_type& coinbase_input = coinbase_tx.inputs[0];
    // Convert the input script to its raw format.
    const bc::data_chunk& raw_message = save_script(coinbase_input.script);
    // Convert this to an std::string.
    std::string message;
    message.resize(raw_message.size());
    std::copy(raw_message.begin(), raw_message.end(), message.begin());
    // Display the genesis block message.
    std::cout << message << std::endl;
    return 0;
}
```

例8-7では、このコードをGNU C++コンパイラでコンパイルし、出力される実行ファイルを実行しています。

例8-7　satoshi-words サンプルコードのコンパイルと実行

```
$ # Compile the code
$  g++ -o satoshi-words satoshi-words.cpp $(pkg-config --cflags --libs libbitcoin)
$ # Run the executable
$ ./satoshi-words
^D��<GS>^A^DEThe Times 03/Jan/2009 Chancellor on brink of second bailout for banks
```

ブロックヘッダの構築

ブロックヘッダを構築するために、このマイニングビットコインノードは表8-3にリストアップしてある6つのフィールドを埋める必要があります。

表8-3　ブロックヘッダの構造

サイズ	フィールド名	説明
4バイト	Version	ソフトウェア／プロトコルバージョン番号
32バイト	Previous Block Hash	1つ前のブロック（親ブロック）のハッシュ
32バイト	Merkle Root	ブロック内の全トランザクションに関するマークルツリーのrootハッシュ
4バイト	Timestamp	ブロックのおおよその生成時刻（Unix秒）
4バイト	Difficulty Target	ブロック生成時のproof-of-workアルゴリズムのdifficulty
4バイト	Nonce	proof-of-workアルゴリズムで用いられるカウンタ

　ブロック277,316がマイニングされた時点で、このブロック構造を記述しているversionは2で、このブロックには4バイトをリトルエンディアンでエンコードした0x02000000が入っています。

　次に、このマイニングビットコインノードは「1つ前のブロックハッシュ」を追加する必要があります。これはブロック277,315のブロックヘッダのハッシュです。このビットコインネットワークから受け取った1つ前のハッシュは、ジンのビットコインノードが候補ブロック277,316の親として選んだブロックです。下記はブロック277,315のブロックヘッダハッシュです。

```
0000000000000002a7bbd25a417c0374cc55261021e8a9ca74442b01284f0569
```

　次のステップは、すべてのトランザクションをマークルツリーにまとめることです。これはマークルルートをブロックヘッダに加えるためです。generationトランザクションは、ブロックの最初のトランザクションになっています。418個のトランザクションはこのgenerationトランザクションの後に追加され、全部で419個のトランザクションがブロックの中にあることになります。第7章「マークルツリー」節で見たように、マークルツリーは偶数個の「葉」ノードを持たなければなりません。このため、最後のトランザクションは重複することになり、420個の葉ノードが作られます。それぞれ葉ノードは、トランザクションのハッシュを保持しています。トランザクションハッシュはペアを組んで結びつけられ、マークルツリーの階層を作っていき、すべてのトランザクションがマークルツリーの「ルート（根）」に1つの葉ノードが作られるまで続きます。マークルツリーのルートはすべてのトランザクションを1つの32バイトの値にまとめています。この値は例8-3の「merkle root」を見ることで確認でき、その値は以下になっています。

```
c91c008c26e50763e9f548bb8b2fc323735f73577effbc55502c51eb4cc7cf2e
```

　このときマイニングビットコインノードはUnixの「Epoch」タイムスタンプのようにエンコードされた4バイトのタイムスタンプを追加します。Unixの「Epoch」タイムスタンプは、1970年1月1日深夜0:00 UTC/GMTから経過した秒数に基づいています。時刻1388185914は2013年12月27日金曜日 23:11:54 UTC/GMTと同じです。

　この後このビットコインノードはdifficulty targetを埋めます。これはこのブロックを有効にするために必要なproof-of-work difficultyを定義しています。このdifficultyはブロック内

に「difficulty bits」として保存されていて、指数表記の形でエンコードされています。このエンコーディングは1バイトの指数部、3バイトの仮数部（係数）を持っています。例えばブロック277,316の場合、difficulty bits の値は0x1903a30c です。最初の部分0x19は16進数指数部で、次の部分0x03a30c は係数です。difficulty target のコンセプトについては本章「Difficulty Target と Retargeting」節で説明し、「difficulty bits」表現については本章「difficulty の表現」節で説明します。

最後のフィールドは nonce で、初期値は0です。

すべての他のフィールドを埋めると、ブロックヘッダは完全なものとなり、マイニングプロセスを始めることができます。ゴールは difficulty target よりも小さいブロックヘッダハッシュになる nonce に対する値を見つけることです。必要条件を満たすような nonce を見つける前に、このマイニングビットコインノードは何十億個や何兆個もの nonce の値を調べてみる必要があるのです。

ブロックのマイニング

今や候補ブロックはジンのビットコインノードによって構築され、ジンのハードウェアマイニング専用マシンがブロックを「採掘」しブロックを有効にする proof-of-work アルゴリズムに対する解を見つけるときです。本書を通して、ビットコインシステムのいろいろな面で暗号学的ハッシュ関数を使ってきました。ハッシュ関数 SHA256は、ビットコインのマイニングプロセスの中で使われている暗号学的ハッシュ関数です。

ごく簡単に言うと、マイニングとは1つのパラメータを変えながらブロックヘッダを繰り返しハッシュ化するプロセスで、出力されるハッシュが特別な条件を満たすまで行われます。ハッシュ関数の結果を前もって決めることはできず、また特別なハッシュ値を作り出すためのパターンを作り出すこともできません。このハッシュ関数の特徴は次のことを意味しています。特別な条件に合うハッシュを作り出すただ1つの方法は、入力をランダムに修正しながら偶然に欲しいハッシュが現れるまで試行を繰り返し繰り返し行うことです。

Proof-Of-Work アルゴリズム

ハッシュアルゴリズムは任意の長さのデータを入力とし、デジタル指紋として固定長の決定性を持った結果を作ります。どんな入力に対しても、入力が同じであれば出力されるハッシュは常に同じです。また、たやすく計算することができ、同じハッシュアルゴリズムを実装している人なら誰でも検証できます。暗号学的ハッシュアルゴリズムのキーとなる特徴は、同じデジタル指紋を作り出す違った2つの入力を探すことは事実上不可能であることです。ランダムな入力を試す以外に、出力として欲しいデジタル指紋を作り出す入力を選ぶということも考えられますが、この特徴の自然な帰結として、このような入力を選ぶこともまた事実上不可能なのです。

SHA256だと出力結果は常に256ビットの長さになり、これは入力のデータサイズに関係なく決まります。例8−8では、Python インタプリタを使ってフレーズ "I am Satoshi

Nakamoto."のSHA256ハッシュを計算しています。

例8-8　SHA256での例

```
$ python

Python 2.7.1
>>> import hashlib
>>> print hashlib.sha256("I am Satoshi Nakamoto").hexdigest()
5d7c7ba21cbbcd75d14800b100252d5b428e5b1213d27c385bc141ca6b47989e
```

例8-8は"I am Satoshi Nakamoto"のハッシュ 5d7c7ba21cbbcd75d14800b100252d5b428e5b1213d27c385bc141ca6b47989e を計算した結果を示しています。この256ビットの数字はこのフレーズのハッシュ（ダイジェスト）で、このフレーズのすべての部分に依存しています。1個の文字、句読点、または他のいかなる文字でも追加すると異なるハッシュが生成されます。

今、もしこのフレーズを変えると、完全に違ったハッシュが生成されるはずです。フレーズの最後に数字を追加して作った新しいフレーズのハッシュが全く違うハッシュになることを試してみましょう。ハッシュ生成には例8-9にあるシンプルなPythonスクリプトを使います。

例8-9　nonce生成を繰り返すことで多くのSHA256ハッシュを生成するスクリプト

```
# example of iterating a nonce in a hashing algorithm's input

import hashlib

text = "I am Satoshi Nakamoto"

# iterate nonce from 0 to 19
for nonce in xrange(20):

    # add the nonce to the end of the text
    input = text + str(nonce)

    # calculate the SHA-256 hash of the input (text+nonce)
    hash = hashlib.sha256(input).hexdigest()

    # show the input and hash result
    print input, '=>',  hash
```

これを実行すると、テキストの最後に数字を追加して違った形に作られたいくつかのフ

レーズのハッシュが生成されます。例8-10に示している通り、数字を1つずつ増やしていくと違ったハッシュを得ることができます。

例8-10　nonce 生成を繰り返すことで多くの SHA256ハッシュを生成するスクリプト実行出力

```
$ python hash_example.py

I am Satoshi Nakamoto0 => a80a81401765c8eddee25df36728d732...
I am Satoshi Nakamoto1 => f7bc9a6304a4647bb41241a677b5345f...
I am Satoshi Nakamoto2 => ea758a8134b115298a1583ffb80ae629...
I am Satoshi Nakamoto3 => bfa9779618ff072c903d773de30c99bd...
I am Satoshi Nakamoto4 => bce8564de9a83c18c31944a66bde992f...
I am Satoshi Nakamoto5 => eb362c3cf3479be0a97a20163589038e...
I am Satoshi Nakamoto6 => 4a2fd48e3be420d0d28e202360cfbaba...
I am Satoshi Nakamoto7 => 790b5a1349a5f2b909bf74d0d166b17a...
I am Satoshi Nakamoto8 => 702c45e5b15aa54b625d68dd947f1597...
I am Satoshi Nakamoto9 => 7007cf7dd40f5e933cd89fff5b791ff0...
I am Satoshi Nakamoto10 => c2f38c81992f4614206a21537bd634a...
I am Satoshi Nakamoto11 => 7045da6ed8a914690f087690e1e8d66...
I am Satoshi Nakamoto12 => 60f01db30c1a0d4cbce2b4b22e88b9b...
I am Satoshi Nakamoto13 => 0ebc56d59a34f5082aaef3d66b37a66...
I am Satoshi Nakamoto14 => 27ead1ca85da66981fd9da01a8c6816...
I am Satoshi Nakamoto15 => 394809fb809c5f83ce97ab554a2812c...
I am Satoshi Nakamoto16 => 8fa4992219df33f50834465d3047429...
I am Satoshi Nakamoto17 => dca9b8b4f8d8e1521fa4eaa46f4f0cd...
I am Satoshi Nakamoto18 => 9989a401b2a3a318b01e9ca9a22b0f3...
I am Satoshi Nakamoto19 => cda56022ecb5b67b2bc93a2d764e75f...
```

　それぞれのフレーズは完全に違ったハッシュを生成します。これらは完全にランダムであるように見えますが、Python がインストールされているどんなコンピュータでもこの例にある結果を厳密に再生成でき、全く同じハッシュを見ることができます。

　このシナリオの中で変数として使われている数字は nonce と呼ばれています。この nonce は暗号学的関数の出力を変えるために使われ、この例の場合フレーズの SHA256デジタル指紋を変えるために使われています。

　このアルゴリズムで課題を作るために何か条件を設定しましょう：「0から始まる16進数ハッシュを生成するフレーズを探しなさい」。幸運なことに、これは難しくありません！例8-10が示すように、フレーズ "I am Satoshi Nakamoto13" はハッシュ 0ebc56d59a34f5082aaef3d66b37a661696c2b618e62432727216ba9531041a5を生成しており、これはさきほどの条件に合っているものです。これを見つけるために13回の試行を行いました。確率論的に言うと、もしハッシュ関数の出力が均等に分布しているとすると、16ハッシュごとに1回16進数のハッシュの最初が0になる結果が見つかるでしょう（0からFまでの16個の16進数のうちの1

つ）。これは 0x1000000000000000000000000000000000000000000000000000000000000000 よりも小さいハッシュ値を探すことを意味します。私たちはこの閾値を target と呼ぶことにし、ゴールを target よりも小さいハッシュを見つけることとします。もし target を小さくすれば、target より小さいハッシュを見つけることはさらに難しくなります。

イメージしやすくするために、プレイヤーが2つのサイコロを繰り返し投げ、特定の target よりも和が小さくなるようにするゲームを想像してみましょう。最初の回では target は12です。6を2つ出さなければあなたの勝ちです。次の回では target を11にしましょう。プレイヤーは10かそれより小さくしなければなりませんが、これも簡単です。数回やってみたあと target を5に下げてみましょう。今、投げたサイコロの半分以上が5よりも大きくなってしまいました。target がより低くなればなるほど、勝つために投げるサイコロの回数は指数関数的に大きくなっていきます。結局、target が2（最低限の数値）では、36回サイコロを投げるうちたった1回、つまり全体の2% だけがゲームに勝つ結果を生成することになります。

例8-10では、勝利できる「nonce」は13で、この結果は誰でも独立に確認することができます。誰でも数値13をさきほどのフレーズ"I am Satoshi Nakamoto"の最後に追加し、ハッシュを計算し、target より小さいことを検証できます。そして、この検証結果は proof of work でもあるのです。というのは、これがあの nonce を見つける仕事をしたことの証明だからです。検証するためにはたった1回のハッシュ計算でよい一方、うまくいく nonce を見つけるためには13回のハッシュ計算が必要になります。もしより低い target（より高い difficulty）を使ったとすると、適した nonce を探すためにさらにたくさんのハッシュ計算が必要になるのですが、検証は誰でも1回のハッシュ計算で済みます。さらに、target を知ることによって、統計を使って誰でも difficulty の見積もりをすることができ、よってどれだけの仕事がそのような nonce を見つけるために必要だったかを知ることができるのです。

ビットコインの proof of work は例8-10に示した課題ととても似ています。まずマイナーはトランザクションで埋められた候補ブロックを構築します。次に、ブロックのヘッダのハッシュを計算し、現在の target より小さいかどうかを確認します。もしそのハッシュが target よりも小さくなければ、マイナーは nonce を修正し（通常は1つ増加させるだけです）、再びハッシュを計算します。現在のビットコインネットワークでの difficulty は、ブロックヘッダハッシュが十分小さくなる nonce を見つける前にマイナーは1000兆回ハッシュを計算する必要があります。

とても簡略化された proof-of-work アルゴリズムは例8-11に Python で実装されています。

例8-11　簡略化された proof-of-work 実装

```
#!/usr/bin/env python
# example of proof-of-work algorithm

import hashlib
import time
```

```
max_nonce = 2 ** 32 # 4 billion


def proof_of_work(header, difficulty_bits):

    # calculate the difficulty target
    target = 2 ** (256-difficulty_bits)

    for nonce in xrange(max_nonce):
        hash_result = hashlib.sha256(str(header)+str(nonce)).hexdigest()

        # check if this is a valid result, below the target
        if long(hash_result, 16) < target:
            print "Success with nonce %d" % nonce
            print "Hash is %s" % hash_result
            return (hash_result,nonce)

    print "Failed after %d (max_nonce) tries" % nonce
    return nonce


if __name__ == '__main__':

    nonce = 0
    hash_result = ''

    # difficulty from 0 to 31 bits
    for difficulty_bits in xrange(32):

        difficulty = 2 ** difficulty_bits
        print "Difficulty: %ld (%d bits)" % (difficulty, difficulty_bits)

        print "Starting search..."

        # checkpoint the current time
        start_time = time.time()

        # make a new block which includes the hash from the previous block
        # we fake a block of transactions - just a string
        new_block = 'test block with transactions' + hash_result

        # find a valid nonce for the new block
        (hash_result, nonce) = proof_of_work(new_block, difficulty_bits)

        # checkpoint how long it took to find a result
        end_time = time.time()
```

```
        elapsed_time = end_time - start_time
        print "Elapsed Time: %.4f seconds" % elapsed_time

        if elapsed_time > 0:

            # estimate the hashes per second
            hash_power = float(long(nonce)/elapsed_time)
            print "Hashing Power: %ld hashes per second" % hash_power
```

このコードを実行すると、欲しいdifficultyを設定でき（difficultyはビット単位。左から何桁が0でなければならないか）、あなたのコンピュータが解を探すためにどれくらい時間がかかるかを確認できます。そして、例8-12では平均的なノートパソコンを使うとどのようになるかを見ることができます。

例8-12　いろいろなdifficultyに対するproof of workサンプルコードの実行

```
$ python proof-of-work-example.py*

Difficulty: 1 (0 bits)

[...]

Difficulty: 8 (3 bits)
Starting search...
Success with nonce 9
Hash is 1c1c105e65b47142f028a8f93ddf3dabb9260491bc64474738133ce5256cb3c1
Elapsed Time: 0.0004 seconds
Hashing Power: 25065 hashes per second
Difficulty: 16 (4 bits)
Starting search...
Success with nonce 25
Hash is 0f7becfd3bcd1a82e06663c97176add89e7cae0268de46f94e7e11bc3863e148
Elapsed Time: 0.0005 seconds
Hashing Power: 52507 hashes per second
Difficulty: 32 (5 bits)
Starting search...
Success with nonce 36
Hash is 029ae6e5004302a120630adcbb808452346ab1cf0b94c5189ba8bac1d47e7903
Elapsed Time: 0.0006 seconds
Hashing Power: 58164 hashes per second

[...]
```

```
Difficulty: 4194304 (22 bits)
Starting search...
Success with nonce 1759164
Hash is 0000008bb8f0e731f0496b8e530da984e85fb3cd2bd81882fe8ba3610b6cefc3
Elapsed Time: 13.3201 seconds
Hashing Power: 132068 hashes per second
Difficulty: 8388608 (23 bits)
Starting search...
Success with nonce 14214729
Hash is 000001408cf12dbd20fcba6372a223e098d58786c6ff93488a9f74f5df4df0a3
Elapsed Time: 110.1507 seconds
Hashing Power: 129048 hashes per second
Difficulty: 16777216 (24 bits)
Starting search...
Success with nonce 24586379
Hash is 0000002c3d6b370fccd699708d1b7cb4a94388595171366b944d68b2acce8b95
Elapsed Time: 195.2991 seconds
Hashing Power: 125890 hashes per second

[...]

Difficulty: 67108864 (26 bits)
Starting search...
Success with nonce 84561291
Hash is 0000001f0ea21e676b6dde5ad429b9d131a9f2b000802ab2f169cbca22b1e21a
Elapsed Time: 665.0949 seconds
Hashing Power: 127141 hashes per second
```

ご覧のように、difficultyが1ビット増えると、解を見つけるためにかかる時間が指数関数的に増えます。256ビットの数値空間全体を考えてみると、1ビットだけ0にしなければならない制約が増えるたびに、解となる空間が半分になってしまうのです。例8-12では、左から26ビットまでが0になっているようなハッシュを作り出すnonceを見つけるために、8400万回の試行が必要になります。仮に毎秒12万回以上ハッシュ計算ができるコンピュータがあったとしても、この解を見つけるために10分間もかかってしまいます。

本書を執筆している時点で、ビットコインネットワークは000000000000000004c296e6376db3a241271f43fd3f5de7ba18986e517a243baa7より小さいヘッダハッシュを持つブロックが試行されています。ご覧のように、ハッシュの最初に多くの0があります。これは、許容されるハッシュ範囲がとても小さくなっていることを意味し、よって有効なハッシュを見つけることがより難しくなっているということになります。次のブロックをビットコインネットワークが発見するために、平均的に毎秒15京回（150 quadrillion hash）以上のハッシュ計算が必要になっています。これは不可能に見えますが、幸運なことにビットコインネットワークは毎秒100ペタハッシュ（PH/sec、1ペタは1000兆）の演算処理能力を提供しており、これにより

平均約10分間ごとにブロックを見つけることができます。

difficultyの表現

例8-3では、ブロックが「difficulty bits」または単に「bits」と呼ばれる記法で書かれたdifficulty targetを含んでいることを確認しました。ブロック277,316では0x1903a30cという値がdifficulty bitsに入っています。この記法はdifficulty targetを係数部／指数部形式で表すもので、最初の2桁の16進数が指数部（exponent）、次の6桁の16進数が係数（coefficient）です。このブロックでは、指数部が0x19、係数が0x03a30cとなっています。

この記法からdifficulty targetを計算する数式は以下になります。

```
target = coefficient * 2^(8 * (exponent - 3))
```

この数式を使うとdifficulty bits 0x1903a30cは、

```
target = 0x03a30c * 2^(0x08 * (0x19 - 0x03))
```

```
=> target = 0x03a30c * 2^(0x08 * 0x16)
```

```
=> target = 0x03a30c * 2^0xB0
```

10進数で表現すると、

```
=> target = 238,348 * 2^176
```

```
=> target = 22,829,202,948,393,929,850,749,706,076,701,368,331,072,452,018,388,575,715,328
```

これを16進数で表すと以下になります。

```
=> target = 0x0000000000000000003A30C00000000000000000000000000000000000000000
```

これは、ブロック277,316を有効にするにはこのtargetよりも小さいブロックヘッダハッシュを持たなければならないということを意味します。2進数で言うと、この数字は最初の60ビット以上が0になっています。このレベルのdifficultyは、毎秒10億個のハッシュ（毎秒1テラハッシュ、または1TH/sec）を生成できるマイナーだと、平均8,496ブロックに1回ようやく解が見つかる、または59日に1回ようやく解が見つかることになります。

Difficulty Target と Retargeting

これまで見てきたように、target は difficulty を決定し、よって proof-of-work アルゴリズムへの解を見つけることにかかる時間に影響します。ここから自然な疑問点が出てきます。「なぜ difficulty は調整可能なのか、誰がどのように調整しているのか？」

ビットコインのブロックは平均10分ごとに生成されています。これはビットコインの鼓動であり、通貨発行頻度の土台であり、トランザクションが安定に達する時間です。これは短すぎず、また数十年ほど長すぎず、一定に保たれる必要があります。時間とともに、コンピュータの処理速度は急速に速くなっていくと予想され、またマイニングの参加者とコンピュータの数も変わっていきます。ブロックの生成時間を10分に保つためには、difficulty はこれらの変化に合わせて調整されなければなりません。事実、difficulty は動的に変わるパラメータであり、10分ごとのブロック生成を満たすためにたびたび調整されてきました。difficulty target はどんなにマイニング速度が変わっても10分ごとにブロック生成が起こるように設定されているのです。

完全な分散ネットワークでどのようにしてこの調整が行われているのでしょうか。difficulty の retargeting（target の再設定）は自動的にすべてのフルノードで行われます。2,016ブロックごとにすべてのビットコインノードは proof-of-work の difficulty を retarget します。retargeting を行うときは、最後の2,016ブロックが生成されたのにかかった時間（Actual Time of Last 2016 Blocks）を測定し、予想される時間20,160分（10分間でブロック生成が起きたとすると約2週間）と比較します。実際にかかった時間と求められる時間との比が計算され、適した調整（difficulty を上下する）が行われます。もしビットコインネットワークが10分ごとよりも速くブロックを見つければ、difficulty は上がります。もしブロックの発見が予想よりも遅ければ、difficulty は下がります。

この関係式は以下のようにまとめることができます。

```
New Difficulty = Old Difficulty * (Actual Time of Last 2016 Blocks / 20160 minutes)
```

例8-13は、ビットコインコアクライアントの中で使われているコードを示しています。

例8-13　the proof-of-work difficulty を retargeting する

```
    // Limit adjustment step
    int64_t nActualTimespan = pindexLast->GetBlockTime() - nFirstBlockTime;
    LogPrintf("  nActualTimespan = %d  before bounds\n", nActualTimespan);
    if (nActualTimespan < params.nPowTargetTimespan/4)
        nActualTimespan = params.nPowTargetTimespan/4;
    if (nActualTimespan > params.nPowTargetTimespan*4)
        nActualTimespan = params.nPowTargetTimespan*4;

    // Retarget
```

```
        const arith_uint256 bnPowLimit = UintToArith256(params.powLimit);
        arith_uint256 bnNew;
        arith_uint256 bnOld;
        bnNew.SetCompact(pindexLast->nBits);
        bnOld = bnNew;
        bnNew *= nActualTimespan;
        bnNew /= params.nPowTargetTimespan;

        if (bnNew > bnPowLimit)
            bnNew = bnPowLimit;
```

 difficulty の調整は 2,016 ブロックに 1 回起きます。オリジナルのビットコインコアクライアントにある off-by-one エラーのため、difficulty の調整は前の 2,015 ブロックの総時間に基づいています（本来すべき 2,016 ブロックの総時間ではなく）。この結果、difficulty は 0.05% だけ高くなるような retargeting バイアスが生じます。

Interval（2,016ブロック）と TargetTimespan（2週間、1,209,600秒）は chainparams.cpp に定義されています。

difficulty が極端に動きすぎないように、retargeting は調整ごとに4倍または1/4以内になるようになっています。つまり、もし必要な difficulty の調整が4倍よりも大きいまたは1/4よりも小さい場合は、最大でも4倍、最小でも1/4になり、それを超えたものにはなりません。不均衡が次の2,016ブロックの間続いてしまうため、さらなる調整は次の retargeting のときに行われます。このため、ハッシュ生成速度と difficulty の大きな食い違いは数回の retargeting を経て均衡するようになります。

 ビットコインブロックを発見する difficulty は、ネットワーク全体でだいたい **10 分間** になっており、前の 2,016 ブロックを発見するためにかかった時間に基づいて計算されています。

target difficulty はトランザクションの数やトランザクションに含まれる金額には依存しないことに注意してください。これは、ハッシュ生成速度、したがってビットコインを安全に保つために費やされる電気代もまた、トランザクションの数に全く依存しないということです。これにより、今日のハッシュ生成速度が増加しなかったとしても、ビットコインはより広く採用されスケールアップすることができ、安全に保たれます。ハッシュ生成速度が大きくなると、マーケットに参入した新しいマイナーに厳しい報酬競争を強いることになります。十分なハッシュ生成速度が率直に報酬を狙うマイナーによってコントロールされている限り、「買収（takeover）」攻撃を防ぎビットコインを安全に保つことができるのです。

target difficulty は、電気代、および電気代を支払う通貨とビットコインとの交換レートに密接に関係しています。ハイパフォーマンスなマイニングシステムが最近のシリコン製造技術を用いて可能な限り効率化されており、電気をできる限り最高のレートでハッシュ生成計算に転換しています。マイニングマーケット上の主要な影響は1KW/h あたり何 bitcoin かか

るかです。なぜなら、これがマイニングの収益性を決定し、マイニングマーケットに参入するか撤退するかのインセンティブを決めるからです。

うまくいったブロックのマイニング

　前に見たように、ジンのビットコインノードは候補ブロックを構築し、マイニングの準備が整いました。ジンはASIC（application-specific integrated circuits）で作られたいくつかのハードウェアのマイニング専用マシンを持っています。ASICは数十万個の集積回路で並行してSHA256アルゴリズムを計算するもので、途方もないほどのハッシュ生成速度を出します。これらの特別なマシンは、彼のマイニングノードにUSBで接続されています。次に、ジンのデスクトップで動いているマイニングノードは、ブロックヘッダをマイニングハードウェアに送信し、ここから毎秒10億回ものnonceの試行が始まります。

　ブロック277,316のマイニングを始めてから約11分後に、1つのハードウェアマイニング専用マシンが解を見つけ、マイニングノードに送り返しました。ブロックヘッダにそれを入れてみると、nonce 4,215,469,401が以下のブロックハッシュを生成することがわかりました。

```
0000000000000002a7bbd25a417c0374cc55261021e8a9ca74442b01284f0569
```

　これは以下のtargetよりも小さいものです。

```
0000000000000003A30C00000000000000000000000000000000000000000000
```

　すぐに、ジンのマイニングノードはブロックをすべてのピアに送信しました。彼らはこのブロックを受け取り、検証し、この新しいブロックを次に伝搬します。このブロックがビットコインネットワークを波紋のように伝搬していくときに、それぞれのビットコインノードはこのブロックを自身のブロックチェーンのコピーに追加し、ブロック高を277,316に増やします。マイニングノードがこのブロックを受け取り検証したとき、マイニングノードは同じブロック高のブロックの発見を諦め、すぐに次のブロックの計算を始めます。

　次節では、ブロックを検証し最も長いブロックチェーンを選ぶことで、分散化されたブロックチェーンで合意形成を行うプロセスを見ていきます。

新しいブロックの検証

　ビットコインのコンセンサスメカニズムの3つ目のステップは、独立したすべてのビットコインノードによる新しいブロック検証です。新しく解決されたブロックがビットコインネットワークを移動するとき、それぞれのビットコインノードはブロックをピアに送信する前に有効なブロックかどうかを確認するテストを実行します。これは、有効なブロックだけがビットコインネットワークを伝搬するようにするためです。また、独立した検証は、誠実なマイナーがそれらのブロックをブロックチェーンに合体させ報酬を稼ぐことを保証してい

ます。悪意のあるマイナーが作ったブロックがあると、他のビットコインノードから拒否されてしまうため、報酬が得られないだけでなく、proof of work で費やした努力を無駄にし、何の埋め合わせもなく電気代を負担することになります。

　ビットコインノードが新しいブロックを受け取ったとき、満たすべき長い条件リストに照らし合わせてすべてのブロックをチェックし検証します。もし条件を満たさなければブロックは拒否されます。これらの条件はビットコインコアクライアントの中の CheckBlock 関数や CheckBlockHeader 関数で確認でき、以下の条件を含んでいます。

- ブロックのデータ構造が構文的に有効であること
- ブロックヘッダハッシュが target difficulty よりも小さいこと（proof of work を強制する）
- ブロックのタイムスタンプが、ノードが持つ時刻より2時間未来の時刻よりも小さいこと（ノードごとの時刻エラー（時刻違い）のある程度の許容）
- ブロックサイズが受け入れられる制限内であること
- 最初のトランザクション（そして、最初のトランザクションのみ）が coinbasegeneration トランザクションであること
- ブロックに含まれるすべてのトランザクションが本章「独立したトランザクション検証」節で説明したチェックリストを満たすこと

　すべてのビットコインノードによって独立に行われる検証によって、マイナーが不正を行えないようになっています。前節で、新しいビットコインをマイナーに与えるトランザクションを、マイナー自身がどのようにブロック内に書き、トランザクション手数料を要求するかを確認しました。マイナーはなぜ、正しい報酬の代わりに数千 bitcoin を自分に与えるトランザクションを書かないのでしょうか。これは、すべてのビットコインノードが同じルールに従ってブロックを検証しているからです。不正な coinbase トランザクションがあった場合、ブロック全体が無効になってしまい、結局このブロックは拒否され、ブロックチェーンの一部にはなりません。マイナーはすべてのビットコインノードが従っている共有ルールに基づく完全なブロックを構築する必要があり、しかも proof of work の正しい解を伴った形で採掘しなければなりません。これを行うために、マイニングに多大な電気を使います。もし彼らが不正を行えば、すべての電気と努力は無駄になってしまいます。独立した検証が、分散化された合意形成のキーポイントである理由はこの点にあります。

ブロックのチェーンの組み立てと選択

　ビットコインの分散化されたコンセンサスメカニズムの最後のステップは、ブロックをチェーンに組み込むことと、最も多くの proof of work を含むチェーンを選択することです。一度ビットコインノードが新しいブロックが有効であると確認すると、このノードが持っている既存のブロックチェーンに新しいブロックを結びつけて、チェーンを再構成しようとします。

　ビットコインノードは3種類のブロックセットを持っています。1つはメインのブロック

チェーンに紐づけられたブロック。1つはメインのブロックチェーンから枝分かれしたブロック（セカンダリーチェーン）。もう1つはブロックチェーンに既知の親がないブロック（オーファン）です。無効なブロックは検証条件を満たさなかった時点ですぐに拒否されるため、どのチェーンにも含まれません。

「メインチェーン」はどんなときでも、累積 difficulty が最も多くなっているチェーンになっています。同じ長さのチェーンがあり、片方がより多くの proof of work を持っている場合を除き、ほとんどの状況下ではこれは最も多くのブロックを持っているチェーンということになります。メインチェーンは、メインチェーンのブロックに繋がった「sibling（兄弟姉妹）」ブロックのブランチを持つこともあります。これらのブロックは有効ですが、メインチェーンの一部ではありません。これらが保持されているのは、将来これらのチェーンのうちの1つがメインチェーンを difficulty で上回り、sibling ブロック側のチェーンに拡張されていく場合に参照できるようにするためです。次節（「ブロックチェーンフォーク」）では、ほとんど同時に同じブロック高を持つブロックが採掘された結果として、どのようにセカンダリーチェーンが生じるかを説明します。

新しいブロックを受け取ったとき、ビットコインノードはすでにあるブロックチェーンにブロックを追加しようとします。このビットコインノードはブロックの「previous block hash」フィールドを確認します。previous block hash フィールドは新しいブロックの親を参照しています。このビットコインノードは対応した親を探そうとします。ほとんどの場合、親はメインチェーンの「先頭」にあり、これが意味するのはメインチェーンが新しいブロックで拡張されるということです。例えば、新しいブロック 277,316 が親ブロック 277,315 のブロックハッシュを参照しているような場合です。ブロック 277,316 を受け取ったほとんどのビットコインノードはすでにメインチェーンの先頭ブロックとしてブロック 277,315 を持っており、よって新しいブロックを連結し、メインチェーンを拡張することになるのです。

本章「ブロックチェーンフォーク」節で見るように、ときどき新しいブロックがメインチェーン以外のチェーンを拡張することがあります。この場合、ビットコインノードは新しいブロックをセカンダリーチェーンにくっつけ、セカンダリーチェーンとメインチェーンの difficulty を比較します。もしセカンダリーチェーンの累積 difficulty がメインチェーンの累積 difficulty を上回っていれば、ビットコインノードはセカンダリーチェーンに中心を移し (reconverge) ます。セカンダリーチェーンを新しいメインチェーンとして選び、古いメインチェーンをセカンダリーチェーンにすることを意味しています。もしこのビットコインノードがマイナーであれば、この新しくより長いチェーンを拡張していくようにブロックを構築していくことになります。

もし有効なブロックを受け取っても既存のチェーンに親が見つからなかった場合、このブロックは「オーファン」とみなされます。オーファンブロックは、親を受け取るまでオーファンブロックプールに保持されます。親をビットコインネットワークから受け取り、既存のチェーンに連結すると、オーファンブロックはオーファンプールから取り出されて親に連結され、チェーンの一部になります。オーファンブロックは、ほぼ同時にマイニングされた2つのブロックを逆順（親より前に子）で受け取ったときに生じるものです。

最も大きい difficulty を持つチェーンを選ぶと、すべてのビットコインノードはネット

ワーク全体のコンセンサスに到達し、一時的なチェーン同士の不一致はより多くの proof of work が追加されるにつれて結局は解決されます。マイニングノードはどのチェーンが拡張されていくかを選ぶことでマイニングパワーを（チェーンに）「投票」していることになります。このマイニングノードが新しいブロックを採掘しチェーンを拡張するとき、新しいブロックそのものがマイニングノードの投票を表すのです。

次の節では、最も長い difficulty チェーンを独立に選ぶことで、チェーン同士（フォーク）がどのようにして競争による不一致を解決しているかを見ていきます。

ブロックチェーンフォーク

ブロックチェーンは分散化されているため、異なったコピーは常に一致しているわけではありません。ブロックが異なったビットコインノードに別々のタイミングで到着するかもしれず、ノードごとにブロックチェーンの状態は変わってしまうのです。これを解決するために、個々のビットコインノードは、常に最も多くの proof of work を持っているブロックのチェーンを選び、拡張しようとしています。このブロックのチェーンは最長チェーン（the longest chain）または最大累積 difficulty チェーン（the greatest cumulative difficulty chain）とも呼ばれています。チェーンの各ブロックに記録されている difficulty を足し合わせることで、ビットコインノードはこのチェーンを作るために使われた proof of work の総量を計算できます。すべてのビットコインノードが最大累積 difficulty チェーンを選んでいる限り、グローバルなビットコインネットワークは結果的に矛盾のない状態に収束します。フォークはブロックチェーンの異なるバージョン間での一時的な不一致によって生じますが、多くのブロックがフォークのうちの1つに追加されることで、結果的に不一致が解消されるようになります。

いくつかの図を使って、ビットコインネットワークの中でどのように「フォーク」が生じるのかを見ていきましょう。これらの図はグローバルに広がるビットコインネットワークを簡略化した表現です。実際には、ビットコインネットワークのトポロジーは地理的に組織されているわけではなく、むしろビットコインノード間のメッシュネットワークとして構成されています。ネットワーク的に近くても地理的にはとても離れているかもしれません。地理的トポロジーの表現は、フォークを図解するための簡略化なのです。実際のビットコインネットワークではビットコインノード間の「距離」をノードからノードへの「ホップ数」によって測っており、物理的な距離ではないです。図解のため、異なったブロックは異なった色で表され、異なったブロックがビットコインネットワークを通して広がり通過していったコネクションは、ブロックの色と同じ色に塗られています。［訳注：日本語訳の図では、これらを以下の形で表現しています。青ブロック：ブロックP・細い線、赤ブロック：ブロックA・太い線、緑ブロック：ブロックB・点線、ピンクブロック：ブロックX・グレー線］

最初のダイアグラム（図8-2）では、ビットコインネットワークが同じブロックチェーンを持っている状態を表し、青で表されたブロックはメインチェーンの先端ブロックを表します。

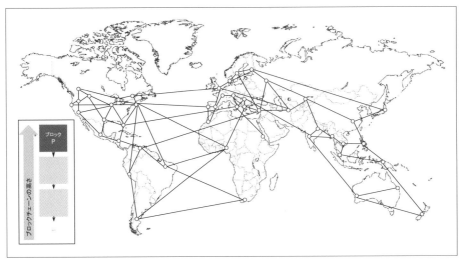

図8-2 ブロックチェーンのフォークが生じる過程の可視化：フォークが生じる前

　「フォーク」は競争している2つの候補ブロックがあればいつでも生じる可能性があり、通常2人のマイナーが互いにほぼ同時刻にproof-of-workアルゴリズムの解を見つけると起こります。両方のマイナーがそれぞれの候補ブロックに対する解を見つけると、彼らはただちに自身の「勝ち取った」ブロックを近接ノードにブロードキャストし、近接ノードはこのブロックを次々にビットコインネットワークに伝搬させていきます。有効なブロックを受け取ったビットコインノードはこのブロックをローカルのブロックチェーンに追加し、1ブロックだけブロックチェーンを拡張します。もしこのビットコインノードが、同じ親を持つ別の候補ブロックを後で見つけた場合は、セカンダリーチェーンに後から来た候補ブロックをつなげます。結果として、いくつかのビットコインノードは最初の候補ブロックを「見て」、他のビットコインノードは別の候補ブロックを見ることになるため、互いにぶつかる2つのブロックチェーンが生じることになるのです。

　図8-3は、ほぼ同時に異なったブロックを採掘した2人のマイナーを表しています。これらのブロックは両方とも青のブロックの子で、青のブロックの上に追加し、チェーンを拡張します。ブロックを追跡しやすくするために、カナダで作られたブロックは赤、オーストラリアで作られたブロックは緑にしてあります。

　例として、カナダのマイナーが「赤」のブロックに対するproof-of-workの解を見つけたとします。ほぼ同時に、オーストラリアのマイナーは「緑」のブロックに対する解を見つけました。この時点で、2つの可能なブロックがあり、カナダで作られた方を「赤」、オーストラリアで作られた方を「緑」と呼ぶことにします。両方のブロックが有効であり、proof of workに対する有効な解を持っており、また同じ親ブロックを拡張するブロックとなっています。両方のブロックがおそらく大方同じトランザクションを持っており、違いとしてはトランザクションの順番くらいです。

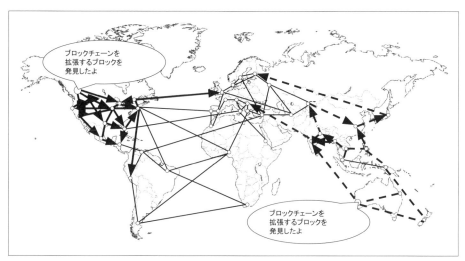

図8-3　ブロックチェーンのフォークが生じる過程の可視化：2つのブロックが同時に見つかった例

　2つのブロックが伝搬するときに、いくつかのビットコインノードは「赤」のブロックを最初に受け取り、いくつかのビットコインノードは「緑」のブロックを最初に受け取ります。図8-4に示しているように、ビットコインネットワークは2つのブロックチェーンに分かれてしまい、片側は「赤」のブロックが先端にあり、もう1つは「緑」のブロックが先端にあるようになっています。

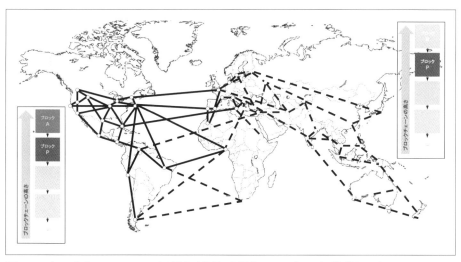

図8-4　ブロックチェーンのフォークが生じる過程の可視化：2つのブロックが伝搬し、ビットコインネットワークを2つに分割している

　その瞬間から、カナダのビットコインノードに（地理的ではなくトポロジー的に）最も近いビットコインノードは最初に「赤」のブロックを受け取り、ブロックチェーンの最新のブ

ロックとして「赤」のブロックを持った新しいブロックチェーン（最も大きい累積difficultyを保持）を生成します（例えば、青－赤と繋がるブロックチェーン）。そして、少し後に届いた「緑」の候補ブロックは無視することになります。一方、オーストラリアのビットコインノードに近いビットコインノードはオーストラリアのビットコインノードが発見したブロックを受け取り、最新のブロックとして「緑」のブロックをつける形でブロックチェーンを拡張します（例えば、青－緑と繋がるブロックチェーン）。そして、数秒後に届いた「赤」のブロックは無視することになります。「赤」のブロックを最初に見たどんなマイナーもすぐに親として「赤」のブロックを参照する候補ブロックを構築し、これらの候補ブロックに対するproof of workを解き始めます。一方、「緑」のブロックを受け入れたマイナーは「緑」のブロックを頂点とするブロックチェーンを構築し、このブロックチェーンを拡張し始めます。

　フォークはほとんど常に1ブロック以内で解決されます。「赤」のブロックを親とする一部のビットコインネットワークのハッシングパワーが「赤」を親とするブロックチェーンの構築に投じられ、また別のビットコインネットワークのハッシングパワーは「緑」を親とするブロックチェーンの構築に投じられます。たとえハッシングパワーがほぼ均等に分割されてしまったとしても、あるマイナーが解を見つけ、他の解を見つけたマイナーよりも前にそれを伝搬することになります。例えば、「緑」のブロックを頂点に持つブロックチェーンを構築しているマイナーが「ピンク色」の新しいブロックを見つけてブロックチェーンを拡張する（例えば、青－緑－ピンクと繋がるブロックチェーン）と考えてみましょう。彼らはすぐにこの新しいブロックを伝搬し、図8-5にあるようにビットコインネットワーク全体がこのブロックを有効な解として確認するようになります。

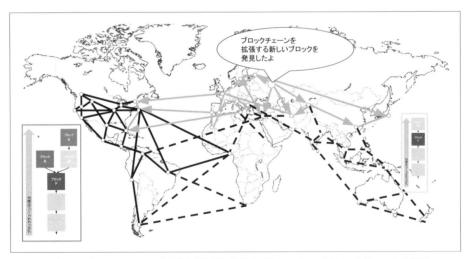

図8-5　ブロックチェーンのフォークが生じる過程の可視化：新しいブロックが1つのフォークを拡張

　前のラウンドで「緑」のブロックの勝者として選んだすべてのビットコインノードは、単にさらに1個ブロックをブロックチェーンに拡張していくだけです。しかし、「赤」のブロックを勝者として選んだビットコインノードは、2つのブロックチェーンを見ることにな

ります。青－緑－ピンクのブロックチェーンと、青－赤のブロックチェーンです。今では青－緑－ピンクのブロックチェーンは青－赤のブロックチェーンよりも長くなっています（より多くの累積difficultyを持っている）。図8-6にあるように、結果として、これらのビットコインノードは青－緑－ピンクのブロックチェーンをメインチェーンとして選び、青－赤のブロックチェーンをセカンダリーチェーンに変更します。これがブロックチェーンの再収縮（reconvergence）で、より長いブロックチェーンの新しい情報を吸収するために、これらのビットコインノードがブロックチェーンの見方を変更することを強制されることで起こります。青－赤のブロックチェーンを拡張しようとしているどんなマイナーもこの拡張をやめます。というのは、彼らの候補ブロックの親がもはや最長ブロックチェーン上にはなく、この候補ブロックが「オーファン（孤児）」になってしまったためです。「赤」ブロックの中にあったトランザクションは次のブロックの中で処理されるために再度マイニング対象になります。「赤」ブロックはもはやメインチェーンにはないのです。ビットコインネットワーク全体が青－緑－ピンクの1つのブロックチェーンに再収縮すると、「ピンク」のブロックがブロックチェーンの最新ブロックとなります。青－緑－ピンクのブロックチェーンを拡張するために、すべてのマイナーがすぐに「ピンク色」のブロックを親として参照している候補ブロックで作業を開始します。

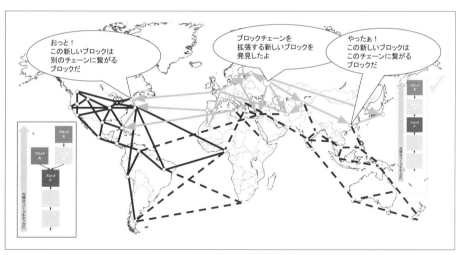

図8-6　ブロックチェーンのフォークが生じる過程の可視化：ビットコインネットワークが新しい最長ブロックチェーンに再収縮する

　もし2つのブロックがほぼ同時にフォークの「両方の端」で見つかれば、理論的にはフォークが2ブロック分拡張することは可能です。しかし、これが生じる可能性はとても低いです。1ブロックのフォークは毎週起こりえますが、2ブロックのフォークは極めて稀です。
　10分間というビットコインのブロック間隔は、承認までにかかる時間（トランザクションの確定）とフォークが生じる確率の間の妥協点なのです。ブロック間隔をより短くすればトランザクションをより早く確定できますが、ブロックチェーンのフォークがより頻繁に起こっ

てしまうことになります。一方、ブロック間隔を長くすればフォークの数は減りますが、トランザクションの確定に時間がかかることになります。

マイニングとハッシュ化競争

ビットコインマイニングは極度に競争が激しい業界です。ハッシングパワーはビットコインが現れてから毎年指数関数的に増加してきています。ここ数年の成長はテクノロジーの進化を反映しており、例えば2010年、2011年は多くのマイナーがCPUマイニングからGPUマイニングとフィールドプログラマブルゲートアレイ（FPGA）マイニングに変えています。2013年はASICマイニングが始まり、もう1つのマイニングパワーの急激な上昇が起こりました。ASICマイニングは、SHA256関数を直接にシリコンチップ上に記述することでマイニングに特化させた方法です。これを使った最初のチップだけで、2010年にビットコインネットワーク全体が出したマイニングパワーよりも多くのマイニングパワーを提供することができました。

以下のリストは最初の5年間におけるビットコインネットワークの総ハッシングパワーの推移を表しています。

2009年
　0.5 MH/sec–8 MH/sec（16倍成長）

2010年
　8 MH/sec–116 GH/sec（14,500倍成長）

2011年
　16 GH/sec–9 TH/sec（562倍成長）

2012年
　9 TH/sec–23 TH/sec（2.5倍成長）

2013年
　23 TH/sec–10 PH/sec（450倍成長）

2014年
　10 PH/sec–150 PH/sec in August（15倍成長）

図8-7のチャートにある通り、ビットコインネットワークのハッシングパワーは過去2年間で増加しています。ご覧のように、マイナーとビットコインの成長の間の競争によってハッシングパワー（ビットコインネットワーク全体の毎秒総生成ハッシュ数）が指数関数的に増加してきています。

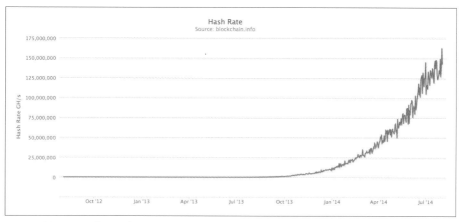

図8-7　総ハッシングパワー（GHash/秒、過去2年間）

マイニングに注ぎ込まれるハッシングパワーの量が爆発的に増えてきたため、difficultyもそれに合わせて上昇してきました。図8-8に示されているチャートにあるdifficultyの数値は、現在のdifficultyを最小difficulty（最初のブロックのdifficulty）で割った率で計算されています。

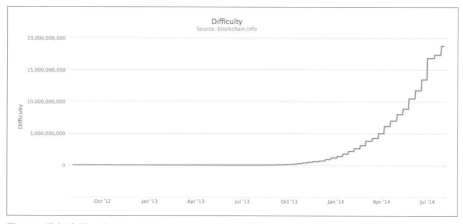

図8-8　過去2年間のビットコインのマイニングdifficulty推移

最近の2年間［訳注：原書執筆時］はASICマイニングチップがより高密度になってきており、シリコン製作における22ナノメートル（nm）の加工寸法（分解能）限界値に近づいてきています。現在、ASICメーカーは汎用CPUチップメーカーを追い越そうとしており、16nm加工寸法チップを設計しています。マイニングの収益性が高いため汎用計算機よりも一層強くこの業界を引っ張っているのです。ただビットコインマイニングに関してさらなる急激な上昇は残されていません。というのは、18か月ごとに半導体の集積密度が約2倍になるというムーアの法則の先端にまで達してしまっているためです。ただチップではなく数千チップを配置できるより高密度なデータセンターの競争によって、さらに高密度な集積の余地があ

ります。このため、ビットコインネットワークのマイニングパワーは依然として指数関数的なペースで進化し続けています。もはや1つのチップでどれだけのマイニングができるかではなく、熱をうまく散らして十分なパワーを提供しつつ、いくつのチップをどれだけデータセンターに詰め込むことができるかの競争になってきています。

extra nonce による解決

　2012年からビットコインマイニングは、ブロックヘッダ構造にある制限を解決しながら発展してきました。ビットコインの初期、target difficulty が低く nonce を使って解を得られるまでは、マイナーは nonce を繰り返し使うことでブロックを発見できました。difficulty が大きくなっていくにつれて、マイナーはブロックを発見することなく nonce の4億通りすべての値を使ってしまうことが頻繁に起きるようになっていました。しかし、これはマイニング経過時間を把握するためのブロックのタイムスタンプを更新することで簡単に解決されました。このタイムスタンプはヘッダの一部であるため、タイムスタンプが変わることでマイナーは nonce の値を繰り返し使い、異なるハッシュ値を得ることができるのです。しかし、一度マイニングハードウェアの処理速度が4GH／秒を超えると、この方法は難しくなってきました。というのは、nonce が1秒以内に使い尽くされてしまうからです。ASIC マイニングが始まるとハッシュレートは TH／秒を超え、マイニングソフトウェアは有効なブロックを見つけるためにより広い nonce スペースが必要になってきました。タイムスタンプを少し引き延ばすことはできましたが、タイムスタンプを将来に移動すると、ブロックを無効にしてしまいます。ブロックヘッダの中のどこかに「変更」が必要になってきました。これに対する解決策は coinbase トランザクションに extra nonce を入れるというものです。coinbase script は2バイト〜 100バイトのデータを記録できるため、マイナーはこのスペースを extra nonce として使い始め、より大きいブロックヘッダの範囲を探索してブロックを見つけることができるようになりました。coinbase トランザクションはマークルツリーに含まれているため、coinbase script にあるどんな変更もマークルートを変化させることになります。8バイト extra nonce と「標準」の4バイト nonce を使って、マイナーはタイムスタンプを変えることなく毎秒 2^{96} 個（8のあとに28個の0が続く数）の探索ができるようになりました。もし将来マイナーがこれらすべての可能性を調べ尽くせるようになれば、タイムスタンプを修正してマイニングをするようになるでしょう。また、将来の extra nonce スペースの拡張のため coinbase script にはまだスペースが残されています。

マイニングプール

　1人でマイニングをしている個人のマイナー（ソロマイナーと呼ばれています）は勝ち目がありません。ブロックを見つけて電気やハードウェアのコストを相殺する見込みは低すぎて、宝くじを買うようなギャンブルになってしまいます。速い消費者向け ASIC マイニングでさえ、水力発電所の近くの巨大な倉庫に数万個のチップを積み重ねて作った商用システムには追いつきません。今ではマイナーはマイニングプールを作って協力しあうようになってお

り、マイニングプールでは個々のマイナーのハッシングパワーを貯め、報酬を数千人の参加者と分けています。マイニングプールに参加すると、マイナーは総報酬のごく一部だけしか得られませんが、毎日平均的に報酬を得られるようになり、不確実性を減らすことができます。

具体的な例を見てみましょう。マイナーが毎秒6,000ギガハッシュ（GH/s）または6TH/sの総ハッシングレートを持つマイニングハードウェアを購入したとします。2014年8月時点で、この装置は約10,000ドルします。このハードウェアは動作時に3キロワット（kW）の電力を消費し、1日に72kW時、金額にして1日平均7、8ドルかかります。現在のdifficultyでは、マイナーは平均155日（5か月）ごとに1回、ブロックを1人で採掘できます。もしマイナーがこの時間間隔で1つのブロックを見つけたとすると、25 bitcoinの支払い（1 bitcoinあたり約600ドル）は1回あたり15,000ドルになり、ハードウェアやこの期間に消費した電気代のコスト全体を差し引くと約3,000ドルの正味利益が残ります。しかし、5か月間に1ブロックを見つけるかどうかはマイナーの運次第です。5か月間に2ブロックを見つけて大きな利益を得るかもしれません。あるいは、10か月間ブロックを見つけることができず損失を被るかもしれません。さらに悪いことに、ビットコインのproof-of-workアルゴリズムのdifficultyは、おそらく時間が経つにつれてハッシングパワーの成長率に沿って著しく上がっていくと考えられます。これは、ハードウェアが実質的に時代遅れになる6か月間が経つ前に、さらにパワフルなマイニングハードウェアで置き替えなければならないということを意味します。もしこのマイナーが5か月に1回の棚ぼた的な15,000ドルを待っている代わりにマイニングプールに参加していれば、1週間に約500ドル〜750ドルを稼ぐことができるでしょう。マイニングプールからの定期的な支払いを使うことで大きなリスクを負うことなくハードウェアや電気代のコストの償却ができます。ハードウェアは6か月〜9か月後に時代遅れになるためリスクはまだ高いですが、少なくとも収入はこの期間の間確実に定期的に入ることになるのです。

マイニングプールは特別なプールマイニングプロトコルを通して、数十万人ものマイナーを束ねています。個々のマイナーはマイニングプールにアカウントを作成した後、マイニング機器をプールサーバに接続するように設定します。マイニングハードウェアはマイニングの最中このプールサーバに接続されたままになっており、他のマイナーとマイニング結果を同期しています。このため、マイニングプールマイナーはブロックをマイニングした結果を共有し、これによって得られた報酬を分配します。

マイニングに成功したブロックの報酬は、プールサーバのビットコインアドレスに支払われます。個々のマイナーではありません。報酬の分配総額がある閾値に達したら、プールサーバは繰り返しマイナーのビットコインアドレスに支払いを行います。プールサーバは、プールマイニングサービスを提供するため、典型的には報酬の一定パーセントを手数料として徴収しています。

マイニングプールに参加しているマイナーたちは、候補ブロックに対する解を探す仕事を分割し、マイニングに対する寄与によって「分配金」を稼ぎます。マイニングプールは分配金を稼ぐためにより低いdifficulty targetを設定します。典型的に、ビットコインネットワークのdifficultyの1000分の1以下のdifficultyになっています。マイニングプールの誰かがブ

ロックをマイニングすると、まずこの報酬はプールによって受け取られ、寄与した仕事量に比例した分配金がすべてのマイナーに配られます。

　マイニングプールはすべてのマイナーに対して公開されています。大・小、プロ・アマは問いません。このため、マイニングプールには単一の小さなマイニングマシンを持った参加者もいれば、ハイエンドマイニングハードウェアをガレージにいっぱい入れてマイニングをしている参加者もいます。一部の参加者は数十KWの電気代を使ってマイニングをしており、また1メガワットを消費してデータセンターを運用している参加者もいます。どのようにしてマイニングプールは個々の寄与を測定し、いかさまができないようにしながら平等に報酬を分配しているのでしょうか？　答えは、プールマイナーの個々の寄与を測るためにビットコインの proof-of-work アルゴリズムを使うことです。ただし、最も小さいプールマイナーでさえも頻繁に分配を受けられ、やりがいを感じられるようにより低い difficulty に設定しておきます。低い difficulty は分配金を稼ぎやすくするためのものですが、マイニングプールはこの低い difficulty を使って個々のマイナーが完了した仕事の量を測定します。プールマイナーが、マイニングプールが設定した difficulty よりも低い difficulty のブロックヘッダハッシュを見つけるたびに、プールマイナーはハッシュ化作業を行ったことを証明することになるのです。さらに重要なこととして、ビットコインネットワーク全体の difficulty target よりも低い difficulty のハッシュを見つける努力に対する貢献度を、proof of work を通して統計的に測定可能な方法で割り振ります。低い difficulty のハッシュを見つけようとしている数千のマイナーが偶然ビットコインネットワークの difficulty target を満たすハッシュを見つけることになるのです。

　前に書いたサイコロゲームの喩えに戻りましょう。サイコロを投げて4よりも小さい値（ビットコインネットワーク全体のdifficulty）を出そうとするなら、プールはより簡単な target を設定し、何回プールプレイヤーが8よりも小さい値を出したかをカウントします。プールプレイヤーが8よりも小さい値（マイニングプールでの共有 difficulty）を出したとき、プールプレイヤーは分配金を得ますが、ゲームには勝っていません。なぜなら（4より小さい値を出すという）ゲームの水準に達していないからです。ゲームに勝てる水準の difficulty target に達しなかったとしても、プールプレイヤーはより簡単な difficulty target をより頻繁に満たすことで、定期的に分配金が彼らに割り振られるようにします。ときどきプールプレイヤーのうちの1人が2つのサイコロの目を足して4より小さい値にした場合、このプールが勝ちます。このときの報酬はプールプレイヤーが得た分配金に基づいてプールプレイヤーに分配されます。8かそれより小さい値を出すという水準がゲームに勝つようなものではなかったとしても、これはプールプレイヤーがサイコロを振ったということを測る公平な方法であり、まれに4よりも小さい値を出すことがあるのです。

　同様に、マイニングプールは個々のプールマイナーがプールの difficulty よりも低い difficulty のブロックヘッダハッシュを頻繁に発見することができるように、プールの difficulty を設定します。ときどきこれらの試行のうちの1つが、ビットコインネットワークでの difficulty target よりも低いブロックヘッダハッシュを作り出し、有効なブロックを作り、プール全体が勝つことになります。

マネージドプール

ほとんどのマイニングプールは「管理された」ものであり、プールサーバを動かしている会社か個人が存在します。このプールサーバの所有者はプールオペレータと呼ばれており、プールマイナーの稼ぎのうちの一定パーセントを手数料としてプールマイナーに課しています。

プールサーバでは、特別なソフトウェアやプールマイナーの活動を調整するプールマイニングプロトコルを動作させています。プールサーバはまた、1つまたは複数のフルビットコインノードとコネクションを張り、ブロックチェーンデータベースの完全なコピーに直接アクセスできるようになっています。これによって、プールサーバはプールマイナーのためにブロックやトランザクションの検証をすることができ、プールマイナーがフルノードを動かす負荷を軽減しています。プールマイナーにとって、これは重要なことです。なぜなら、フルノードには少なくとも15GB 〜 20GB の永続的なストレージ（ディスク）と2GB のメモリ（RAM）を持っている専用コンピュータが必要になるからです。さらに、フルノードで動作しているビットコインソフトウェアを監視し、メンテナンスし、頻繁にアップグレードをする必要があります。メンテナンスの欠如、またはリソースの欠如によって生じたどんなダウンタイムもマイナーの利益を減らしてしまいます。多くのマイナーにとって、フルノードを動作させることなくマイニングができるということは、マネージドプールに参加するもう一つの大きな利点なのです。

プールマイナーは Stratum（STM）や GetBlockTemplate（GBT）のようなマイニングプロトコルを使ってプールサーバに接続しています。少し前の標準的なプロトコルであった GetWork（GWK）は2012年の終わりからほぼ時代遅れになっています。というのは、4GH/s よりも大きいハッシュレートでのマイニングをサポートしていないからです。STM も GBT も候補ブロックヘッダのテンプレートを含むブロックテンプレートを作ります。プールサーバはトランザクションを集めて候補ブロックを構築し、coinbase トランザクション（extra nonce スペースを含む）を追加し、マークルルートを計算し、前のブロックハッシュに連結します。候補ブロックのヘッダはこのときテンプレートとしてプールマイナーそれぞれに送られます。それぞれのプールマイナーはブロックテンプレートを使ってビットコインネットワークの difficulty よりも低い difficulty で採掘をし、成功した結果をプールサーバに送り返し、分配金を稼ぐことになります。

P2Pool

マネージドプールではプールオペレータによって不正がなされる可能性があります。プールオペレータはプールに対する労力を、二重使用トランザクションやブロックの無効化（本章「コンセンサス攻撃」節参照）に仕向けるかもしれません。さらに、中央集権化されたプールサーバが単一障害点になることがあります。もし DOS 攻撃でプールサーバがダウンしたり遅延した場合、プールマイナーは採掘ができません。2011年に、これらの中央集権化の問題点を解決するために、新しいプールマイニング方法が提案され実装されました。P2Pool は peer-to-peer のマイニングプールで、中心的なオペレータがいません。

P2Pool はプールサーバの機能を分散化することで動作し、シェアチェーンと呼ばれるブ

ロックチェーンのような並列システムで実装されています。シェアチェーンはビットコインのブロックチェーンよりも低いdifficultyで動作しているブロックチェーンです。シェアチェーンによってプールマイナーは分散化されたプール内で協力できるようになり、30秒ごとに1シェアブロックの割合でシェアチェーン上の割り当て分を採掘します。シェアチェーン上のそれぞれのブロックは仕事に寄与したプールマイナーに対して仕事量に比例する形で割り当てた報酬を記録し、前のシェアブロックから先頭の方にシェアを運んでいきます。シェアブロックのうち1つでもビットコインネットワークのdifficulty targetに達するものがあれば、それが伝搬されビットコインのブロックチェーン上に埋め込まれ、勝ったシェアブロックを率いたすべてのプールマイナーに報酬が与えられます。本質的には、プールマイナーのシェアと報酬を記録しているプールサーバの代わりに、シェアチェーンがプールマイナーにすべてのシェアを追跡できるようにしており、この追跡にビットコインのブロックチェーンコンセンサスメカニズムのような分散化されたコンセンサスメカニズムが使われています。

P2Poolマイニングはプールマイニングよりも複雑です。なぜなら、フルビットコインノードとP2Poolノードソフトウェアをサポートするための十分なディスクスペース、メモリ、インターネット帯域を持った専用コンピュータをプールマイナーが動作させる必要があるためです。P2Poolマイナーは自身のマイニングハードウェアをローカルのP2Poolノードに接続し、このローカルP2Poolがマイニングハードウェアにブロックテンプレートを送るプールサーバの機能をまねることになります。P2Pool上では、個々のプールマイナーが自身で候補ブロックを構築しソロマイナーのようにトランザクションを集めますが、このときシェアチェーン上で共同でマイニングを行います。P2Poolはソロマイニングより粒子が小さい支払いができるという有利な点がありつつ、マネージドプールのようなプールオペレータにとても大きなコントロールを与えることがないというハイブリッドなアプローチになっています。

最近、マイニングプールへのマイニング集中が51%攻撃（本章「コンセンサス攻撃」節参照）への懸念を引き起こすレベルにまでなってきており、P2Poolへの参加が著しく増えてきています。さらなるP2Poolプロトコルの開発によってフルノードを走らせる必要性がなくなることが期待され続けており、結果的に分散化されたマイニングがさらに使いやすくなるでしょう。

P2Poolがマイニングプールオペレータによるパワーの集中を削減することはありますが、おそらくシェアチェーンそのものに対する51%攻撃の脆弱性はありえます。P2Poolがとても広く採用されてもビットコインそのものに対する51%攻撃の解決はしないのです。むしろ、マイニングエコシステムを多様化させる一部分としてP2Poolはビットコインを全体的により堅牢にすることになります。

コンセンサス攻撃

ビットコインのコンセンサスメカニズムは、少なくとも理論的には、ハッシングパワーを使って不正なまたは破壊的な方向に持っていこうとするマイナー（またはマイニングプール）に

よる攻撃に対して脆弱です。今まで見たように、コンセンサスメカニズムは自己の利益に対して忠実に行動するマイナーが大多数いるということに依存しています。しかし、もしマイナーやマイナーの集団がマイニングパワーの十分なシェアを取り得たとすると、彼らはビットコインネットワークのセキュリティや有用性を破壊するようにコンセンサスメカニズムを攻撃できるのです。

コンセンサス攻撃は将来の合意形成に影響を与えることができるだけで、過去に対してはせいぜい少し過去（10ブロック前）に影響を与えられるくらいです。これはとても重要なことなのです。ビットコインの元帳は時間が過ぎれば過ぎるほど、どんどん不変になっていきます。理論上フォークしたブロックチェーンはどんな深さにでも達することができますが、実際にはとても深いフォークを作るには古いブロックを変更できないようにしておく必要があるため、莫大な計算量が必要です。コンセンサス攻撃はまた、秘密鍵や署名アルゴリズム（ECDSA）のセキュリティに全く影響を与えません。コンセンサス攻撃はビットコインを盗むことも、署名なしにビットコインを使うことも、ビットコインの支払先を書き換えることも、過去のトランザクションや記録の所有者を変えることもできません。コンセンサス攻撃は単に直近のブロックに影響を与え、将来のブロック生成に対してDOS攻撃による破壊を引き起こすだけなのです。

コンセンサスメカニズムに対する1つの攻撃シナリオは「51%攻撃」と呼ばれています。このシナリオでは、全ビットコインネットワークのハッシングパワーの大多数（51%）をコントロールしているマイナーのグループが共謀してビットコインへの攻撃をするというものです。ブロックの大部分を採掘する能力を持つことで、攻撃マイナーはブロックチェーンに故意の「フォーク」を作り出し、トランザクションを二重に使用したり、DOS攻撃を特定のトランザクションまたはアドレスに対して実行したりできます。フォーク／ダブルスペンド（二重使用）攻撃では、攻撃者が事前にある承認済みブロックよりも下からフォークすることで、この承認済みブロックを無効化し、攻撃者が作った代わりのチェーンにブロックチェーンを再収縮させます。十分なハッシングパワーを持っていれば、攻撃者は6つまたはそれ以上のブロックを無効化でき、変更不可能だと考えられている（6回の承認が行われた）トランザクションを無効化できるのです。ダブルスペンドが攻撃者自身のトランザクション上で実施できてしまうということはとても重要です。このため、攻撃者は有効な署名を作り出すことができてしまうのです。もしトランザクションを無効化することで、攻撃者が支払いをすることなく両替や商品の取得ができるなら、このダブルスペンドは有益なものになるのです。

51%攻撃を具体的な例で説明してみましょう。第1章で、1杯のコーヒー代の支払いに使われたアリスとボブの間のトランザクションを見ました。カフェのオーナーであるボブは承認（ブロックの採掘）を待つことなくコーヒー代を喜んで受け入れています。なぜなら、コーヒー代のダブルスペンドのリスクは、すばやい顧客サービスを提供することの利便性と比べると低いからです。これは25ドル以下の支払いに対して署名なくクレジットカードの支払いを受けつけるカフェと同様で、署名のために生じる取引の遅延コストのほうがクレジットカードの請求取り消しのリスクより大きいからです。反対に、ビットコインでもっと高額な商品を売る場合はダブルスペンド攻撃の大きなリスクがあります。購入者は競合するトランザクション（販売者への支払いに使ったトランザクションインプット〔UTXO〕を使って、販売者への支払

いをキャンセルするトランザクション）をブロードキャストします。ダブルスペンド攻撃は2つの場合に生じ得ます。1つは、トランザクションが承認される前、もう1つは攻撃者がいくつかのブロックを元に戻せるような優位性を持っている場合です。51％攻撃によって、攻撃者は自身で新しく作ったブロックチェーン上で自身のトランザクションに関しダブルスペンドができるようになるため、古いブロックチェーン上にある販売者への支払いトランザクションを元に戻し、販売者への支払いをなかったことにできるのです。

例として、悪意ある攻撃者マロリーがキャロルの画廊に行き、サトシ・ナカモトをプロメテウスとして描いた美しい三連祭壇画を購入することを考えてみましょう。キャロルはこの「The Great Fire」の絵画を250,000ドルでマロリーにビットコインで売りました。トランザクションの6回またはそれ以上の承認を待たずに、キャロルはたった1回の承認後に絵画をラッピングしてマロリーに手渡しました。マロリーはポールと共謀しており、ポールは巨大なマイニングプールを運用しています。この共犯者ポールはマロリーのトランザクションがブロックに取り込まれるとすぐに51％攻撃を実行しました。ポールはマイニングプールを操ってマロリーのトランザクションを含んでいるブロックと同じブロック高を再採掘し、マロリーからキャロルへの支払いトランザクションを、マロリーが支払いに使ったインプットと同じインプットをダブルスペンドするトランザクションで置き換えます。このダブルスペンドトランザクションは同じUTXOを消費し、キャロルへの支払いの代わりにマロリーのウォレットに支払い戻すようにし、本質的にマロリーがビットコインを使う前の状態のままにしておけるのです。このときポールはマイニングプールを操りもう1つのブロックをマイニングし、もともとのブロックチェーンよりも長いダブルスペンドトランザクションを含んだブロックチェーンを作るようにします（マロリーからキャロルへの支払いトランザクションが含まれたブロックより下のブロックが同じようなフォークを作り出します）。新しい（もともとのブロックチェーンより長い）ブロックチェーンが選ばれることでブロックチェーンのフォークが解消されると、ダブルスペンドトランザクションはキャロルへのもともとの支払いトランザクションを置き換えることになります。キャロルは三連絵画を失い、しかもビットコインが支払われていないのです。このすべての行動に関して、ポールのマイニングプールへの参加者は幸せなことにダブルスペンドトランザクションが行われたことに気づかないままでいるかもしれません。というのは、彼らは自動化されたマイナーでマイニングを行っており、すべてのトランザクションまたはブロックを追跡することはできないからです。

ダブルスペンド以外のコンセンサス攻撃のシナリオは、特定のビットコイン参加者（特定のビットコインアドレス）に対するサービスを拒否することです。マイニングパワーの大多数を占める攻撃者は、特定のトランザクションを無視することができます。もしこれらのトランザクションが、他のマイナーによってマイニングされたブロックに含められた場合、攻撃者はわざとフォークをしてこのブロックを再採掘でき、再び特定のトランザクションを除外できるのです。攻撃者がマイニングパワーの大多数をコントロールできる限り、このタイプの攻撃によって特定のビットコインアドレスまたはビットコインアドレスの集合に対して、持続的DOS攻撃を引き起こすことができます。

その名にもかかわらず、51％攻撃シナリオは実際にハッシングパワーの51％が必要というわけではありません。事実、このような攻撃はハッシングパワーの51％より小さい割合で

も起こすことができます。51%という閾値は、単にこのくらいの割合にならないとそのような攻撃がほとんど成功しないという意味でしかありません。コンセンサス攻撃は本質的に次のブロックに対する主導権争いであり、「より強い」グループが勝ちやすいのです。ハッシングパワーが少なければ成功確率は下がります。というのは、他のマイナーが「信用している」他のハッシングパワーによって同じブロックの生成がコントロールされるからです。もう1つの側面として、より多くのハッシングパワーを攻撃者が持っていれば持っているほど、攻撃者はわざとより長いフォークを作ることができます。このため、攻撃者が無効化できる直近のブロック数、または攻撃者がコントロールできる将来のブロック数も多くなります。セキュリティ研究グループは、統計学的モデリングを使って30%程度のハッシングパワーの占有率でいろいろなタイプのコンセンサス攻撃が可能になるということを主張しています。

　総ハッシングパワーの大幅な増加によって、ビットコインに対する単独のマイナーによる攻撃はほとんど実行しにくくなっています。ソロマイナーが総マイニングパワーの大多数をコントロールすることは不可能なのです。しかし、マイニングプールによるハッシングパワーの中央コントロールによって、マイニングプールオペレータによる営利目的攻撃を引き起こすリスクが生じてきています。マネージドプールのマイニングプールオペレータは候補ブロックの構築をコントロールし、またどのトランザクションをブロックに含めるかをもコントロールします。これによって、トランザクションを除外するまたはダブルスペンドトランザクションを含められるパワーをマイニングプールオペレータに与えることになるのです。もしハッシングパワーを制限された形または気づかれないような微妙な形で悪用したとすると、おそらく気づかれることなくマイニングプールオペレータはコンセンサス攻撃から利益を上げることができるでしょう。

　しかし、すべての攻撃者が利益に動機づけられているわけではありません。1つのありえる攻撃シナリオとして、攻撃者がビットコインネットワークを破壊するつもりで攻撃を行うこともあります。このような破壊から利益を上げられる可能性がないとしても。ビットコインに大きな損害を与えることを目指している悪意ある攻撃には、莫大な投資や密かな計画が必要です。あるとしたら、おそらく国が支援しているような資金が十分にある攻撃者によって開始されるはずです。あるいは、資金が十分にある攻撃者であれば、マイニングハードウェアを大量に集め、マイニングプールオペレータに歩み寄って他のマイニングプールに対してDOS攻撃を仕掛けることでビットコインのコンセンサスメカニズムを攻撃するはずです。これらのシナリオはすべて理論的には可能ですが、ビットコインネットワークの全体的なハッシングパワーが指数関数的に成長し続けているため、徐々に非現実的になっています。

　確かに、コンセンサス攻撃は短期間にビットコインに対する信用を棄損し、もしかすると深刻な価格下落を招くかもしれません。しかし、ビットコインネットワークとソフトウェアはコンスタントに発展しており、コンセンサス攻撃に対してすぐにビットコインコミュニティによって対応策が取られ、ビットコインはより強力に、より匿名性が高く、より頑強になっていくことでしょう。

第9章 その他のチェーン、通貨、アプリケーション

　ビットコインは20年間にわたる分散型システムと通貨の研究の結果であり、これらの分野に proof of work に基づく分散型のコンセンサスメカニズムという革命的な新技術をもたらしました。このビットコインの核となる発明は、通貨、金融サービス、経済学、分散型システム、投票システム、コーポレートガバナンス、契約といった分野におけるイノベーションの波の先導役となってきたのです。

　この章では、ビットコインとブロックチェーンの発明から生まれた、数多くの派生技術を見ていきます。派生技術とは、2009年にこの技術が広まってから作られた、その他のチェーン、通貨、アプリケーションのことです。ここで扱う大部分は、オルトコイン（Alt coin）と呼ばれるその他の通貨です。これらはビットコインと同じ設計原則で実装されていますが、異なるブロックチェーンとネットワークで運用されるコインとなっています。

　オルトコイン製作者やファンには怒られてしまうかもしれませんが、この章で紹介しているオルトコイン以外に50以上の紹介していないコインがあります。この章の目的は、オルトコインの質を評価することではありませんし、また主観に基づいて最も重要なコインについて伝えることでもありません。そうではなくて、ここでは、いくつかの例を挙げ、ビットコインエコシステムの幅広さと種類の豊富さを紹介し、それぞれの例においてイノベーションや重要な差異化の試みがどのようなものかを紹介します。実際、非常に興味深いオルトコインの中には、通貨としては大きな欠点を持っているものもあります。これらは研究の観点からはとても興味深いものかもしれません。また、この章は、投資のためのガイドとして使われるべきものではないことを強調しておきます。

　新しいコインは毎日生み出されているため、重要なコインをすべて把握することは不可能です。把握できていないコインには、今後歴史を変えるものがあるかもしれません。イノベーションの速度はすさまじく、この章はすぐに時代遅れなものになってしまうでしょう。

オルトコインとオルトチェーンの分類

　ビットコインはオープンソースのプロジェクトで、そのコードは他の多くのソフトウェア

プロジェクトの基盤となっています。ビットコインのソースコードから生まれたソフトウェアのうち、最も一般的なものは分散型のオルトコインです。オルトコインは、デジタル通貨の実装にビットコインと同じ基本的な構成要素を使っています。

ビットコインのブロックチェーン上には、いくつものプロトコルのレイヤーがあります。これらレイヤーであるメタコイン、メタチェーン、ブロックチェーンアプリケーションは、ブロックチェーンをアプリケーションのプラットフォームとして拡張する、もしくはビットコインのプロトコルに別のプロトコルレイヤーを加えて拡張することで実現しています。例としては、Colored coin、Mastercoin、NXT、Counterparty があります。

次の節ではいくつかの特徴的なオルトコインを調べていきましょう。例えば、Litecoin、Dogecoin、Freicoin、Primecoin、Peercoin、Darkcoin、Zerocoin です。これらのオルトコインは歴史的な理由で特筆する価値があります。これらは、最も価値があるまたは「最良」であるからではなく、オルトコインのイノベーションとしてよい事例なのです。

オルトコインに加えて、「コイン」ではない形態での数多くのブロックチェーンの実装例があり、私はオルトチェーン（Alt chain）と呼んでいます。オルトチェーンは、契約のためのプラットフォーム、名前登録、もしくは他のアプリケーションとして、コンセンサスの仕組みと分散型台帳を実装しています。オルトチェーンはビットコインと同じ基本的な構成要素を採用し、通貨やトークンを支払いのメカニズムとして使用していますが、主目的は通貨ではありません。のちほどオルトチェーンの例として、Namecoin と Ethereum を見ていくことにしましょう。

最後に、ビットコイン以外に、proof of work に基づく分散型台帳やコンセンサスのメカニズムを使わずに、デジタル通貨またはデジタル決済システムのネットワークを提供している Ripple などの競合相手がいます。これらの、ブロックチェーンでない技術を元にしているものは、本書では扱いません。

メタコインのプラットフォーム

メタコインとメタチェーンは、ビットコイン上に構築されたソフトウェアのレイヤーであり、通貨内通貨、もしくはビットコインシステムの内側のプラットフォーム、プロトコルのオーバーレイとして実装されています。これらの機能のレイヤーは、ビットコインプロトコルのコア機能を拡張し、追加的なデータをビットコイントランザクションとアドレス内に記録することによって、機能を追加します。メタコインの最初の実装では、メタデータをビットコインのブロックチェーンに載せる多くの工夫が用いられました。例えばビットコインのアドレスを使ってデータをエンコードすることや、使われていないトランザクションのフィールド（例えばトランザクションの Sequence フィールド）を使うような方法です。トランザクションの Script opcode に OP_RETURN が導入されてからは、ブロックチェーンにより直接的にメタデータを書き込むことができるようになりました。多くのメタコインは、この OP_RETURN による方法に移行していこうとしています。

Colored Coin

　Colored coin（カラードコイン）は、少額のビットコイン上にメタ情報を積み重ねる、メタプロトコルです。「色がついた（colored）」コインとは、別の資産を表現するために転用されたビットコインなのです。例えば1ドル札を取り出して、そこに「これはAcme Incの1株の証明です」という意味のスタンプを押したと考えてみてください。今この1ドル札は2つの意味を持っています：1つは通貨としての意味、そして、もう1つは株式の証明としての意味です。株式としての価値のほうが大きいため、誰もこの株式をキャンディを買うために使おうとはしないでしょう。つまり、もはや事実上通貨としては使用していないのです。Colored coinはこれと同じやり方を行っています。とても少額のビットコインを、他の資産を表す交換可能な証明書に変換しているのです。「color」が示しているのは、色をつけるように特別な意味を与えるという意味です。色というのはメタファーであり、実際にはColored coinに色はありません。

　Colored coinは、「色がついた」ビットコインにつけられたメタデータの記録や解釈ができる、特別なウォレットで管理されています。ユーザはこのウォレットを使い、特別な意味を持つラベルをビットコインに追加して、「色がついていない」ビットコインを「色がついた」ビットコインに変換します。ラベルが表象するものは、例えば、株式の証明、クーポン、不動産、日用品、収集可能なトークンです。あるコインにつけた「色」にどんな意味を加えて解釈するかは、完全にユーザに委ねられています。ユーザは、「色」をつけるために、さまざまなメタ情報、すなわち、発行の類型、小単位に分割可能か、シンボル、説明、その他の関連した情報を定義します。いったん「色」がつくと、これらのコインは、買ったり売ったり、分割したり統合したり、また配当の支払いを受けるといったこともできるようになります。紐づけられた情報を取り除くことでColored coinを「脱色」し、ビットコインとしての額面通りの価値とすることもできます。

　Colored coinのデモンストレーションのために、「MasterBTC」のシンボルを持つ20個のcolored coinを作成しました。このコインは例9-1に示されている通り、本書の無料コピーのクーポンを表しています。このcolored coinによって表されているMasterBTCは、Colored coinを使えるウォレットを持つビットコインユーザなら誰にでも販売したり与えたりでき、MasterBTCを得たユーザは、これをさらに別の人に送ったり、本の無料コピーに使い発行者に戻すこともできます。このcolored coinの例は、https://cpr.sm/FoykwrH6UYで見ることができます。

例9-1　本書の無料コピーのクーポンとして記録されたcolored coinのメタデータ

```
{
  "source_addresses": [
    "3NpZmvSPLmN2cVFw1pY7gxEAVPCVfnWfVD"
  ],
  "contract_url": "https://www.coinprism.info/asset/3NpZmvSPLmN2cVFw1pY7gxEAVPCVfnWf
```

```
VD",
  "name_short": "MasterBTC",
  "name": "Free copy of \"Mastering Bitcoin\"",
  "issuer": "Andreas M. Antonopoulos",
  "description": "This token is redeemable for a free copy of the book \"Mastering Bitcoin\"",
  "description_mime": "text/x-markdown; charset=UTF-8",
  "type": "Other",
  "divisibility": 0,
  "link_to_website": false,
  "icon_url": null,
  "image_url": null,
  "version": "1.0"
}
```

Mastercoin

　Mastercoin（マスターコイン）はビットコイン上のプロトコルレイヤーであり、ビットコインシステムを拡張するさまざまなアプリケーションのためのプラットフォームとなっています。Mastercoin は、トランザクションを実行するためのトークンとして、MST という通貨を使用しています。しかし、その主な用途は通貨ではありません。むしろ、ユーザ通貨やスマートプロパティのトークン、分散型のアセット取引所などを構築するためのプラットフォームです。ビットコイントランザクションを送るトランスポートレイヤー上にあるアプリケーションレイヤーとして Mastercoin を考えると、それは HTTP が TCP 層の上を動いているようなものです。

　Mastercoin は、主に特別なビットコインアドレスを使ったトランザクションの送受信を通して動作しており、この特別なビットコインアドレスは「exodus」アドレス（1EXoDusjGwvnjZUyKkxZ4UHEf77z6A5S4P）と呼ばれています。これは、HTTP が他の TCP トラフィックから HTTP のトラフィックを区別するために、特別な TCP ポート（ポート80番）を使って動作しているようなものです。Mastercoin のプロトコルは、特別な Exodus アドレスとマルチシグネチャを使う方法から、トランザクションのメタデータをエンコードするために、OP_RETURN を使うプロトコルへと徐々に移行しています。

Counterparty

　Counterparty（カウンターパーティ）は、ビットコイン上にある Mastercoin とは別のプロトコルレイヤーとして実装されています。Counterparty は、ユーザ通貨や交換可能なトークン、ファイナンシャルツール、分散型アセット取引所などを可能にしています。Counterparty はビットコインの Script 言語にある OP_RETURN オペレータを主に使って実装されています。ビットコインのトランザクションに追加的な意味を持たせるメタデータを記録するために、このオペレータが使われています。Counterparty は、トランザクションを実行するために

XCPをトークンとして用いています。

オルトコイン

大半のオルトコインはビットコインのソースコードをベースにしており、この方法は「フォーク」とも呼ばれています。他にはビットコインのソースコードを使わずに、ブロックチェーンのモデルに基づいて「スクラッチから」実装されているものもあります。オルトコインとオルトチェーン（次節で説明します）は、どちらも別々のブロックチェーン技術の実装であり、自身のブロックチェーンを用いています。オルトコインとオルトチェーンの定義の違いは、オルトコインが通貨として主に使われている一方で、オルトチェーンは通貨を主目的とせず他の目的のために使われていることにあります。

厳密にいうと、ビットコインのソースコードの最初のメジャーな「代替」フォークは、オルトコインではなくオルトチェーンであるNamecoinです。これについては次節で説明します。

発表された日付からすると、ビットコインのフォークとしての最初のオルトコインは、2011年8月に登場したIXCoinです。IXCoinはいくつかのビットコインのパラメータを修正したもので、1ブロックごとに96コインずつ報酬を加えていくという方法で、通貨の生成を加速させようとしていました。

2011年9月にはTenebrixがローンチされました。Tenebrixはproof-of-workアルゴリズムの代替手段を初めて実装した最初の暗号通貨です。この代替アルゴリズムはscryptであり、元々（総当たり攻撃対策としての）パスワードストレッチングのために作られたアルゴリズムです。Telebrixが目指すゴールは、メモリを多く使うアルゴリズムを用いることによって、GPUやASICによるマイニングがしにくくなるコインを作ることでした。Tenebrixは、通貨としては成功しませんでしたが、Litecoinの基礎となり何百ものクローンを生み出すことになったのです。

Litecoinはscryptをproof-of-workアルゴリズムとして使うことに加えて、ブロックの生成速度を速くする実装を行っており、ビットコインの10分ごとの代わりに2.5分ごとにブロックが生成されるようになっています。litecoinは「ビットコインが金ならばlitecoinは銀」と謳われており、より軽量な代替通貨としての意味を持っています。承認時間が短く、8400万litecoinと総発行量が多額であるため、小売業のトランザクションに適しているというのが、Litecoinの大きな魅力となっています。

オルトコインは2011年、2012年の間にも増えていきました。これらはビットコインまたはLitecoinを基礎とする仕組みを持っているもので、2013年までには20ものオルトコインが現れ、競争が激化しました。2013年の終わりには200に達し、2013年は「オルトコインの年」と呼ばれるようになりました。オルトコインの成長は2014年まで続き、本書を執筆している時点で500以上ものオルトコインが存在します。オルトコインの半数以上は、Litecoinのクローンです。

オルトコインを作り出すことは自体は簡単ですので、500以上ものオルトコインが存在しています。大半のオルトコインはビットコインとわずかしか違いがなく、学ぶ価値がありま

せん。つまり、単に製作者が儲けようとしているだけのものが、実際には多いのです。しかし注目すべき例外で、重要なイノベーションと思われるものもあります。それらのオルトコインは、根本的にビットコインと異なるアプローチを取っており、ビットコインの設計原則に重要なイノベーションを加えています。これらのオルトコインがビットコインと異なっている部分には、主に3つの分野があります。

* 異なる通貨発行ポリシー
* 異なる proof of work またはコンセンサスアルゴリズム
* 強力な匿名性などの特徴

詳細な情報は、オルトコインとオルトチェーンのグラフィカルなタイムラインを http://mapofcoins.com に掲載しているので、見てみてください。

オルトコインの価値評価

多くのオルトコインが生まれてくる中で、どれに注目すればよいのでしょうか？ いくつかのオルトコインは、広く普及させることを目的としており、通貨として使うことを念頭に置いています。他には、異なる機能や通貨モデルを試すための試金石として作られているものもあります。ただ、多くのオルトコインは単に製作者が手っ取り早く儲けようとしているだけのものです。オルトコインの価値を評価するために、私はそれらの特徴とマーケット指標を見ることにしています。

あるオルトコインがどんな点でビットコインと異なっているか、ということを評価するための質問を、以下に挙げます。

- そのオルトコインは大きなイノベーションをもたらしているのか？
- ユーザがビットコインを離れてオルトコインに引きつけられるだけの、競争力のある「差異」を持っているのか？
- そのオルトコインは、ニッチなマーケットやアプリケーションに対して魅力を訴えているのか？
- そのオルトコインは、コンセンサス攻撃に対する安全性を保てるほど、マイナーにとって魅力があるのか？

ここに鍵となるマーケット指標を挙げてみます。

- そのオルトコインの時価総額はいくらか？
- どれだけのユーザとウォレットを持っていると見積もられているか？
- どれだけの企業がオルトコインを受け入れているか？
- 毎日どれだけのトランザクション（出来高）が、オルトコインで実行されているか？
- 毎日どれだけの金額が取引されているか？

この章では、上記の質問によって表されるような、オルトコインの技術的な特徴と潜在的なイノベーションについて、説明します。

通貨発行パラメータに関する代替案：Litecoin、Dogecoin、Freicoin

ビットコインは、通貨発行に関するいくつかのパラメータを持っており、発行の仕方が固定されていることで貨幣価値が下がりにくい、という特徴をもたらしています。ビットコインには、2100万bitcoin（または2100兆satoshi）に制限された通貨総発行量、一定比率で減少する発行レート、トランザクションの承認速度と通貨発行を制御する10分ごとのブロックの「ハートビート（鼓動）」があります。多くのオルトコインは、これらの主要な特徴を少しずつ調整して、異なる通貨発行ポリシーを採用してきました。何百ものオルトコインの中で、最も特徴的な例をいくつか紹介していきます。

Litecoin

2011年にリリースされた最初期のオルトコインのひとつであるLitecoin（ライトコイン）は、ビットコインに次いで成功しているデジタル通貨です。主要なイノベーションはscrypt（Tenebrixから受け継いでいる）をproof of workのアルゴリズムとして使用していることであり、これにより高速で軽量なブロック生成速度を実現しています。

- ブロック生成時間：2.5分
- 通貨総発行量：2140年までに8400万litecoin
- コンセンサスアルゴリズム：Scrypt proof of work
- 時価総額：2014年中旬に1億6000万ドル

Dogecoin

Dogecoin（ドージコイン）は2013年12月にリリースされたもので、Litecoinのフォークに基づくものです。支払いやチップとしての利用を促すため、ポリシーとして通貨発行のスピードを速くし、通貨発行の上限を高く設定していることは注目に値します。初めはジョークとして始まりましたが、大変ポピュラーなものになり、2014年に急速に下火になるまでは活発で大きなコミュニティを擁していました。

- ブロック生成時間：60秒
- 通貨総発行量：2015年までに100,000,000,000（1000億）doge
- コンセンサスアルゴリズム：Scrypt proof of work
- 時価総額：2014年中旬に1200万ドル

Freicoin

Freicoin（フレイコイン）は2012年7月に発表されたもので、demurrage通貨、すなわち、保存

している価値に対してマイナスの利子率が付与され、時間とともに減価する通貨です。消費することを奨励し、貨幣を所持し続けることを抑制するために、保有していると年率4.5%の手数料が課されるようになっています。Freicoin は通貨が減価するような仕組みを導入しており、通貨の価値を維持するビットコインの発行ポリシーとは正反対という点で、注目に値します。Freicoin は通貨としては成功してはいませんが、オルトコインによるさまざまな通貨発行ポリシーの興味深い一例となっています。

- ブロック生成時間：10 分
- 通貨総発行量：2140 年までに 1 億コイン
- コンセンサスアルゴリズム：SHA256 proof of work
- 時価総額：2014 年中旬で 13 万ドル

コンセンサスのイノベーション：
Peercoin、Myriad、Blackcoin、Vericoin、NXT

　ビットコインのコンセンサスメカニズムは、SHA256アルゴリズムを用いた proof of work に基づいています。最初期のオルトコインは、proof of work に代わる手段として scrypt を導入し、マイニングプロセスを CPU フレンドリーにして、ASICS による中央集権化を起こりにくくしました。それ以降、コンセンサスメカニズムにおけるイノベーションは、猛烈なペースで続いてきています。いくつかのオルトコインは、scrypt、Scrypt-N、Skein、Groestl、SHA3、X11、Blake など、さまざまなアルゴリズムを採用しました。複数のアルゴリズムを proof of work アルゴリズムに結びつけたオルトコインもありました。2013年には、proof of stake と呼ばれる proof of work の代替手段を発明するに至りました。最近の多くのオルトコインは、これを基盤としています。

　proof of stake は、既存の通貨所有者が、利付き担保のように通貨の「所有を主張（stake）」することができるシステムです。それは譲渡性預金（CD）に似ていて、参加者は、保有している通貨の一部を使わずに預けることで、新しい通貨（利子の支払いとして発行される）またはトランザクション手数料という形で、投資のリターンを得ることができます。

Peercoin

　Peercoin（ピアコイン）は2012年8月に発表され、proof of work と proof of stake のアルゴリズムの両方を取り入れた通貨として、最初に発行されたオルトコインです。

- ブロック生成時間：10 分
- 通貨総発行量：無制限
- コンセンサスアルゴリズム：（ハイブリッド）proof of work で始まり後に proof of stake
- 時価総額：2014 年中旬で 1400 万ドル

Myriad

　Myriad（ミリアド）は2014年2月に発表され、5つの異なる proof-of-work アルゴリズム

（SHA256d, Scrypt, Qubit, Skein, Myriad-Groestl）を同時に使っていることから、注目に値します。それぞれのアルゴリズムごとに difficulty が異なり、それはマイナーの参加状態に依存しています。その意図は、多数のマイニングアルゴリズムを同時に攻撃しなければならないようにすることによって、ASIC による専業化と中央集権化に対して耐久性のあるものにし、さらにコンセンサス攻撃に強くすることにあります。

- ブロック生成時間：30 秒が平均（マイニングごとに 2.5 分がターゲット）
- 通貨総発行量：2024 年までに 20 億コイン
- コンセンサスアルゴリズム：複数 proof of work アルゴリズム
- 時価総額：2014 年中旬に 12 万ドル

Blackcoin

Blackcoin（ブラックコイン）は2014年の冬に発表され、proof of stake のコンセンサスアルゴリズムを用いています。特筆すべき点は、「multipools」を導入したことです。multipools は、利益に応じてどのオルトコインをマイニングするかを自動的に変更する、マイニングプールの一種です。

- ブロック生成時間：1 分
- 通貨総発行量：無制限
- コンセンサスアルゴリズム：proof of stake
- 時価総額：2014 年中旬で 370 万ドル

VeriCoin

VeriCoin（ベリコイン）は2014年5月に始まり、供給と需要のマーケットバランスに基づいて動的に調整される可変の金利を伴う、proof of stake コンセンサスアルゴリズムを用いています。また、これはウォレットからビットコインで支払いをする際に、自動的にビットコインに両替をする機能を導入した初めてのオルトコインでもあります。

- ブロック生成時間：1 分
- 通貨総発行量：無制限
- コンセンサスアルゴリズム：proof of stake
- 時価総額：2014 年中旬で 110 万ドル

NXT

NXT（ネクスト）は、proof of work によるマイニングを用いていないという点で、「純粋な」proof of stake のオルトコインです。NXT はスクラッチから実装された暗号通貨で、ビットコインのフォークでも、他のオルトコインのフォークでもありません。NXT はたくさんの先進的な機能を実装しており、例えば、名前登録機能（Namecoin と似たもの）や、分散型アセット取引所（Colored Coins と似たもの）、安全な統合型分散メッセージング（Bitmessage と似たもの）、

そして stake デリゲーション（proof of stake を他人に委任すること）があります。NXT 支持者は、NXT を「次世代」の暗号通貨、または暗号通貨2.0と呼んでいます。

- ブロック生成時間：1 分
- 通貨総発行量：無制限
- コンセンサスアルゴリズム：proof of stake
- 時価総額：2014 年中旬で 3000 万ドル

二重の目的を持ったマイニングのイノベーション: Primecoin、Curecoin、Gridcoin

　ビットコインの proof-of-work アルゴリズムの目的は1つです。それはビットコインネットワークを安全に保つことです。伝統的な決済のシステムのセキュリティコストに比べて、マイニングのコストは高くはありません。しかし、多くの人に「無駄が多い」と批判されています。次世代のオルトコインは、この問題に対処しようとしています。二重の目的を持つ proof of work アルゴリズムは、ビットコインネットワークを安全に保つ proof of work である上に、特定の「有用な」問題を解決することができます。もっとも、通貨の安全性の保持に、それ以外の利用目的を付加することのリスクは、この新たな目的が、通貨の需要供給曲線に外的影響も加えてしまうことです。

Primecoin

　Primecoin（プライムコイン）は、2013年7月に始まりました。Primecoin で使っている proof-of-work アルゴリズムでは、素数探索も行います。具体的には、カニンガム鎖（第1カニンガム鎖と第2カニンガム鎖）と bi-twin チェーンという素数列を計算することで、素数を探索します。素数はさまざまな科学の領域で、とても有用なものです。Primecoin のブロックチェーンには proof of work で発見された素数が含まれており、このためパブリックなトランザクション元帳の生成と並行して、科学的な発見の公的記録を生成することにもなるのです。

- ブロック生成時間：1 分
- 通貨総発行量：無制限
- コンセンサスアルゴリズム：素数列の発見を伴う proof of work
- 時価総額：2014 年中旬に 130 万ドル

Curecoin

　Curecoin（キュアコイン）は、2013年5月に発表されました。SHA256の proof-of-work アルゴリズムを使って、Folding@Home プロジェクトのタンパク質フォールディング研究と結びつけようとするものです。タンパク質フォールディングとは、病気を治す新薬の発見のために使われている、タンパク質の化学的な相互作用の解析を、コンピュータによる膨大なシミュレーション計算で行うことです。

- ブロック生成時間：10 分
- 通貨総発行量：無制限
- コンセンサスアルゴリズム：タンパク質フォールディングの研究を伴う proof of work
- 時価総額：2014 年中旬に 58,000 ドル

Gridcoin

　Gridcoin（グリッドコイン）は、2013年10月に発表されました。Gridcoin では scrypt ベースの proof of work を用いており、それは、BOINC オープングリッドコンピューティングへの参加報奨金を伴うものです。BOINC（Berkeley Open Infrastrucure for Network Computing）は、科学的なグリッドコンピューティングのためのオープンプロトコルです。参加者は、コンピューティングリソースを必要とする幅広い科学的な研究のために、空いている演算処理リソースを共有できます。Gridcoin は BOINC を、例えば素数やタンパク質フォールディングのような特定の科学問題を解決するためにだけではなく、一般的な目的のためのコンピューティングプラットフォームとして用いていることができます。

- ブロック生成時間：150 秒
- 通貨総発行量：無制限
- コンセンサスアルゴリズム：BOINC のグリッドコンピューティングに対する参加報奨金を伴う proof of work
- 時価総額：2014 年中旬に 122,000 ドル

匿名性に集中したオルトコイン:
CryptoNote、Bytecoin、Monero、Zerocash/Zerocoin、Darkcoin

　ビットコインは、誤って「匿名の」コインと認識されることがよくあります。実際には、ビットコインのアドレスと個人の ID を紐づけることは比較的容易で、ビッグデータ解析を使えば、アドレス同士を結びつけて、ある人がどのようにビットコインを使っているかの全体像を得ることができます。いくつかのオルトコインでは、強い匿名性を目的としているものがあります。その最初の取り組みはおそらく Zerocoin です。Zerocoin は、2013年の IEEE Symposium on Security and Privacy での論文で導入された、ビットコイン上で匿名性を保つためのメタコインです。本書を執筆している現段階では開発中ですが、Zerocoin は、将来的に Zerocoin とは全く別の Zerocash というオルトコインとして実装されるでしょう。他の匿名性へのアプローチとしては、2013年10月に発表された論文にある CryptoNote があります。CryptoNote は基礎的な技術で、これから説明するオルトコインの多くが CryptoNote を実装しています。Zerocash と CryptoNote に加え、他にもいくつもの独立した匿名のコインが存在しています。例えば、Darkcoin は匿名性のために、ステルスアドレス（トランザクションの re-mixing）を用いています。

Zerocoin/Zerocash

　Zerocoin（ゼロコイン）は、ジョンズ・ホプキンス大学の研究者によって2013年に導入され

たデジタル通貨の、匿名性に対しての理論的なアプローチです。Zerocash は Zerocoin のオルトコインとしての実装です。Zerocash はまだ開発段階であり、リリースされていません。

CryptoNote

　CryptoNote（クリプトノート）は、匿名性を持つデジタルキャッシュの基礎技術を提供するリファレンス実装のオルトコインで、2013年10月に発表されたものです。異なるさまざまな実装にフォークできるように設計されており、一定周期で通貨として利用できなくなるようにリセットするメカニズムを備えています。CryptoNote から生まれたオルトコインがいくつかあります。例えば、Bytecoin（BCN）、Aeon（AEON）、Boolberry（BBR）、duckNote（DUCK）、Fantomcoin（FCN）、Monero（XMR）、MonetaVerde（MCN）、そして Quazarcoin（QCN）です。CryptoNote は、ビットコインのフォークではなく、ゼロから構築された暗号通貨の実装であるということも注目に値します。

Bytecoin

　Bytecoin（バイトコイン）は、CryptoNote から生まれた最初の実装であり、CryptoNote の技術に基づく匿名性のある通貨を提供しています。Bytecoin は2012年7月に始まりました。Bytecoin と呼ばれる通貨は以前にもあり、BTE という通貨シンボルを持っていました。一方、CryptoNote に由来する Bytecoin の通貨シンボルは BCN です。Bytecoin が使用している Cryptonight proof-of-work アルゴリズムでは、少なくとも2MB の RAM をインスタンスごとに必要としており、GPU や ASIC のマイニングには適さないようになっています。Bytecoin は CryptoNote から、リング署名、リンク不可能なトランザクション、そしてブロックチェーン解析に耐えうる匿名性を受け継いでいます。

- ブロック生成時間：2分
- 通貨総発行量：1840億 BCN
- コンセンサスアルゴリズム：Cryptonight proof of work
- 時価総額：2014年中旬に300万ドル

Monero

　Monero（モネロ）は CryptoNote の実装の1つです。これは Bytecoin よりも幾分フラットな発行曲線を持っていて、80% の通貨は最初の4年間の間に発行されるようになっています。そして、CryptoNote から継承した、Bytecoin と同様の匿名性を持っています。

- ブロック生成時間：1分
- 通貨総発行量：1840万 XMR
- コンセンサスアルゴリズム：Cryptonight Proof of work
- 時価総額：2014年中旬に500万ドル

Darkcoin

Darkcoin（ダークコイン）は2014年1月に始まりました。Darkcoinは匿名性を持つ通貨として実装されており、すべてのトランザクションに対してre-mixingを行って匿名化する、DarkSendと呼ばれるプロトコルを使っています。Darkcoinはまた、proof-of-workアルゴリズムに11個のハッシュ関数（blake、bmw、groestl、jh、keccak、skein、luffa、cubehash、shavite、simd、echo）を用いていることも注目に値します。

- ブロック生成時間：2.5分
- 通貨総発行量：最大2200万DRK
- コンセンサスアルゴリズム：複数のラウンド関数を持った複数proof-of-workアルゴリズム
- 時価総額：2014年中旬に1900万ドル

通貨ではないオルトチェーン

オルトチェーンは、ブロックチェーンを別の設計思想で実装したものであり、それは通貨を第一の目的としてはいないものです。多くのオルトチェーンは通貨を含みますが、その通貨は、何らかのリソースや契約など、通貨以外のものを導入するためのトークンとして使われます。言い換えれば、オルトチェーンにおける通貨はプラットフォームの主要な論点ではなく、2番目の特徴でしかないのです。

Namecoin

Namecoin（ネームコイン）は、ビットコインコードの最初のフォークででであり、ブロックチェーンを用いた分散型のキーバリューの登録・移管プラットフォームです。グローバルなドメイン名のレジストリとなっており、インターネット上のドメインネーム登録システムと似ています。Namecoinは現在のDNS（domain name service）の代替として作成されており、ルートレベルのドメイン名は.bitとなっています。Namecoinはまた、ドメイン名の登録と別の名前空間におけるキーバリューペアの登録に使われています。Emailアドレスや、暗号キー、SSL証明書、ファイル署名、投票システム、株式証明書、そして他の数えきれないほどのアプリケーションに使われています。

NamecoinシステムはNamecoinの通貨（シンボルはNMC）を含んでおり、登録と名前の移管のためにトランザクション手数料を払います。現在の価格では、トランザクション手数料は0.01 NMCかまたは約1米セントになっています。ビットコインと同じように、この手数料はNamecoinのマイナーによって集められます。

Namecoinの基本的な通貨パラメータは、ビットコインと同じです。

- ブロック生成時間：10分
- 通貨総発行量：2140年までに2100万NMC

- コンセンサスアルゴリズム：SHA256 proof of work
- 時価総額：2014年中旬に1000万ドル

Namecoinの名前空間は何も制限されておらず、誰でもどんな名前でもどんな方法でも登録できます。しかし、名前がブロックチェーンから読まれるときに、アプリケーションレベルのソフトウェアが名前をどのように読みだしていけばいいかを知らなければいけないため、特定の名前空間はあらかじめ決められた仕様になっています。もし形式が間違っていれば、特定の名前空間から名前を読み出そうとするときに、どんなソフトウェアでもエラーが吐き出されることになります。よく知られている名前空間は以下のようなものです。

- d/ は .bit ドメインのための名前空間です。
- id/ は個人のIDを保存するための名前空間です。例えばemailアドレスやPGPのキーなどです。
- u/ は追加的なもので、（openspecに基づく）IDを保存するためのより構造化された名前空間です。

Namecoinのクライアントは、ビットコインコアと非常によく似ています。というのは、同じソースコードからからできているためです。インストールの際に、クライアントはNamecoinのフルブロックチェーンをダウンロードし、クエリを発行したり名前の登録をしたりできるようになります。3つの主要なコマンドは以下です。

name_new
クエリを発行するか、または名前の事前登録を行います。

name_firstupdate
名前を登録し、登録した名前を公開します。

name_update
名前の詳細を変更するか、または登録した名前を再読み込みします。

例えば、mastering-bitcoin.bitのドメインを登録しようと思ったら、以下のようにname_newのコマンドを使用します。

```
$ namecoind name_new d/mastering-bitcoin

[
    "21cbab5b1241c6d1a6ad70a2416b3124eb883ac38e423e5ff591d1968eb6664a",
    "a05555e0fc56c023"
]
```

name_new コマンドは Namecoin ブロックチェーンに名前登録要求を登録し、ランダムなキーとともに名前のハッシュを作成します。name_new の戻り値となる2つの文字列は名前のハッシュとランダムキーです（ランダムキー a05555e0fc56c023 はさきほどのコマンド実行例の出力結果にあります）。このランダムキーは名前をパブリックにするために使います。いったん名前登録要求が Namecoin のブロックチェーン上に登録されると、ランダムキーを name_firstupdate コマンドに渡して実行することで、名前がパブリックになります。

```
$ namecoind name_firstupdate d/mastering-bitcoin a05555e0fc56c023 "{"map": {"www":
{"ip":"1.2.3.4"}}}"
b7a2e59c0a26e5e2664948946ebeca1260985c2f616ba579e6bc7f35ec234b01
```

　この例では www.mastering-bitcoin.bit を、IPアドレスの1.2.3.4にマッピングしています。戻り値となるハッシュはトランザクション ID であり、これはこの登録を追跡するために使われます。そして、name_list コマンドを実行すると、どの名前が登録されているかを確認することができます。

```
$ namecoind name_list

[
  {
    "name" : "d/mastering-bitcoin",
    "value" : "{map: {www: {ip:1.2.3.4}}}",
    "address" : "NCccBXrRUahAGrisBA1BLPWQfSrups8Geh",
    "expires_in" : 35929
  }
]
```

　Namecoin の登録は、36,000ブロックごとに更新される必要があります（およそ200日〜250日ごと）。 name_update コマンドを実行するには手数料を払う必要がなく、無料で Namecoin のドメインを更新できます。サードパーティプロバイダに頼めば、少ない手数料で登録、自動更新、またはウェブインターフェイスを通した更新をハンドリングしてくれます。サードパーティプロバイダに依頼すれば、Namecoin クライアントを走らせておかなくても済みますが、Namecoin による分散型名前登録への独立したコントロールを失うことになります。

Ethereum

　Ethereum（エセリウム）はブロックチェーンの元帳において、チューリング完全な契約処理と執行を行うプラットフォームです。ビットコインの複製ではなく、完全に独立した仕様と実装を持っています。Ethereum は、ether（イーサ）と呼ばれる組み込みの通貨を持っており、

契約実行の際に支払いを求められるものです。Ethereum のブロックチェーンの記録は contract（コントラクト）であり、それは低位の言語、バイトコードに似たチューリング完全なコードで書かれています。contract は本質的には Ethereum システム上で動くプログラムです。Ethereum の contract は、データを保存することができ、ether の支払い、受け取り、保存ができます。また、分散型で自律的なソフトウェアのエージェントとして、計算可能な長さ無制限の（このためチューリング完全な）処理を実行することもできます。

Ethereum は非常に複雑なシステムを、他のオルトチェーンとは異なる形で実装することができます。例えば以下は、Ethereum で書かれた Namecoin に似た名前登録の contract です（正確には、Ethereum コードにコンパイルされる高級言語で書かれています）。

```
if !contract.storage[msg.data[0]]: # Is the key not yet taken?
    # Then take it!
    contract.storage[msg.data[0]] = msg.data[1]
    return(1)
else:

    return(0) // Otherwise do nothing
```

通貨の未来

　暗号通貨の未来は全体として、ビットコインよりも明るいとさえ言えます。ビットコインは全く新しい形態の分散型組織と分散型コンセンサスを導入し、何百もの驚くべきイノベーションを生み出しました。これらの発明は、分散システム科学から、金融、経済学、通貨、中央銀行のあり方、コーポレートガバナンスに至るまで、幅広い領域に影響をもたらしていくでしょう。これまで、権威または信用がある中央集権的な組織を必要としてきた人間の活動の多くは、いまや分散化することが可能です。ブロックチェーンと新たなコンセンサスシステムの発明は、権力の集中、腐敗、いわゆる「規制の虜」が生じる機会を取り除き、大規模なシステムで生じる組織と協調のコストを大きく削減することになるでしょう。

第10章 ビットコインの安全性

　ビットコインは、銀行口座とは異なり、残高の数値を参照しているものではないため、安全性を保つことは大変です。ビットコインは、デジタル通貨や金塊に極めて近いものです。「占有は九分の勝ち目（Possession is nine-tenths of the law：実際に持っている者が9割方勝つ）」という言い回しを聞いたことがあるかもしれませんが、ビットコインでは実際に持っている者が10割方勝ちます。ビットコインの鍵を持っていることは、現金や貴金属の塊を持っていることと同じです。なくすことも、置き忘れることも、盗まれることも、誰かに誤った量を渡してしまうこともあります。これらのどのケースでも、歩道に現金を落としてしまったときと同様に、ユーザはビットコインを使うことができなくなります。

　しかしながら、ビットコインは、現金や金や銀行口座にはできないことができます。鍵が納められたビットコインウォレットは、ファイルのようにバックアップが可能です。いくつもコピーを作って保存できますし、バックアップとして紙に印刷することもできます。現金や金や銀行口座は、「バックアップ」することはできません。ビットコインは既存のどのようなものとも異なるので、私たちはビットコインの安全性について考えるときも、今までにない新しい方法で行う必要があります。

| 安全性の原則

　ビットコインの重要な原則は分散化であり、このことはビットコインの安全性について重要な含意を導きます。伝統的な銀行や支払ネットワークのような集中化モデルは、アクセス制限と審査によって、悪意のある主体をシステムから遠ざけます。一方、ビットコインのような分散化システムは、責任と管理権をユーザに付与します。ネットワークの安全性はproof of workに基づくものであってアクセス制限によるものではないため、ネットワークはオープンであり、ビットコインのトラフィックに暗号化は必要ありません。

　クレジットカードのような伝統的な支払ネットワークでは、ユーザのプライベートな識別情報（クレジットカード番号）を含んでいるので、支払いは無制限です。最初に課金してからも、その識別情報にアクセスできる者であれば、何度でもユーザに課金してお金を「引き出

す」ことができます。したがって支払ネットワークは、暗号化により徹底的に保護されなければなりませんし、支払いのトラフィックが、プロセスの途中であれ（安全に）保存された状態であれ、盗聴者や媒介者により漏洩され得ないことを保証しなければなりません。もし、悪意のある主体がシステムにアクセスできたら、現在のトランザクションと支払トークンの両方を手に入れ、これらを用いて新たなトランザクションを作り出すことが可能になります。さらに悪いことに、顧客情報が漏洩した場合には、その顧客はなりすましにさらされ、アカウントの不正使用を防ぐために行動を起こさなければならなくなります。

ビットコインは全く異なります。ビットコインのトランザクションは、特定の受取人に対する特定の金額のみを承認するものであって、捏造されることも変更されることもありません。また、取引主体を特定するようなどんなプライベート情報も明かしませんし、追加的に別の支払いの承認に用いることもできません。従って、ビットコインの支払ネットワークには、暗号化も盗聴者からの保護も必要ありません。実際、ユーザは、厳格に保護されてはいない、WiFi や Bluetooth といったオープンな公共チャネルを通じて、安全性を損なうことなくトランザクションをブロードキャストできます。

ビットコインの分散化された安全性モデルは、ユーザの手に強い力を授けますが、その力は、鍵の秘匿性の維持に対する責任とともに与えられるものです。ほとんどのユーザにとって、鍵の秘匿性の維持は簡単なことではありません。インターネットに接続したスマートフォンやPCといった、一般的な用途のコンピュータデバイスでは、特にそうです。ビットコインの分散化モデルはクレジットカードで起こるような大規模な漏洩は防げるものの、多くのユーザは鍵を適切に保護できていないため、1つずつハッキングされることがありえます。

ビットコインのシステムを安全に開発する

ビットコイン関連のソフトウェア開発者にとって、最も重要な原則は分散化です。ほとんどの開発者は集中化された安全性モデルに慣れており、開発しているビットコインアプリケーションにこのモデルを適用する誘惑に駆られることでしょうが、それは悲惨な結果を生むことになります。

ビットコインの安全性は、鍵の分散管理と、マイナーによる独立したトランザクション認証に基づいています。ビットコインならではの安全性を活用したいのであれば、ビットコインの安全性モデルの考え方から離れないでいる必要があります。つまり、鍵の管理はユーザに任せよ、トランザクションはブロックチェーンに任せよ、ということです。

例えば、初期のビットコイン交換所は、すべてのユーザの資金を1つの「ホットな」ウォレットに集め、鍵とともに1つのサーバに保存しました。こうした設計は、ユーザから鍵の管理を取り上げ、単一のシステムに集約するものです。こうした多くのシステムはハックされ、顧客にとって悲惨な結果を招いています。

よくあるもう1つの誤りは、トランザクション手数料を削減するため、またはトランザクションの処理プロセスを早めるための間違った努力のうちに、「ブロックチェーン外」でトランザクションを作ることです。「ブロックチェーン外」システムは、内部の集中化された

元帳にトランザクションを記録し、ビットコインのブロックチェーンとたまに同期するといったものです。こうした実践もまた、分散化されたビットコインの安全性を、独占され集中化されたアプローチで置き換えてしまうものです。トランザクションがブロックチェーンの外で作られると、適切に保護されていない集中化された元帳は改竄される可能性があり、その場合、気づかれないうちに、資金が流用され、蓄えが使い切られることになります。

操作上の安全性、多重のアクセス制限、（伝統的な銀行が行っているような）監査といったものに多額の投資を行う用意がない限り、ビットコインの分散化された安全性の考え方に反した状態で資金を持つことには、よほど慎重でなければなりません。たとえ、頑健な安全性モデルを実装するだけの資金と規律があったとしても、なりすましや買収や横領に苦しめられてきた、伝統的な金融ネットワークという脆弱なモデルを複製しているに過ぎないのです。ビットコインのユニークな分散化された安全性モデルの強みを活かすためには、親しみは感じるけれども結局はビットコインの安全性を脅かすことになる、集中化されたアーキテクチャへの誘惑を断たねばなりません。

信用の根源

伝統的な安全性のアーキテクチャは信用の根源という概念に基づいています。それは、システムやアプリケーション全体の安全性の礎となる、信用の中核です。安全性のアーキテクチャは、信用の根源を中心にして同心円状に（タマネギのように）構成され、中心から外向きに信用が広がっていく形をとります。各層は、より信用度の高い内側の層の上に成り立つもので、内側の層は、アクセス制限、デジタル署名、暗号化といった、安全性に関する基本要素を用いています。ソフトウェアシステムが複雑化するにつれ、システムの安全性が脅かされるようなバグを含むことが多くなってきています。結果、ソフトウェアがより複雑なものになると、それを安全な状態に保つことはより難しくなります。信用の根源の概念をもとにすると、信用のほとんどは、システムのうちで最も複雑でない部分、従って最も脆弱でない部分に置かれ、その周囲に複雑なソフトウェアが層を成すことになります。この安全性のアーキテクチャは、異なる規模で繰り返されます。すなわち、最初は単一のシステムのハードウェアに信用の根源が据えられ、その信用の根源が、OSを通じてより高いレベルのシステムの働きにまで拡張され、最終的には、外に向かって信用の度合いが低下する同心円上に配置された、多くのサーバまで拡がるのです。

ビットコインの安全性のアーキテクチャは異なります。ビットコインでは、合意形成システムは、信用できる公開された元帳を作り出し、その元帳は完全に分散化されたものとなっています。正しく認証されたブロックチェーンはgenesisブロックを信用の根源として用い、最新のブロックまで続く信用の連鎖を作り上げます。ビットコインシステムはブロックチェーンを信用の根源として用いることができますし、またそのようにしなければいけません。サービスの提供先が多くの異なるシステムであるような、複雑なビットコインアプリケーションを設計するときには、どこに信用が置かれようとしているかを明確にするため、安全性のアーキテクチャを注意深く精査する必要があります。結局、明確に信用されるべき唯一のものは、完全に認証されたブロックチェーンなのです。明示的にであってもそうでな

くても、あるアプリケーションがブロックチェーン以外のなにかに信用の基礎を置いている場合、脆弱性を招き入れることになり、心配の種になるに違いありません。開発中のアプリケーションの安全性のアーキテクチャを評価する良い方法は、個々の構成要素を考え、その構成要素が悪意のある主体の管理下に置かれ、完全に毀損されるという仮説のシナリオを吟味することです。構成要素を1つ1つとりあげ、その構成要素が毀損されたとしたときの、全体の安全性に与える影響度を算定するのです。もし、構成要素が毀損されたときにアプリケーションが安全でなければ、それらに誤って信頼を置いていたことが分かります。脆弱性のないビットコインアプリケーションとはつまり、ビットコインの合意形成メカニズムが毀損されることに対してのみ脆弱なアプリケーションです。それは、信用の根源が、ビットコインの安全性のアーキテクチャの中でも、最も強い部分に基づいていることを意味します。

　ハックされたビットコイン交換所の数多くの事例を見れば、この点ははっきり分かります。なぜなら、彼らの安全性のアーキテクチャと設計は、誰からも全くと言っていいほど監督されていないからです。これらの集中化されたアーキテクチャやデザインの実装は、ブロックチェーンの外にある多くの構成要素、すなわち、ホットウォレット、集中化された元帳データベース、脆弱な暗号キーといったものを、信用できるものとして明確に位置づけていました。

安全性に関するベストプラクティス

　人類は、物理的な脅威から安全を守る手段を、何千年も用いてきました。これに対して、デジタルの世界の安全性に関する私たちの経験は、50年にも満たないものです。現代の汎用OSは、非常に安全とは言えず、特にデジタルマネーの保存に適しているというわけでもありません。私たちのコンピュータは、インターネットへの常時接続を通じ、外界からの脅威に常に晒されています。コンピュータは、多くのプログラマーによって作られたソフトウェアを何千と走らせ、そうしたソフトウェアは時として何の制約もなくユーザのファイルにアクセスします。コンピュータにインストールされた何千ものソフトウェアのうち、詐欺ソフトが1つでも紛れていたら、キーボードとファイルに障害が起こり、ウォレットアプリケーションに保管されたビットコインが盗まれるかもしれません。コンピュータをウィルスやトロイの木馬がない状態に保つために必要なメンテナンスの水準は、大多数のユーザの技術を超えています。

　何十年にもわたる情報セキュリティに関する研究と進歩にもかかわらず、デジタル資産は、明確な敵対者に対し、いまだに情けないほど脆弱です。金融機関、諜報機関、防衛産業における、最も高度に保護され機密性の高いシステムでさえ、頻繁に破られます。ビットコインが作り出すデジタル資産は固有の価値を持っており、盗難されてすぐに新たな所有者に送られ、戻ってこなくなり得るものです。このことは、ハッカーにとって大きなインセンティブとなります。これまでハッカーは、クレジットカードや銀行口座といった、個人情報や口座にアクセスするためのトークンを盗み出した後に、価値あるものに変換する必要がありました。盗んだ金融情報の換金やロンダリングは困難であるにもかかわらず、盗難は増える一方でした。ビットコインはそれ自体が価値であるため、換金やロンダリングの必要がな

く、この問題をより大きくしています。

　幸いなことに、ビットコインはまた、コンピュータのセキュリティを改善するインセンティブをもたらします。以前は、コンピュータを危機に晒すリスクは、漠然としていて間接的でしたが、ビットコインはこのリスクを明確なものにしています。ビットコインをコンピュータに保持することは、そのユーザの関心を、コンピュータのセキュリティ改善の必要性に集中させることにつながります。ビットコインや他のデジタル通貨の激増と拡がりの直接的な帰結として、私たちは、ハッキング技術とセキュリティソリューションの両方が発展していく様子を見てきました。簡単に言えば、ハッカーは今やとても美味しいターゲットをみつけ、ユーザは自分自身を守る明確なインセンティブを持っているわけです。

　社会におけるビットコインの受容の直接的な帰結として、過去3年にわたって、ハードウェア暗号化、鍵保管、ハードウェアウォレット、マルチシグネチャ技術、デジタルエスクローといった、情報セキュリティ分野における素晴らしいイノベーションを、私たちは目の当たりにしてきました。次節では、実践的なユーザセキュリティのための、多様なベストプラクティスを詳しく見ていくことにしましょう。

物理的なビットコインの保管

　多くのユーザは、情報として安全が保たれていることよりも、物理的に安全が保たれていることのほうに、はるかに安心を感じるので、ビットコインを物理的な形に変換するということは、ビットコインの安全な保持のために大変有効な方法です。ビットコインの鍵は単なる長い数字の羅列です。このことは、鍵が、紙への印刷や金属のコインへの刻印といった、物理的な形態で保存され得ることを意味しています。従って、鍵を安全に保つことは、ビットコインの鍵の紙のコピーを安全に保つことになります。紙に印刷されたビットコインの鍵は「ペーパーウォレット」と呼ばれ、これを作るためのフリーツールが数多くあります。私は個人的に、自分のビットコインのほとんど（99%以上）を、ペーパーウォレットに保存しています。そのウォレットはBIP0038で暗号化され、鍵をかけた金庫に複数のコピーが閉じ込んであります。ビットコインをオフラインにしておくことはコールドストレージと呼ばれ、最も有効なセキュリティのテクニックの1つです。コールドストレージシステムでは、鍵はオフラインシステム（インターネットに一度も接続したことがないシステム）で生成され、紙であれ USB メモリスティックのようなデジタルメディアであれ、オフラインで保存されます。

ハードウェアウォレット

　長い目で見れば、ビットコインの安全性は、改竄に耐性のあるハードウェアウォレットの形態を、ますますとるようになるでしょう。スマートフォンやデスクトップコンピュータとは異なり、ビットコインのハードウェアウォレットには、ビットコインを安全に保有するというただ1つの目的しかありません。漏洩の原因となり得る一般的なソフトウェアがなく、インターフェイスも限られるために、ハードウェアウォレットは、専門家でないユーザに絶対と言っていいほど確実なセキュリティをもたらします。私は、ハードウェアウォレット

は、ビットコイン保有の方法として広く用いられるようになると予想しています。このようなハードウェアウォレットの一例は、Trezor（http://www.bitcointrezor.com/）をご覧ください。

リスク配分の適正化

　ほとんどのユーザは、ビットコインの盗難について適切に注意を払っていますが、盗難よりも大きなリスクが存在します。データファイルはいつでも失われます。もしそのファイルがビットコインを含んでいたら、極めて悲惨なことになります。ビットコインウォレットを安全に保護しようと努力するあまり、やり過ぎてビットコインを失うことにならないよう、ユーザは注意深くならなければいけません。2011月7月、有名なビットコインの教育啓発プロジェクトが、ほぼ7,000 bitcoinを失いました。盗難防止の努力の一環として、彼らは複雑に暗号化されたバックアップを実施していました。結局、彼らは暗号化鍵を誤って失くし、バックアップは無価値となり、財産を失いました。砂漠に埋めてお金を隠すように、ビットコインを安全にし過ぎると、二度と見つけられなくなるかもしれません。

リスク分散

　あなたは、全財産を現金で財布の中に入れて持ち運びますか？　ほとんどの人はこのようなことを向こう見ずと考えるのにもかかわらず、ビットコインユーザはすべてのビットコインを1つのウォレットに入れてしまうことがよくあります。そうではなくて、ユーザは、複数の多様なビットコインウォレットに、リスクを分散しなければいけません。慎重なユーザは、自分のビットコインのうちほんの少しだけ、おそらく5％に満たない程度を、オンラインまたはモバイルウォレットに「小銭」として持つようにしています。残りのビットコインは、デスクトップウォレットやオフライン（コールドストレージ）のような、複数の異なる仕組みで保管されなければなりません。

マルチシグネチャと管理

　企業や個人が多額のビットコインを保管するときはいつでも、マルチシグネチャビットコインアドレスを用いることを考慮すべきです。マルチシグネチャアドレスは、支払いに複数の署名を要求することで、資金を安全に守るものです。署名のための鍵は、複数の異なる場所に保管され、別々の人によって管理されなければなりません。たとえば、企業では、署名のための鍵が別々につくられ、複数の幹部によって保持され、誰であれ一人では資金に手を出せないようになっていないといけません。マルチシグネチャアドレスを用いることで、冗長性を得る、すなわち、1人の人が複数の鍵を別々の場所に保持することも、可能となります。

サバイバビリティ

　安全性に関して、見過ごされがちですが考慮すべき重要な点として、鍵の持ち主が動けなくなったり死亡したりした場合に、どうやってビットコインを手にするかということがあります。ビットコインユーザは、複雑なパスワードを用い、鍵を安全で秘匿された状態に保ち、誰とも共有してはいけない、と言われてきました。不幸なことに、こうしたプラクティスによって、ユーザ自身が鍵を使えないときには、ユーザの家族が資金を再び手にすることはほぼ不可能です。実際、ビットコインユーザの家族は、ビットコインの資産の存在に全く気づかないことがほとんどでしょう。

　多額のビットコインを持っているのであれば、アクセス方法の詳細を、信頼のおける親族や弁護士と共有することを考えるべきです。より複雑なサバイバビリティの仕組みは、マルチシグネチャアクセスと、「デジタル資産の遺言執行」の専門弁護士を通じた資産計画から、構成することができます。

結び

　ビットコインは全く新しい、前例のない、そして複雑なテクノロジーです。いずれは、専門家でないユーザにも使いやすい、安全性のためのツールやプラクティスが開発されることでしょう。さしあたり、ビットコインユーザは本書で扱った多くのTIPSを用いることで、安全でトラブルのないビットコインエクスペリエンスを楽しむことができます。

Appendix A
トランザクション Script 言語オペレータ、定数、シンボル

表A-1では、値をスタックの上にpushするオペレータをリストアップしています。

表 A - 1　値をスタックの上に push する

シンボル	値（16 進数）	説明
OP_0 または OP_FALSE	0x00	空配列がスタック上に push される
1-75	0x01-0x4b	次の N バイトをスタック上に push する、N は 1 から 75 バイト
OP_PUSHDATA1	0x4c	次の script バイトが N を含んでいれば、その N バイトをスタック上に push
OP_PUSHDATA2	0x4d	次の 2 つの script バイトが N を含んでいれば、その N バイトをスタック上に push
OP_PUSHDATA4	0x4e	次の 4 つの script バイトが N を含んでいれば、その N バイトをスタック上に push
OP_1NEGATE	0x4f	「-1」をスタック上に push
OP_RESERVED	0x50	停止 - まだ実行されていない OP_IF 内でなければ不正なトランザクション
OP_1 or OP_TRUE	0x51	「1」をスタック上に push
OP_2 to OP_16	0x52to0x60	OP_N に対して値「N」をスタック上に push、例えば OP_2 は「2」を push

表A-2では、条件分岐制御オペレータをリストアップしています。

表 A - 2　条件分岐制御

シンボル	値（16 進数）	説明
OP_NOP	0x61	何もしない
OP_VER	0x62	停止 - まだ実行されていない OP_IF 内でなければ不正なトランザクション
OP_IF	0x63	もしスタックの 1 番上に 0 がなければ次のステートメントを実行
OP_NOTIF	0x64	もしスタックの 1 番上に 0 があれば次のステートメントを実行
OP_VERIF	0x65	停止 - 不正なトランザクション
OP_VERNOTIF	0x66	停止 - 不正なトランザクション
OP_ELSE	0x67	前のステートメントが実行されていない場合のみ実行
OP_ENDIF	0x68	OP_IF、OP_NOTIF、OP_ELSE ブロックを終わらせる
OP_VERIFY	0x69	スタックの 1 番上をチェックし、真でなければ停止しトランザクションを無効化する
OP_RETURN	0x6a	停止しトランザクションを無効化する

表 A-3では、スタックを操作するためのオペレータをリストアップしています。

表 A-3　スタックオペレータ

シンボル	値（16進数）	説明
OP_TOALTSTACK	0x6b	スタックから1番上のアイテムをpopし、代替のスタックにpush
OP_FROMALTSTACK	0x6c	代替のスタックから1番上のアイテムをpopし、スタックにpush
OP_2DROP	0x6d	スタックの1番上から2つのアイテムをpop
OP_2DUP	0x6e	スタックの1番上にある2つのアイテムを複製
OP_3DUP	0x6f	スタックの1番上にある3つのアイテムを複製
OP_2OVER	0x70	スタックの中の1番上から3番目と4番目のアイテムをスタックの一番上にコピー
OP_2ROT	0x71	スタックの中の1番上から5番目と6番目のアイテムをスタックの一番上に移動
OP_2SWAP	0x72	スタックの1番上の2つのアイテムペアを交換
OP_IFDUP	0x73	もし0でなければ、スタックの中の1番上のアイテムを複製
OP_DEPTH	0x74	スタック上のアイテム数をカウントし、カウント数をpush
OP_DROP	0x75	スタックの中の1番上のアイテムをpop
OP_DUP	0x76	スタックの中の1番上のアイテムを複製
OP_NIP	0x77	スタックの中の2番目のアイテムをpop
OP_OVER	0x78	スタックの中の2番目のアイテムをコピーし、それをスタックの一番上にpush
OP_PICK	0x79	スタックの一番上から値Nをpopし、N番目のアイテムをスタックの一番上にコピー
OP_ROLL	0x7a	スタックの一番上から値Nをpopし、N番目のアイテムをスタックの一番上に移動
OP_ROT	0x7b	スタックの中の一番上の3つのアイテムを回転
OP_SWAP	0x7c	スタックの中の一番上の3つのアイテムを交換
OP_TUCK	0x7d	一番上のアイテムをコピーし、1番上と2番目の間にそれを挿入

表 A-4では、文字列オペレータをリストアップしています。

表 A-4　文字列結合オペレータ

シンボル	値（16進数）	説明
OP_CAT	0x7e	使用不可（一番上の2つのアイテムを結合）
OP_SUBSTR	0x7f	使用不可（部分文字列を返却）
OP_LEFT	0x80	使用不可（左側部分文字列を返却）
OP_RIGHT	0x81	使用不可（右側部分文字列を返却）
OP_SIZE	0x82	1番上の文字列の長さを計算し、結果をpush

表 A-5では、2進数算術およびブーリアン論理オペレータをリストアップしています。

表 A-5　2進数算術と条件

シンボル	値（16進数）	説明
OP_INVERT	0x83	使用不可（1番上のアイテムのbitを反転）
OP_AND	0x84	使用不可（1番上の2つのアイテムのANDをとる）
OP_OR	0x85	使用不可（1番上の2つのアイテムのORをとる）
OP_XOR	0x86	使用不可（1番上の2つのアイテムのXORをとる）

シンボル	値（16進数）	説明
OP_EQUAL	0x87	もし1番上の2つのアイテムが完全に等しければ真（1）を push し、それ以外なら偽（0）を push
OP_EQUALVERIFY	0x88	OP_EQUAL と同じだが、もし真でなければ停止のためあとで OP_VERIFY を実行
OP_RESERVED1	0x89	停止 - まだ実行されていない OP_IF 内でなければ不正なトランザクション
OP_RESERVED2	0x8a	停止 - まだ実行されていない OP_IF 内でなければ不正なトランザクション

表 A-6 では、数値的（算術的）オペレータをリストアップしています。

表 A-6　数値的オペレータ

シンボル	値（16進数）	説明
OP_1ADD	0x8b	1番上のアイテムに1を足す
OP_1SUB	0x8c	1番上のアイテムから1を引く
OP_2MUL	0x8d	使用不可（1番上のアイテムに2を掛ける）
OP_2DIV	0x8e	使用不可（1番上のアイテムを2で割る）
OP_NEGATE	0x8f	1番上のアイテムの符号を反転
OP_ABS	0x90	1番上のアイテムの符号をプラスに変更
OP_NOT	0x91	もし1番上のアイテムが0または1ならブーリアンとして反転、それ以外なら0を返却
OP_0NOTEQUAL	0x92	もし1番上のアイテムが0なら0を返却、それ以外なら1を返却
OP_ADD	0x93	1番上の2つのアイテムを pop し、2つを加え合わせた結果を push
OP_SUB	0x94	1番上の2つのアイテムを pop し、2番目から1番目を引いた結果を push
OP_MUL	0x95	使用不可（1番上の2つのアイテムを掛け合わせる）
OP_DIV	0x96	使用不可（2番目のアイテムを1番目のアイテムで割る）
OP_MOD	0x97	使用不可（2番目のアイテムを1番目のアイテムで割ったときの余り）
OP_LSHIFT	0x98	使用不可（2番目のアイテムを最初のアイテムのビット数だけ左にシフト）
OP_RSHIFT	0x99	使用不可（2番目のアイテムを最初のアイテムのビット数だけ右にシフト）
OP_BOOLAND	0x9a	1番上の2つのアイテムの AND をとる
OP_BOOLOR	0x9b	1番上の2つのアイテムの OR をとる
OP_NUMEQUAL	0x9c	1番上の2つのアイテムが同じ数値であれば真を返却
OP_NUMEQUALVERIFY	0x9d	NUMEQUAL と同じだが、もし真でなければ停止のために OP_VERIFY を実行
OP_NUMNOTEQUAL	0x9e	1番上の2つのアイテムが同じ数値でなければ真を返却
OP_LESSTHAN	0x9f	2番目のアイテムが1番目のアイテムよりも小さい場合真を返却
OP_GREATERTHAN	0xa0	もし2番目のアイテムが1番目のアイテムよりも大きい場合真を返却
OP_LESSTHANOREQUAL	0xa1	もし2番目のアイテムが1番目のアイテムよりも小さいか等しければ真を返却
OP_GREATERTHANOREQUAL	0xa2	もし2番目のアイテムが1番目のアイテムよりも大きいか等しければ真を返却
OP_MIN	0xa3	1番目と2番目のアイテムのうちより小さいアイテムを返却
OP_MAX	0xa4	1番目と2番目のアイテムのうちより大きいアイテムを返却
OP_WITHIN	0xa5	もし3番目のアイテムが2番目と1番目の間（または等しい）であれば真を返却

表A-7では、暗号学的関数オペレータをリストアップしています。

表A-7　暗号学的オペレータとハッシュ化オペレータ

シンボル	値（16進数）	説明
OP_RIPEMD160	0xa6	1番目のアイテムのRIPEMD160ハッシュを返却
OP_SHA1	0xa7	1番目のアイテムのSHA1ハッシュを返却
OP_SHA256	0xa8	1番目のアイテムのSHA256ハッシュを返却
OP_HASH160	0xa9	1番目のアイテムのRIPEMD160（SHA256（x））ハッシュを返却
OP_HASH256	0xaa	1番目のアイテムのSHA256（SHA256（x））ハッシュを返却
OP_CODESEPARATOR	0xab	署名チェック済みのデータの最初に印を置く
OP_CHECKSIG	0xac	公開鍵と署名をpopしたのち、トランザクションのハッシュ化データに対して署名が有効であるかを検証し、有効であれば真を返却
OP_CHECKSIGVERIFY	0xad	CHECKSIGと同じだが、もし真でなければ停止のためにOP_VERIFYを実行
OP_CHECKMULTISIG	0xae	与えられたそれぞれの署名と公開鍵のペアに対してCHECKSIGを実行。結果は全て真でなければならない。この実装には余分な値をpopしてしまうというバグがあり、回避策としてOP_NOPをOP_CHECKMULTISIGの前に置く
OP_CHECKMULTISIGVERIFY	0xaf	CHECKMULTISIGと同じだが、もし真でなければ停止のためにOP_VERIFYを実行

表A-8では、非オペレータシンボルをリストアップしています。

表A-8　非オペレータ

シンボル	値（16進数）	説明
OP_NOP1-OP_NOP10	0xb0-0xb9	何もしない、無視される

表A-9では、内部scriptパーサによって使用されるために予約されているオペレータコードをリストアップしています。

表A-9　scriptパーサの内部使用のために予約されているOPコード

シンボル	値（16進数）	説明
OP_SMALLDATA	0xf9	小さいデータフィールドを表す
OP_SMALLINTEGER	0xfa	小さい整数データフィールドを表す
OP_PUBKEYS	0xfb	公開鍵フィールド（複数）を表す
OP_PUBKEYHASH	0xfd	公開鍵ハッシュフィールドを表す
OP_PUBKEY	0xfe	公開鍵フィールドを表す
OP_INVALIDOPCODE	0xff	現在割り当てられていない任意のOPコードを表す

Appendix B

ビットコイン改善提案（BIP）

BIP はビットコインコミュニティに情報を提供するための設計書であり、ビットコインまたはその処理手順や環境に関する新しい機能を記述しているものです。

BIP0001（BIP の目的とガイドライン）にあるとおり、BIP には3つの種類があります。

スタンダード BIP

ほとんど全てのビットコイン実装に影響を与える変更を記述しています。例えば、ビットコインネットワークプロトコルに関する変更や、ブロックやトランザクションの検証ルールに関する変更、ビットコインを使ったアプリケーションの相互運用に影響を与える変更や追加などです。

情報 BIP

ビットコイン設計に関する問題点、またはビットコインコミュニティへの一般的なガイドラインや情報を記述しています。しかし、ここでは新しい機能は提案されません。情報 BIP ではビットコインコミュニティでの合意内容や推薦事項が必ずしも出てくるわけではないため、ユーザや実装者は情報 BIP を無視するかもしれませんし、従うかもしれません。

プロセス BIP

ビットコインでの処理手順を記述し、その処理手順（または処理中のイベント）に関する変更を提案しています。プロセス BIP はスタンダード BIP に似ていますが、ビットコインプロトコルそのもの以外の領域に対しても適用されます。ここでは実装の提案をするかもしれませんが、コードをベースとしたものではありません。ここではビットコインコミュニティ内での合意が必要な内容が頻繁に出てきます。情報 BIP と違ってこれらは単なる推薦ではなく、一般的にユーザはこれらを無視することはできません。ここには例えば、処理手順やガイドライン、意思決定プロセスについての変更、ビットコイン開発で使うツー

ルや環境についての変更が含まれます。

BIP は、GitHub（https://github.com/bitcoin/bips）上のバージョン管理リポジトリに記録されています。表 B-1 は2014年秋の時点での BIP を示しています。存在している BIP やこれらの内容の最新の情報については信用できるリポジトリを調べてみてください。

表 B-1　BIP のスナップショット

BIP 番号	リンク	タイトル	所有者	種類	状態
1	https://github.com/bitcoin/bips/blob/master/bip-0001.mediawiki	BIP の目的とガイドライン	Amir Taaki	スタンダード	アクティブ（完了させる目的で書かれたものではない BIP に付く状態）
10	https://github.com/bitcoin/bips/blob/master/bip-0010.mediawiki	マルチシグトランザクション配布	Alan Reiner	情報	草案
11	https://github.com/bitcoin/bips/blob/master/bip-0011.mediawiki	M-of-N 標準トランザクション	Gavin Andresen	スタンダード	承認済
12	https://github.com/bitcoin/bips/blob/master/bip-0012.mediawiki	OP_EVAL	Gavin Andresen	スタンダード	取り下げ済
13	https://github.com/bitcoin/bips/blob/master/bip-0013.mediawiki	pay-to-script-hash でのアドレス形式	Gavin Andresen	スタンダード	最終版
14	https://github.com/bitcoin/bips/blob/master/bip-0014.mediawiki	プロトコルバージョンとユーザエージェント	Amir Taaki, Patrick Strateman	スタンダード	承認済
15	https://github.com/bitcoin/bips/blob/master/bip-0015.mediawiki	エイリアス	Amir Taaki	スタンダード	取り下げ済
16	https://github.com/bitcoin/bips/blob/master/bip-0016.mediawiki	Pay To Script Hash	Gavin Andresen	スタンダード	承認済
17	https://github.com/bitcoin/bips/blob/master/bip-0017.mediawiki	OP_CHECKHASH VERIFY（CHV）	Luke Dashjr	スタンダード	取り下げ済
18	https://github.com/bitcoin/bips/blob/master/bip-0018.mediawikilink	hashScriptCheck	Luke Dashjr	スタンダード	草案
19	https://github.com/bitcoin/bips/blob/master/bip-0019.mediawiki	M-of-N 標準トランザクション（低 SigOp）	Luke Dashjr	スタンダード	草案
20	https://github.com/bitcoin/bips/blob/master/bip-0020.mediawiki	URI スキーム	Luke Dashjr	スタンダード	置き換え済
21	https://github.com/bitcoin/bips/blob/master/bip-0021.mediawiki	URI スキーム	Nils Schneider, Matt Corallo	スタンダード	承認済
22	https://github.com/bitcoin/bips/blob/master/bip-0022.mediawiki	getblocktemplate- 基礎	Luke Dashjr	スタンダード	承認済
23	https://github.com/bitcoin/bips/blob/master/bip-0023.mediawiki	getblocktemplate- プールマイニング	Luke Dashjr	スタンダード	承認済
30	https://github.com/bitcoin/bips/blob/master/bip-0030.mediawiki	二重トランザクション	Pieter Wuille	スタンダード	承認済
31	https://github.com/bitcoin/bips/blob/master/bip-0031.mediawiki	Pong message	Mike Hearn	スタンダード	承認済
32	https://github.com/bitcoin/bips/blob/master/bip-0032.mediawiki	階層的決定性ウォレット	Pieter Wuille	情報	承認済
33	https://github.com/bitcoin/bips/blob/master/bip-0033.mediawiki	Stratized ノード	Amir Taaki	スタンダード	草案
34	https://github.com/bitcoin/bips/	ブロックバージョン 2.	Gavin Andresen	スタン	承認済

#	URL	タイトル	著者	種別	状態
	blob/master/bip-0034.mediawiki	coinbase トランザクション内ブロック高		ダード	
35	https://github.com/bitcoin/bips/blob/master/bip-0035.mediawiki	mempool message	Jeff Garzik	スタンダード	承認済
36	https://github.com/bitcoin/bips/blob/master/bip-0036.mediawiki	Custom Services	Stefan Thomas	スタンダード	草案
37	https://github.com/bitcoin/bips/blob/master/bip-0037.mediawiki	ブルームフィルタリング	Mike Hearn, Matt Corallo	スタンダード	承認済
38	https://github.com/bitcoin/bips/blob/master/bip-0038.mediawiki	パスフレーズ保護秘密鍵	Mike Caldwell	スタンダード	草案
39	https://github.com/bitcoin/bips/blob/master/bip-0039.mediawiki	決定性鍵を生成する mnemonic code	Slush	スタンダード	草案
40		Stratum ワイヤープロトコル	Slush	スタンダード	BIP 番号割り当て済み
41		Stratum マイニングプロトコル	Slush	スタンダード	BIP 番号割り当て済
42	https://github.com/bitcoin/bips/blob/master/bip-0042.mediawiki	ビットコインの有限通貨供給	Pieter Wuille	スタンダード	草案
43	https://github.com/bitcoin/bips/blob/master/bip-0043.mediawiki	決定性ウォレットの purpose フィールド	Slush	スタンダード	草案
44	https://github.com/bitcoin/bips/blob/master/bip-0044.mediawiki	階層的ウォレットの複数アカウント階層構造	Slush	スタンダード	草案
50	https://github.com/bitcoin/bips/blob/master/bip-0050.mediawiki	2013 年 3 月に起きたブロックチェーンフォークに関する事後分析	Gavin Andresen	情報	草案
60	https://github.com/bitcoin/bips/blob/master/bip-0060.mediawiki	"version" メッセージのフィールド数の固定（Relay-Transactions フィールド)	Amir Taaki	スタンダード	草案
61	https://github.com/bitcoin/bips/blob/master/bip-0061.mediawiki	"reject" P2P メッセージ	Gavin Andresen	スタンダード	草案
62	https://github.com/bitcoin/bips/blob/master/bip-0062.mediawiki	トランザクション展性に対する対処	Pieter Wuille	スタンダード	草案
63		ステルスアドレス	Peter Todd	スタンダード	BIP 番号割り当て済
64	https://github.com/bitcoin/bips/blob/master/bip-0064.mediawiki	getutxos メッセージ	Mike Hearn	スタンダード	草案
70	https://github.com/bitcoin/bips/blob/master/bip-0070.mediawiki	支払いプロトコル	Gavin Andresen	スタンダード	草案
71	https://github.com/bitcoin/bips/blob/master/bip-0071.mediawiki	支払いプロトコル MIME タイプ	Gavin Andresen	スタンダード	草案
72	https://github.com/bitcoin/bips/blob/master/bip-0072.mediawiki	支払いプロトコル URI	Gavin Andresen	スタンダード	草案
73	https://github.com/bitcoin/bips/blob/master/bip-0073.mediawiki	支払いリクエスト URI に伴う "Accept" ヘッダの使用	Stephen Pair	スタンダード	草案

Appendix C

pycoin、ku、tx

Pythonライブラリpycoin（http://github.com/richardkiss/pycoin）は、鍵やトランザクションの操作をサポートしているPythonベースライブラリです。もともとRichard Kissによって書かれメンテナンスされているもので、非標準トランザクションを扱うことができるScript言語もサポートしています。

このpycoinライブラリはPython 2 (2.7.x) とPython 3 (after 3.3) を両方ともサポートしており、使いやすいコマンドラインツールkuとtxが付属しています。

鍵ユーティリティ（KU）

コマンドラインユーティリティku（「鍵ユーティリティ」）は、鍵を操作するためのスイス・アーミーナイフのようなものです。これはBIP32鍵、WIFおよびアドレス（ビットコインとオルトコイン）をサポートしており、以下にいくつかの使用例を示します。

GPGと/dev/randomのデフォルトのエントロピー源を用いてBIP32鍵を作成：

```
$ ku create

input           : create
network         : Bitcoin
wallet key      : xprv9s21ZrQH143K3LU5ctPZTBnb9kTjA5Su9DcWHvXJemiJBsY7VqXUG7hipgdWaU
                  m2nhnzdvxJf5KJo9vjP2nABX65c5sFsWsV8oXcbpehtJi
public version  : xpub661MyMwAqRbcFpYYiuvZpKjKhnJDZYAkWSY76JvvD7FH4fsG3Nqiov2CfxzxY8
                  DGcpfT56AMFeo8M8KPkFMfLUtvwjwb6WPv8rY65L2q8Hz
tree depth      : 0
fingerprint     : 9d9c6092
parent f'print  : 00000000
child index     : 0
```

261

```
chain code        : 80574fb260edaa4905bc86c9a47d30c697c50047ed466c0d4a5167f6821e8f3c
private key       : yes
secret exponent   : 112471538590155650688604752840386134637231974546906847202389294096567806844862
  hex             : f8a8a28b28a916e1043cc0aca52033a18a13cab1638d544006469bc171fddfbe
wif               : L5Z54xi6qJusQT42JHA44mfPVZGjyb4XBRWfxAzUWwRiGx1kV4sP
  uncompressed    : 5KhoEavGNNH4GHKoy2Ptu4KfdNp4r56L5B5un8FP6RZnbsz5Nmb
public pair x     : 76460638240546478364843397482784681018771177678734621270215603682901140160
34
public pair y     : 59807879657469774102040120298272207730921291736633247737077406753676825777701
  x as hex        : a90b3008792432060fa04365941e09a8e4adf928bdbdb9dad41131274e379322
  y as hex        : 843a0f6ed9c0eb1962c74533795406914fe3f1957c5238951f4fe245a4fcd625
  y parity        : odd
key pair as sec   : 03a90b3008792432060fa04365941e09a8e4adf928bdbdb9dad41131274e379322
  uncompressed    : 04a90b3008792432060fa04365941e09a8e4adf928bdbdb9dad41131274e379322
                    843a0f6ed9c0eb1962c74533795406914fe3f1957c5238951f4fe245a4fcd625
hash160           : 9d9c609247174ae323acfc96c852753fe3c8819d
  uncompressed    : 8870d869800c9b91ce1eb460f4c60540f87c15d7
Bitcoin address   : 1FNNRQ5fSv1wBi5gyfVBs2rkNheMGt86sp
  uncompressed   : 1DSS5isnH4FsVaLVjeVXewVSpfqktdiQAM
```

パスフレーズから BIP32 鍵を作成：

> ⚠ この例で使われているパスフレーズは極めて予想しやすいものを使っています。このパスフレーズは絶対に使わないでください。

```
$ ku P:foo

input             : P:foo
network           : Bitcoin
wallet key        : xprv9s21ZrQH143K31AgNK5pyVvW23gHnkBq2wh5aEk6g1s496M8ZMjxncCKZKgb5j
                    ZoY5eSJMJ2Vbyvi2hbmQnCuHBujZ2WXGTux1X2k9Krdtq
public version    : xpub661MyMwAqRbcFVF9ULcqLdsEa5WnCCugQAcgNd9iEMQ31tgH6u4DLQWoQayvtS
                    VYFvXz2vPPpbXE1qpjoUFidhjFj82pVShWu9curWmb2zy
tree depth        : 0
fingerprint       : 5d353a2e
parent f'print    : 00000000
child index       : 0
chain code        : 5eeb1023fd6dd1ae52a005ce0e73420821e1d90e08be980a85e9111fd7646bbc
private key       : yes
secret exponent   : 65825730547097305716057160437907902201238642997619089487468358860077
93998275
  hex             : 91880b0e3017ba586b735fe7d04f1790f3c46b818a2151fb2def5f14dd2fd9c3
```

```
wif              : L26c3H6jEPVSqAr1usXUp9qtQJw6NHgApq6Ls4ncyqtsvcq2MwKH
  uncompressed   : 5JvNzA5vXDoKYJdw8SwwLHxUxaWvn9mDea6k1vRPCX7KLUVWa7W
public pair x    : 81821982719381104061777349269130419024493616650993589394553404347774393168191
public pair y    : 58994218069605424278320703250689780154785099509277691723126325051200459038290
  x as hex       : b4e599dfa44555a4ed38bcfff0071d5af676a86abf123c5b4b4e8e67a0b0b13f
  y as hex       : 826d8b4d3010aea16ff4c1c1d3ae68541d9a04df54a2c48cc241c2983544de52
y parity         : even
key pair as sec  : 02b4e599dfa44555a4ed38bcfff0071d5af676a86abf123c5b4b4e8e67a0b0b13f
  uncompressed   : 04b4e599dfa44555a4ed38bcfff0071d5af676a86abf123c5b4b4e8e67a0b0b13f
                   826d8b4d3010aea16ff4c1c1d3ae68541d9a04df54a2c48cc241c2983544de52
hash160          : 5d353a2ecdb262477172852d57a3f11de0c19286
  uncompressed   : e5bd3a7e6cb62b4c820e51200fb1c148d79e67da
Bitcoin address  : 19Vqc8uLTfUonmxUEZac7fz1M5c5ZZbAii
  uncompressed   : 1MwkRkogzBRMehBntgcq2aJhXCXStJTXHT
```

情報を JSON 形式で取得：

```
$ ku P:foo -P -j
{
   "y_parity": "even",
   "public_pair_y_hex": "826d8b4d3010aea16ff4c1c1d3ae68541d9a04df54a2c48cc241c2983544de52",
   "private_key": "no",
   "parent_fingerprint": "00000000",
   "tree_depth": "0",
   "network": "Bitcoin",
   "btc_address_uncompressed": "1MwkRkogzBRMehBntgcq2aJhXCXStJTXHT",
   "key_pair_as_sec_uncompressed": "04b4e599dfa44555a4ed38bcfff0071d5af676a86abf123c5b4b4e8e67a0b0b13f826d8b4d3010aea16ff4c1c1d3ae68541d9a04df54a2c48cc241c2983544de52",
   "public_pair_x_hex": "b4e599dfa44555a4ed38bcfff0071d5af676a86abf123c5b4b4e8e67a0b0b13f",
   "wallet_key": "xpub661MyMwAqRbcFVF9ULcqLdsEa5WnCCugQAcgNd9iEMQ31tgH6u4DLQWoQayvtSVYFvXz2vPPpbXElqpJoUF1dhjFJ82pVShWu9curWmb2zy",
   "chain_code": "5eeb1023fd6dd1ae52a005ce0e73420821e1d90e08be980a85e9111fd7646bbc",
   "child_index": "0",
   "hash160_uncompressed": "e5bd3a7e6cb62b4c820e51200fb1c148d79e67da",
   "btc_address": "19Vqc8uLTfUonmxUEZac7fz1M5c5ZZbAii",
   "fingerprint": "5d353a2e",
   "hash160": "5d353a2ecdb262477172852d57a3f11de0c19286",
   "input": "P:foo",
   "public_pair_x": "8182198271938110406177734926913041902449361665099358939455340434
```

```
            7774393168191",
    "public_pair_y": "58994218069605424278320703250689780154785099509277691723126325051
200459038290",
    "key_pair_as_sec": "02b4e599dfa44555a4ed38bcfff0071d5af676a86abf123c5b4b4e8e67a0b0b
13f"
}
```

公開 BIP32 鍵：

```
$ ku -w -P P:foo
xpub661MyMwAqRbcFVF9ULcqLdsEa5WnCCugQAcgNd9iEMQ31tgH6u4DLQWoQayvtSVYFvXz2vPPpbXE1qpjo
UFidhjFj82pVShWu9curWmb2zy
```

サブ鍵を生成：

```
$ ku -w -s3/2 P:foo
xprv9wTErTSkjVyJa1v4cUTFMFkWMe5eu8ErbQcs9xajnsUzCBT7ykHAwdrxvG3g3f6BFk7ms5hHBvmbdutNm
yg6iogWKxx6mefEw4M8EroLgKj
```

強化サブ鍵：

```
$ ku -w -s3/2H P:foo
xprv9wTErTSu5AWGkDeUPmqBcbZWX1xq85ZNX9iQRQW9DXwygFp7iRGJo79dsVctcsCHsnZ3XU3DhsuaGZbDh
8iDkBN45k67UKsJUXM1JfRCdn1
```

WIF:

```
$ ku -W P:foo
L26c3H6jEPVSqAr1usXUp9qtQJw6NHgApq6Ls4ncyqtsvcq2MwKH
```

アドレス：

```
$ ku -a P:foo
19Vqc8uLTfUonmxUEZac7fz1M5c5ZZbAii
```

サブ鍵のブランチを生成：

```
$ ku P:foo -s 0/0-5 -w
xprv9xWkBDfyBXmZjBG9EiXBpy67KK72fphUp9utJokEBFtjsjiuKUUDF5V3TU8U8cDzytqYnSekc8bYuJS8G
```

```
3bhXxKWB89Ggn2dzLcoJsuEdRK
xprv9xWkBDfyBXmZnzKf3bAGifK593gT7WJZPnYAmvc77gUQVej5QHckc5Adtwxa28ACmANi9XhCrRvtFqQcU
xt8rUgFz3souMiDdWxJDZnQxzx
xprv9xWkBDfyBXmZqdXA8y4SWqfBdy71gSW9sjx9JpCiJEiBwSMQyRxan6srXUPBtj3PTxQFkZJAiwoUpmvtr
xKZu4zfsnr3pqyy2vthpkwuoVq
xprv9xWkBDfyBXmZsA85GyWj9uYPyoQv826YAadKWMaaEosNrFBKgj2TqWuiWY3zuqxYGpHfv9cnGj5P7e8Es
kpzKL1Y8Gk9aX6QbryA5raK73p
xprv9xWkBDfyBXmZv2q3N66hhZ8DAcEnQDnXML1J62krJAcf7Xb1HJwuW2VMJQrCofY2jtFXdiEY8UsRNJfqK
6DAdyZXoMvtaLHyWQx3FS4A9zw
xprv9xWkBDfyBXmZw4jEYXUHYc9fT25k9irP87n2RqfJ5bqbjKdT84Mm7Wtc2xmzFuKg7iYf7XFHKkSsaYKWK
JbR54bnyAD9GzjUYbAYTtN4ruo
```

対応したアドレスの生成：

```
$ ku P:foo -s 0/0-5 -a
1MrjE78H1R1rqdFrmkjdHnPUdLCJALbv3x
1AnYyVEcuqeoVzH96zj1eYKwoWfwte2pxu
1GXr1kZfxE1FcK6ZRD5sqqqs5YfvuzA1Lb
116AXZc4bDVQrqmcinzu4aaPdrYqvuiBEK
1Cz2rTLjRM6pMnxPNrRKp9ZSvRtj5dDUML
1WstdwPnU6HEUPme1DQayN9nm6j7nDVEM
```

対応した WIF の生成：

```
$ ku P:foo -s 0/0-5 -W
L5a4iE5k9gcJKGqX3FWmxzBYQc29PvZ6pgBaePLVqT5YByEnBomx
Kyjgne6GZwPGB6G6kJEhoPbmyjMP7D5d3zRbHVjwcq4iQXD9QqKQ
L4B3ygQxK6zH2NQGxLDee2H9v4Lvwg14cLJW7QwWPzCtKHdWMaQz
L2L2PZdorybUqkPjrmhem4Ax5EJvP7ijmxbNoQKnmTDMrqemY8UF
L2oD6vA4TUyqPF8QG4vhUFSgwCyuuvFZ3v8SKHYFDwkbM765Nrfd
KzChTbc3kZFxUSJ3Kt54cxsogeFAD9CCM4zGB22si8nfKcThQn8C
```

BIP32文字列（サブ鍵 0/3 に対応）を1つ選び、うまく動作するかをチェック：

```
$ ku -W xprv9xWkBDfyBXmZsA85GyWj9uYPyoQv826YAadKWMaaEosNrFBKgj2TqWuiWY3zuqxYGpHfv9cnG
j5P7e8EskpzKL1Y8Gk9aX6QbryA5raK73p
L2L2PZdorybUqkPjrmhem4Ax5EJvP7ijmxbNoQKnmTDMrqemY8UF
$ ku -a xprv9xWkBDfyBXmZsA85GyWj9uYPyoQv826YAadKWMaaEosNrFBKgj2TqWuiWY3zuqxYGpHfv9cnG
j5P7e8EskpzKL1Y8Gk9aX6QbryA5raK73p
116AXZc4bDVQrqmcinzu4aaPdrYqvuiBEK
```

思ったとおり、前に見たことがあるものが出てきました。

secret exponentから作成（秘密鍵を指定して作成）：

```
$ ku 1

input            : 1
network          : Bitcoin
secret exponent  : 1
  hex            : 1
wif              : KwDiBf89QgGbjEhKnhXJuH7LrciVrZi3qYjgd9M7rFU73sVHnoWn
  uncompressed   : 5HpHagT65TZzG1PH3CSu63k8DbpvD8s5ip4nEB3kEsreAnchuDf
public pair x    : 55066263022277343669578718895168534326250603453777594175500187360389116729240
public pair y    : 32670510020758816978083085130507043184471273380659243275938904335757337482424
  x as hex       : 79be667ef9dcbbac55a06295ce870b07029bfcdb2dce28d959f2815b16f81798
  y as hex       : 483ada7726a3c4655da4fbfc0e1108a8fd17b448a68554199c47d08ffb10d4b8
y parity         : even
key pair as sec  : 0279be667ef9dcbbac55a06295ce870b07029bfcdb2dce28d959f2815b16f81798
  uncompressed   : 0479be667ef9dcbbac55a06295ce870b07029bfcdb2dce28d959f2815b16f81798
                   483ada7726a3c4655da4fbfc0e1108a8fd17b448a68554199c47d08ffb10d4b8
hash160          : 751e76e8199196d454941c45d1b3a323f1433bd6
  uncompressed   : 91b24bf9f5288532960ac687abb035127b1d28a5
Bitcoin address  : 1BgGZ9tcN4rm9KBzDn7KprQz87SZ26SAMH
  uncompressed   : 1EHNa6Q4Jz2uvNExL497mE43ikXhwF6kZm
```

ライトコインバージョン：

```
$ ku -nL 1

input            : 1
network          : Litecoin
secret exponent  : 1
  hex            : 1
wif              : T33ydQRKp4FCW5LCLLUB7deioUMoveiwekdwUwyfRDeGZm76aUjV
  uncompressed   : 6u823ozcyt2rjPH8Z2ErsSXJB5PPQwK7VVTwwN4mxLBFrao69XQ
public pair x    : 55066263022277343669578718895168534326250603453777594175500187360389116729240
public pair y    : 32670510020758816978083085130507043184471273380659243275938904335757337482424
  x as hex       : 79be667ef9dcbbac55a06295ce870b07029bfcdb2dce28d959f2815b16f81798
  y as hex       : 483ada7726a3c4655da4fbfc0e1108a8fd17b448a68554199c47d08ffb10d4b8
y parity         : even
key pair as sec  : 0279be667ef9dcbbac55a06295ce870b07029bfcdb2dce28d959f2815b16f81798
```

```
    uncompressed       : 0479be667ef9dcbbac55a06295ce870b07029bfcdb2dce28d959f2815b1
6f81798
                         483ada7726a3c4655da4fbfc0e1108a8fd17b448a68554199c47d08ffb10d4b8
hash160              : 751e76e8199196d454941c45d1b3a323f1433bd6
  uncompressed       : 91b24bf9f5288532960ac687abb035127b1d28a5
Litecoin address : LVuDpNCSSj6pQ7t9Pv6d6sUkLKoqDEVUnJ
  uncompressed       : LYWKqJhtPeGyBAw7WC8R3F7ovxtzAiubdM
```

ドージコイン WIF：

```
$ ku -nD -W 1
QNcdLVw8fHkixm6NNyN6nVwxKek4u7qrioRbQmjxac5TVoTtZuot
```

公開鍵ペア（テストネット上）から生成：

```
$ ku -nT 5506626302227734366957871889516853432625060345377759417550018736038911672924
0,even

input                : 5506626302227734366957871889516853432625060345377759417550
01873603
                        89116729240,even
network              : Bitcoin testnet
public pair x        : 5506626302227734366957871889516853432625060345377759417550
0187360389116729240
public pair y        : 3267051002075881697808308513050704318447127338065924327593
8904335757337482424
  x as hex           : 79be667ef9dcbbac55a06295ce870b07029bfcdb2dce28d959f2815b1
6f81798
  y as hex           : 483ada7726a3c4655da4fbfc0e1108a8fd17b448a68554199c47d08ffb1
0d4b8
y parity             : even
key pair as sec      : 0279be667ef9dcbbac55a06295ce870b07029bfcdb2dce28d959f2815b1
6f81798
  uncompressed       : 0479be667ef9dcbbac55a06295ce870b07029bfcdb2dce28d959f2815b
16f81798
                        483ada7726a3c4655da4fbfc0e1108a8fd17b448a68554199c47d08ffb
10d4b8
hash160              : 751e76e8199196d454941c45d1b3a323f1433bd6
  uncompressed       : 91b24bf9f5288532960ac687abb035127b1d28a5
Bitcoin testnet address : mrCDrCybB6J1vRfbwM5hemdJz73FwDBC8r
  uncompressed       : mtoKs9V381UAhUia3d7Vb9GNak8Qvmcsme
```

hash160から作成：

```
$ ku 751e76e8199196d454941c45d1b3a323f1433bd6

input           : 751e76e8199196d454941c45d1b3a323f1433bd6
network         : Bitcoin
hash160         : 751e76e8199196d454941c45d1b3a323f1433bd6
Bitcoin address : 1BgGZ9tcN4rm9KBzDn7KprQz87SZ26SAMH
```

ドージコインアドレスとして作成：

```
$ ku -nD 751e76e8199196d454941c45d1b3a323f1433bd6

input            : 751e76e8199196d454941c45d1b3a323f1433bd6
network          : Dogecoin
hash160          : 751e76e8199196d454941c45d1b3a323f1433bd6
Dogecoin address : DFpN6QqFfUm3gKNaxN6tNcab1FArL9cZLE
```

トランザクションユーティリティ（TX）

コマンドラインユーティリティ tx は、人間が読める形でのトランザクション表示、pycoinのトランザクションキャッシュまたはウェブサービス（現在 blockchain.info と blockr.io、biteasy.com に対応）からのベーストランザクション取得、トランザクションのマージ、インプットまたはアウトプットの追加削除、トランザクションへの署名ができます。

以下はいくつかの例です。

有名な「ピザ」トランザクションを表示します：

```
$ tx 49d2adb6e476fa46d8357babf78b1b501fd39e177ac7833124b3f67b17c40c2a
warning: consider setting environment variable PYCOIN_CACHE_DIR=~/.pycoin_cache to
cache transactions fetched via web services
warning: no service providers found for get_tx; consider setting environment variable
PYCOIN_SERVICE_PROVIDERS=BLOCKR_IO:BLOCKCHAIN_INFO:BITEASY:BLOCKEXPLORER
usage: tx [-h] [-t TRANSACTION_VERSION] [-l LOCK_TIME] [-n NETWORK] [-a]
          [-i address] [-f path-to-private-keys] [-g GPG_ARGUMENT]
          [--remove-tx-in tx_in_index_to_delete]
          [--remove-tx-out tx_out_index_to_delete] [-F transaction-fee] [-u]
          [-b BITCOIND_URL] [-o path-to-output-file]
          argument [argument ...]
tx: error: can't find Tx with id 49d2adb6e476fa46d8357babf78b1b501fd39e177ac7833124b3f
67b17c40c2a
```

おっと！ ウェブサービスの設定をしていませんでした。それをこれからやりましょう：

```
$ PYCOIN_CACHE_DIR=~/.pycoin_cache
$ PYCOIN_SERVICE_PROVIDERS=BLOCKR_IO:BLOCKCHAIN_INFO:BITEASY:BLOCKEXPLORER
$ export PYCOIN_CACHE_DIR PYCOIN_SERVICE_PROVIDERS
```

これらの設定は自動的に行われていません。あなたがどのトランザクションに興味を持っているかという個人情報を、コマンドラインツールがサードパーティのウェブサイトに漏洩しないようにするためです。もし気にしないのであれば、.profile にこれらの行を入れておき、毎回設定しなくてもよいようにできます。

もう一度やってみましょう：

```
$ tx 49d2adb6e476fa46d8357babf78b1b501fd39e177ac7833124b3f67b17c40c2a
Version:  1   tx hash 49d2adb6e476fa46d8357babf78b1b501fd39e177ac7833124b3f67b17c40c2a
159 bytes
TxIn count: 1; TxOut count: 1
Lock time: 0 (valid anytime)
Input:
  0:                       (unknown) from 1e133f7de73ac7d074e2746a3d6717dfc99ecaa8
e9f9fade2cb8b0b20a5e0441:0
Output:
  0: 1CZDM6oTttND6WPdt3D6bydo7DYKzd9Qik receives 10000000.00000 mBTC
Total output 10000000.00000 mBTC
including unspents in hex dump since transaction not fully signed
010000000141045e0ab2b0b82cdefaf9e9a8ca9ec9df17673d6a74e274d0c73ae77d3f131e000000004a4
93046022100a7f26eda874931999c90f87f01ff1ffc76bcd058fe16137e0e63fdb6a35c2d78022100a61e91
99238eb73f07c8f209504c84b80f03e30ed8169edd44f80ed17ddf451901ffffffff010010a5d4e800000019 7
6a9147ec1003336542cae8bded8909cdd6b5e48ba0ab688ac00000000

** can't validate transaction as source transactions missing
```

最後の行にトランザクションの署名検証に関するメッセージが出ています。署名検証をするには元のトランザクション情報が必要なのです。このため、コマンドラインオプションとして -a を追加して、元のトランザクション情報を付加したトランザクショを取得してみましょう：

```
$ tx -a 49d2adb6e476fa46d8357babf78b1b501fd39e177ac7833124b3f67b17c40c2a
warning: transaction fees recommendations casually calculated and estimates may be
incorrect
```

```
warning: transaction fee lower than (casually calculated) expected value of 0.1 mBTC,
transaction might not propogate
Version:  1   tx hash 49d2adb6e476fa46d8357babf78b1b501fd39e177ac7833124b3f67b17c40c2a
159 bytes
TxIn count: 1; TxOut count: 1
Lock time: 0 (valid anytime)
Input:
  0: 17WFx2GQZUmh6Up2NDNCEDk3deYomdNCfk from 1e133f7de73ac7d074e2746a3d6717dfc99ecaa8
e9f9fade2cb8b0b20a5e0441:0 10000000.00000 mBTC   sig ok
Output:
  0: 1CZDM6oTttND6WPdt3D6bydo7DYKzd9Qik receives 10000000.00000 mBTC
Total input    10000000.00000 mBTC
Total output   10000000.00000 mBTC
Total fees           0.00000 mBTC

010000000141045e0ab2b0b82cdefaf9e9a8ca9ec9df17673d6a74e274d0c73ae77d3f131e000000004a4
93046022100a7f26eda874931999c90f87f01ff1ffc76bcd058fe16137e0e63fdb6a35c2d78022100a61e91
99238eb73f07c8f209504c84b80f03e30ed8169edd44f80ed17ddf451901ffffffff010010a5d4e8000000197
6a9147ec1003336542cae8bded8909cdd6b5e48ba0ab688ac00000000


all incoming transaction values validated
```

ここで、特定アドレスに対する未使用トランザクションアウトプットを見てみましょう。ブロック番号1には12c6DSiU4Rq3P4ZxziKxzrL5LmMBrzjrJX への coinbase トランザクションが見えます。fetch_unspent を使ってこのアドレスにあるすべてのビットコインを見てみましょう：

```
$ fetch_unspent 12c6DSiU4Rq3P4ZxziKxzrL5LmMBrzjrJX
a3a6f902a51a2cbebede144e48a88c05e608c2cce28024041a5b9874013a1e2a/0/76a914119b098e2e98
0a229e139a9ed01a469e518e6f2688ac/333000
cea36d008badf5c7866894b191d3239de9582d89b6b452b596f1f1b76347f8cb/31/76a914119b098e2e9
80a229e139a9ed01a469e518e6f2688ac/10000
065ef6b1463f552f675622a5d1fd2c08d6324b4402049f68e767a719e2049e8d/86/76a914119b098e2e9
80a229e139a9ed01a469e518e6f2688ac/10000
a66dddd42f9f2491d3c336ce5527d45cc5c2163aaed3158f81dc054447f447a2/0/76a914119b098e2e98
0a229e139a9ed01a469e518e6f2688ac/10000
ffd901679de65d4398de90cefe68d2c3ef073c41f7e8dbec2fb5cd75fe71dfe7/0/76a914119b098e2e980
a229e139a9ed01a469e518e6f2688ac/100
d658ab87cc053b8dbcfd4aa2717fd23cc3edfe90ec75351fadd6a0f7993b461d/5/76a914119b098e2e98
0a229e139a9ed01a469e518e6f2688ac/911
36ebe0ca3237002acb12e1474a3859bde0ac84b419ec4ae373e63363ebef731c/1/76a914119b098e2e98
0a229e139a9ed01a469e518e6f2688ac/100000
fd87f9adebb17f4ebb1673da76ff48ad29e64b7afa02fda0f2c14e43d220fe24/0/76a914119b098e2e980
a229e139a9ed01a469e518e6f2688ac/1
```

dfdf0b375a987f17056e5e919ee6eadd87dad36c09c4016d4a03cea15e5c05e3/1/76a914119b098e2e98
0a229e139a9ed01a469e518e6f2688ac/1337
cb2679bfd0a557b2dc0d8a6116822f3fcbe281ca3f3e18d3855aa7ea378fa373/0/76a914119b098e2e98
0a229e139a9ed01a469e518e6f2688ac/1337
d6be34ccf6edddc3cf69842dce99fe503bf632ba2c2adb0f95c63f6706ae0c52/1/76a914119b098e2e98
0a229e139a9ed01a469e518e6f2688ac/2000000
   0e3e2357e806b6cdb1f70b54c3a3a17b6714ee1f0e68bebb44a74b1efd512098/0/410496b538e853
519c726a2c91e61ec11600ae1390813a627c66fb8be7947be63c52da7589379515d4e0a604f8141781e62
294721166bf621e73a82cbf2342c858eeac/5000000000

Appendix D

Bitcoin Explorer (bx) コマンド

```
Usage: bx COMMAND [--help]

Info: The bx commands are:

address-decode
address-embed
address-encode
address-validate
base16-decode
base16-encode
base58-decode
base58-encode
base58check-decode
base58check-encode
base64-decode
base64-encode
bitcoin160
bitcoin256
btc-to-satoshi
ec-add
ec-add-secrets
ec-multiply
ec-multiply-secrets
ec-new
ec-to-address
ec-to-public
ec-to-wif
fetch-balance
fetch-header
fetch-height
```

```
fetch-history
fetch-stealth
fetch-tx
fetch-tx-index
hd-new
hd-private
hd-public
hd-to-address
hd-to-ec
hd-to-public
hd-to-wif
help
input-set
input-sign
input-validate
message-sign
message-validate
mnemonic-decode
mnemonic-encode
ripemd160
satoshi-to-btc
script-decode
script-encode
script-to-address
seed
send-tx
send-tx-node
send-tx-p2p
settings
sha160
sha256
sha512
stealth-decode
stealth-encode
stealth-public
stealth-secret
stealth-shared
tx-decode
tx-encode
uri-decode
uri-encode
validate-tx
watch-address
wif-to-ec
wif-to-public
```

```
wrap-decode
wrap-encode
```

さらに詳しい情報については、Bitcoin Explorer ホームページ (https://github.com/libbitcoin/libbitcoin-explorer) と Bitcoin Explorer ユーザドキュメンテイション (https://github.com/libbitcoin/libbitcoin-explorer/wiki) を参照してください。

bx コマンドの使用例

Bitcoin Explorer コマンドによるいくつかの例を使って、鍵とアドレスの実験をしてみましょう。

seed コマンドを使ってランダムな「シード」を生成してみましょう。この seed コマンドは、オペレーティングシステムの乱数生成器を使います。この生成したシードを ec-new コマンドに渡して、新しい秘密鍵を生成します。標準出力に出てきたものを private_key というファイルに記録しておきます。

```
$ bx seed | bx ec-new > private_key
$ cat private_key
73096ed11ab9f1db6135857958ece7d73ea7c30862145bcc4bbc7649075de474
```

次に、ec-to-public コマンドを使って秘密鍵から公開鍵を生成してみましょう。 private_key を標準入力に渡して標準出力に出てきたものを新しいファイル public_key に記録します。

```
$ bx ec-to-public < private_key > public_key
$ cat public_key
02fca46a6006a62dfdd2dbb2149359d0d97a04f430f12a7626dd409256c12be500
```

public_key を ec-to-address コマンドを使ってビットコインアドレスに形式を変換できます。public_key をコマンドに渡します。

```
$ bx ec-to-address < public_key
17re1S4Q8ZHyCP8Kw7xQad1Lr6XUzWUnkG
```

上記の方法で生成した鍵を使うと type-0 非決定性ウォレットができます。この意味は、それぞれの鍵が独立なシードから生成されているということです。Bitcoin Explorer コマンドはまた BIP0032 に従って決定性的に鍵の生成ができます。この場合、「マスター」鍵はシードから生成され、決定性的に拡張されサブ鍵ツリーを生成します。この形で作られたものが type-2 決定性ウォレットです。

最初に、seed と hd-new コマンドを使って、鍵の階層を導出する基礎として使われるマス

ター鍵を生成します。

```
$ bx seed > seed
$ cat seed
eb68ee9f3df6bd4441a9feadec179ff1

$ bx hd-new < seed > master
$ cat master
xprv9s21ZrQH143K2BEhMYpNQoUvAgiEjArAVaZaCTgsaGe6LsAnwubeiTcDzd23mAoyizm9cApe51gNfLMkB
qkYoWWMCRwzfuJk8RwF1SVEpAQ
```

　hd-privateコマンドを使って変数「account」に強化鍵を入れ、accountに紐づく2つの秘密鍵の列（インデックス=0, インデックス=1）を作ります。

```
$ bx hd-private --hard < master > account
$ cat account
xprv9vkDLt81dTKjwHB8fsVB5QK8cGnzveChzSrtCfvu3aMWvQaThp59ueufuyQ8Qi3qpjk4aKsbmbfxwcgS8
PYbgoR2NWHeLyvg4DhoEE68A1n

$ bx hd-private --index 0 < account
xprv9xHfb6w1vX9xgZyPNXVgAhPxSsEkeRcPHEUV5iJcVEsuUEACvR3NRY3fpGhcnBiDbvG4LgndirDsia1e9
F3DWPkX7Tp1V1u97HKG1FJwUpU

$ bx hd-private --index 1 < account
xprv9xHfb6w1vX9xjc8XbN4GN86jzNAZ6xHEqYxzbLB4fzHFd6VqCLPGRZFsdjsuMVERadbgDbziCRJru9n6t
zEWrASVpEdrZrFidt1RDfn4yA3
```

　次に、hd-publicコマンドを使って秘密鍵に対応した2つの公開鍵を含む列（インデックス=0, インデックス=1）を生成します。

```
$ bx hd-public --index 0 < account
xpub6BH1zcTuktiFu43rUZ2gXqLgzu5F3tLEeTQ5t6iE3aQtM2VMTxMcyLN9fYHiGhGpQe9QQYmqL2eYPFJ3v
ezHz5wzaSW4FiGrseNDR4LKqTy

$ bx hd-public --index 1 < account
xpub6BH1zcTuktiFx6CzhPbGjG3UYQ13WR16CmtbPiagEKpEVtpyjshWyMaMV1cn7nUPUkgQHPVXJVqsrA8xW
bGQDhohEcDFTEYMvYzwRD7Juf8
```

　公開鍵はまたhd-to-publicコマンドで導き出すこともできます。

```
$ bx hd-private --index 0 < account | bx hd-to-public
xpub6BH1zcTuktiFu43rUZ2gXqLgzu5F3tLEeTQ5t6iE3aQtM2VMTxMcyLN9fYHiGhGpQe9QQYmqL2eYPFJ3v
```

```
ezHz5wzaSW4FiGrseNDR4LKqTy

$ bx hd-private --index 1 < account | bx hd-to-public
xpub6BH1zcTuktiFx6CzhPbGjG3UYQ13WR16CmtbPiagEKpEVtpyjshWyMaMV1cn7nUPUkgQHPVXJVqsrA8xW
bGQDhohEcDFTEYMvYzwRD7Juf8
```

　決定性連鎖の中で生成できる鍵の数には実用上制限はなく、すべて1つのシードから導出されます。この手法は多くのウォレットで使用され、シードをバックアップしておき、シードからリストアしたりすることができる鍵を生成しています。

　このシードは mnemonic-encode コマンドを使って mnemonic code の形でエンコードしておくことができます。

```
$ bx hd-mnemonic < seed > words
adore repeat vision worst especially veil inch woman cast recall dwell appreciate
```

　このシードは逆に mnemonic-decode コマンドを使って mnemonic code をデコードして得ることができます。

```
$ bx mnemonic-decode < words
eb68ee9f3df6bd4441a9feadec179ff1
```

　mnemonic エンコードはシードを記録しておきやすく、また思い出しやすくするために作られます。

訳者あとがき

　ビットコインの素晴らしいところは、仲介者または媒介企業をなくすことで個人の力を増し、社会をさらに効率化することにあると思っています。

　今までの常識では、通貨には誰か発行者がおり、送金するなら銀行の中央集権的な金融機関の口座などを使います。ビットコインに対して最初に驚いたことは、発行者がいないことと台帳を管理する中央集権的な媒介者がいないことです。送金元と送金先の間にも誰もおらず、誰にも送金依頼をしないため、あたかも手渡しでお金を送っているような感じがします。

　このように、ビットコインの重要な点は通貨に関して中間媒介者や企業がいなくても個人間取引が円滑に動くということを示したことにあり、今後、別のビジネスでもビットコイン上の仕組み、またはビットコインに似た仕組みを使って中間媒介者がどんどんなくなり、個人の間に入る企業が減ることでさらに効率的になっていくのではと思います。ソーシャルネットワークも中間媒介者がいなくなり、写真などコンテンツを直接友達とシェアでき、自身にそのコンテンツのコントロール権限が残る形になっていくでしょう。これはすでにGetGemsがめざしています。もちろん、中間媒介者が必ず必要なところはあります。例えば、相手のリスク評価をする部分はビットコインのような仕組みを使ってというのは難しく、やはり企業が評価を提供するのがよいのではと思います。とは言え、企業が中心となっている今までの設計思想とは異なる設計思想に基づくものがこの世界に現れたのはとても興味深く、今後の世界の行方を大きく左右するものだと感じます。

　ビットコインに関する書籍は、さまざまなものがあります。ビジネス寄り、法律寄り、哲学寄り、経済学寄り、概要紹介などです。しかし、原著 Mastering Bitcoin はビットコインに関する技術の「バイブル」と考えられるもので、このどれとも異なるものです。ビットコインに関する技術のドキュメントは、主にインターネット上にあります。先端を走る技術ドキュメントはどんどん更新され、めまぐるしく変化します。その中であっても、どこかで一度全体を整理し、状態を振り返らなければいけません。これにより、一段高い視点から全体を見直し、さらなる発展をしていくことができます。Mastering Bitcoin は、まさにこの技術全体を整理したものなのです。この原著タイトルどおり、ビットコインの基礎となる技術を包括的かつ詳細に記したものであり、一つの金字塔となるべき書物です。

Mastering Bitcoin はクリエイティブ・コモンズ　シェアアライクライセンス（CC-BY-SA）のもとで公開されているため、GitHub で読めます。しかし、英語に親しんでいる日本人であっても、やはり日本語で書かれたものを読むほうが、より早く内容を把握できます。日本語に翻訳することを決意した理由の1つは、ビットコインの、ひいては自律的分散組織（DAO）の革新的なプロダクトが日本人の手から生まれ、1秒でも早く時代の進展または世界の時計を早めることに価値があると考えたことです。

　Mastering Bitcoin の日本語訳を出版することで、日本の人々にビットコイン技術の重要性を知っていただき、多くの革新的なプロダクトが日本から生まれることを祈っております。

　本書の構成は以下のようになっています。「第1章　イントロダクション」でビットコインの概要および歴史、どのようにビットコインを手に入れて使えばよいのかを説明します。「第2章　ビットコインの仕組み」で具体的なストーリーを交えながらビットコインの仕組みをもう一歩踏み込んだ形で説明します。マイニングの概要も第2章に書かれています。「第3章　ビットコインクライアント」ではリファレンス実装である bitcoind をインストールする手順を説明し、JSON-RPC API の使い方を説明します。「第4章　鍵、アドレス、ウォレット」では、楕円曲線暗号の数学的な側面について触れたあと、アドレスの生成方法、いくつかの鍵表現フォーマットについて説明します。「第5章　トランザクション」では、ビットコインを送りあうときに使うトランザクションのデータ構造や script の種類について説明します。「第6章　ビットコインネットワーク」では、ビットコイン Peer-to-Peer ネットワーク上のノードの役割を説明し、各ノードがどのようなデータをどんな順番でやりとりしてネットワークを維持しているのかを説明します。SPV ノードにおけるブルームフィルタをここで説明します。「第7章　ブロックチェーン」では、ブロックのデータ構造を説明し、どのようにしてブロックを連結しているのか、proof-of-work とは何かを説明します。また、ブロックタイム10分を維持するための difficulty についても説明します。「第8章　マイニングとコンセンサス」では、マイニングがビットコインネットワークの中でどのような役割を果たし、それがどのようにビットコインネットワーク全体での合意形成につながっていくのかを説明します。「第9章　その他のチェーン、通貨、アプリケーション」では、ビットコインのブロックチェーンを真似たオルトコインやメタコイン（Colored Coin、Counterparty など）を紹介します。また、通貨を主目的としたものではないオルトチェーンも紹介します。ここには、Ethereum の紹介も含まれます。「第10章　ビットコインの安全性」では、ビットコインをどのように保管しておけばよいかのベストプラクティスを説明しています。

　エンジニア向けに4つの Appendix が付属されています。「Appendix A」では、ビットコイン Script 言語で使われる OP コードの一覧を載せています。「Appendix B」では、ビットコインの開発または標準化の基となるビットコイン改善提案（Bitcoin Improvement Proposals）の一覧を載せています。「Appendix C」「Appendix D」では、BX（Bitcoin Explorer）、pycoin というウォレットなどの開発に使うライブラリを詳細に説明しています。

　読書ガイダンスとして、ここではエンジニアの方向けの読み進め方を書いておきます。ビットコインの動作概要をまず知りたいエンジニアは、第1章から読み始め、第2章→第10

章と読み進めるのがよいでしょう。さらに詳しく各ノード間の連携を知りたいエンジニアは、第6章→第5章→第7章→第8章と読み進めるのがよいでしょう。ビットコインクライアントをまず動作させてみたいエンジニアは、第3章のビットコインクライアントのインストール手順の章から読み始めるのがよいでしょう。ここにある手順に従って bitcoind をインストールし、JSON-RPC API で bitcoind と通信してみると、第5章以降に書いてある内容をより身近に感じることができるでしょう。マイニングをやってみたいエンジニアは、第3章→第8章→第7章と読み進めるのがよいでしょう。bitcoind をインストールするだけでマイニングを始められます。ビットコインアドレス、鍵などビットコインに関わる暗号技術に興味があるエンジニアは、第4章から読み始めるのがよいでしょう。なお、暗号の歴史に関しては、サイモン・シン著『暗号解読』（上・下、新潮文庫）が参考になります。Ethereum に興味を持ち本書にたどり着いたエンジニアは、第9章から読み始めるのがよいでしょう。

　原著者 Andreas M. Antonopoulos 氏には、日本語訳の許可をいただきましたこと、大変感謝しております。本翻訳は Mastering Bitcoin のオープンエディション（2016/5/16時点）をベースに、大幅に加筆修正したものです。特に本書の出版に関してレビューおよび日本語編集に多大なるご協力をいただきました以下の方々に、この場を借りまして深く感謝いたします。

- 栗元憲一氏　株式会社 Nayuta 代表取締役
- 斉藤賢爾氏　株式会社ブロックチェーンハブ CSO、慶應義塾大学 SFC 研究所上席所員
- 佐古和恵氏　日本電気株式会社（NEC）セキュリティ研究所技術主幹（4章レビュー）
- 志茂博氏　コンセンサス・ベイス株式会社代表取締役社長
- 山藤敦史氏　日本取引所グループ
- 畑島崇宏氏
- 本間善實氏　株式会社ブロックチェーンハブ取締役 CMO、一般社団法人日本デジタルマネー協会代表理事

（以上、50音順）

　そして、鳩貝淳一郎氏がいなければ、この本書日本語訳の出版はありえなかったと思います。大変感謝しております。NTT 出版株式会社の柴俊一氏には、これが私にとっての初めての出版で、右も左も分からない中、出版にたどり着く道をご指導いただき、大変感謝しております。

今井崇也

本書は、ビットコインの技術的側面について、平易な文章と多くの図表で、包括的に説明したものです。本書を読み終わったときには、ビットコインのブロックチェーンの基本的な仕組みはもちろん、この技術のどういった点が革新的で、どのような課題や限界があるのかについても、深い理解が得られると思います。未知のイノベーションに対しては、過度な期待も侮りも禁物ですが、事態がまさに進行中の今、皆さんご自身がこの技術を見極めるためのツールを提供できれば、というのが訳者の思いです。

　原著が出版されたのは2014年12月ですが、当時は、ビットコインやブロックチェーンについて技術的側面まで詳細に解説した日本語の文献はほとんどなく、本書を読んで初めて「こういうことだったのか！」と霧が晴れた思いがしたことを覚えています。ここでは、私と同様に、エンジニアでない（＝コードには詳しくない）ものの、この分野に関心を持つビジネスパーソンや研究者・学生の方を念頭に、とりあえず全体を摑んだという感覚を持っていただくための、推奨コースを挙げてみます。まず、いきなり本文ではややハードルが高いとお感じの方は、必要に応じて後ろの「解説」をざっと読んでいただければと思います。その上で2章→5章→6章→7章→8章と読み進め、続いて4章で鍵やウォレットについて理解を深めるのが良いと思います。なお、4章では暗号理論について扱いますが、必ずしも本書で十分にカバーされているわけではありません。『暗号技術入門』（結城浩著、SBクリエイティブ）などの良書を併せて読まれると、理解が容易になると思います。

　本書が書籍になることを支えてくださった方々に感謝します。お名前を挙げての謝辞は今井さんのあとがきと重複しますので、ここで申し上げることはしませんが、私も同じ気持ちでいます。ただ、出版に至るきっかけを作ってくれたうえ、素晴らしい推薦文を書いてくれた畏友、安田洋祐さん（大阪大学大学院経済学研究科准教授）とNTT出版・柴さんには、感謝の意を示したいと思います。
　また、ビットコインやブロックチェーンのコミュニティにも感謝を申し上げます。昨年の夏以降、エンジニアの方々と金融のバックグラウンドを持つ方々をメンバーとした勉強会のお手伝いをするようになりました。証券会社の景色のよい会議室から八重洲の飲み屋まで、さまざまな場で議論と交流を続け、そのたびにメンバーの皆さんから多くの刺激をいただきました。社会がこの新たな技術をどう扱ってよいものか「困惑」していた状況は、この1年で大きく変わり、政府機関、金融機関、研究機関が、ブロックチェーン技術を重要なイノベーションと認識するに至りました。こうした社会的な認識の変容には、勉強会のメンバーや、本書の翻訳のレビューをお願いした方々のご活躍が、少なからず寄与したものと思っています。
　本書は、幅広い読者に向けられたものですが、このようなコミュニティの皆さんに向けられたものでもあります。この点、著者がまえがきで述べている「技術とコミュニティを切り分けて考えることは不可能」、「本書は、コミュニティによる本でもある」という思いを共有するものです。
　最後に、私が貨幣について考える人生を歩むきっかけをくれた、高校時代の恩師、大学時代の2人の恩師にも、感謝の意を表します。

このように多くの方々に支えられて出版される本書ですが、翻訳上の誤りの責任はすべて訳者にあります。誤りなきよう注意を払ったつもりですが、ご指摘をいただけるようであれば幸いです。また、本書の文章は原著者によるものであり、その内容は、訳者、訳者の属する組織、レビュアー、その他アドバイスをくださった方々とは無関係であることを、ここに記させていただきます。

　著者のまえがきに溢れる「学ぶことの純粋な喜び」を追体験できるよう、原著の表現に忠実な翻訳を心掛けましたが、これが成功しているかは読者の皆さんの評価を待つほかありません。この興味深いイノベーションに対する社会の見方が、ひと時の熱狂を伴う「過剰な期待」ではなく、技術の理解に裏打ちされた「冷静で持続的な期待」へと近づく、そのささやかな一助となることを願っています。

鳩貝淳一郎

解説

鳩貝淳一郎

- 本書は高度な内容も含むため、暗号通貨の技術に初めて触れる方が取り組む場合は、少々難しさを感じられるかもしれません。簡単な解説を用意しましたので、必要に応じてご覧ください。

- 本稿はあくまで本文を補完するものであり、ビットコインのブロックチェーンを包括的に説明するものではありません。学び始めにつまずきやすいポイント、すなわち「未使用トランザクションアウトプット（UTXO）の概念」と、「トランザクション、ブロック、ブロックチェーンの階層構造」に絞って説明し、本文を読む準備をしていただくことを主眼としています[i]。

- 本稿の作成に際しては、岡田仁志氏（国立情報学研究所）、後藤あつし氏、山藤敦史氏（日本取引所グループ）、畑島崇宏氏、増島雅和氏（森・濱田松本法律事務所）から、有益なコメントをいただきました。特に、岡田氏と後藤氏には、本稿のコンセプトや文章の構成などについても、建設的なご意見をいただきました。ありうべき誤りはすべて筆者に属します。

- ビットコインの技術的側面については、すでに多くの解説が、書籍、記事のほか、ネット上のスライドといった形で公開されています。本稿はこうした既存の優れた業績の影響のもとに書かれたものであることを、感謝とともに記させていただきます。

1. 全体像

ビットコインは、「既存の中央集権型のシステムとは異なる、分散型のブロックチェーン技術に支えられている」と言われることがあります。これがどういう意味かを理解するために、まず Fig.1 で全体を俯瞰してみましょう。

Fig.1 の左図（「既存のシステムによる送金」）は、中央集権型システムによる送金を図式化したものです。例えば銀行のネットワークを用いて、預金者間で送金するケースを想像してください。ここでは、「送り手アリス」が「受け手ボブ」に送金するプロセスを、便宜的に①～④の段階に分けて考えてみましょう[ii]。

①**初期状態**　：ネットワークの利用者（預金者）が中央の管理者（銀行）に繋がっています。管理者は、利用者が保有している残高情報を収めた元帳（口座情報）を持っています。

②**送金を指示**：送り手アリスは、送金指示を管理者に送ります。

③**元帳を更新**：管理者は、「アリスが送金する金額を持っていること」などを、元帳を参照して検証します。管理者は、アリスの送金指示を含め複数の送金指示をまとめて[iii]、元帳に反映して更新します。結果、元帳におけるアリスの残高の金額が減り、ボブの残高の金額が増えます。

④**入金を確認**：受け手ボブは、更新された元帳を参照して、自分に入金があったことを確認します。

これと比較する形で、ビットコインのブロックチェーンがどのように動いているかを、Fig.1 の右図（「ビットコインによる送金」）で見てみましょう。

①**初期状態**　：ネットワーク参加者が互いにつながっており、同一の取引記録の元帳（「ブロックチェーン」）を持っています。中央集権型システムとは異なり、単一の管理者はいません。

②**送金を指示**：送り手アリスは、送金指示（「トランザクション」）を、受け手ボブを含むネットワーク参加者全員に送ります。

③**元帳を更新**：ある参加者（「マイナー」）が、複数のトランザクションをまとめて「ブロック」を作成し、参加者全員に送ります。各参加者は、送られてきたブロックに問題がなければ、自分のブロックチェーンに追加します。

④**入金を確認**：受け手ボブは、自分のブロックチェーンを見ることで、自分宛のトランザクションがマイナーたちに承認され、使える金額が増えていることを確認します。この時点で、参加者全員のブロックチェーンに、「アリスからボブへの送金」が記録されています。

ビットコインのブロックチェーンでは、単一の管理者が存在せず、ネットワーク参加者が全体として管理者の機能を果たしていることが、既存のシステム（Fig.1 の左図）との大きな差異です。また、送金指示に従って元帳を更新することはどちらも同じですが、元帳の更新を中央の管理者のみが行う既存のシステムに対し、ビットコインのブロックチェーンでは参加者全員が各自の元帳を更新するという違いもあります[iv]。

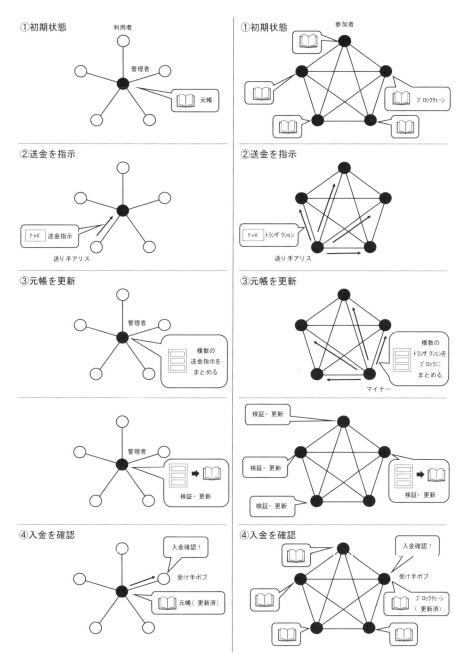

Fig.1：既存のシステムとビットコインの送金方法の比較

続いて、上記のプロセスを詳しく見てみましょう。まず、トランザクション、ブロック、ブロックチェーンという階層構造の概要を示したうえで（2と3）、ブロックをブロックチェーンに取り込む「マイニング」の仕組みに簡単に触れます（4）。

2. トランザクション

(1) トランザクションの構造

あらためて、「アリスがボブに、ビットコインを1BTC送る」とは何を意味しているのか、考えてみましょう。アリスはまず、「アリスからボブに1BTC送る」という情報を示した「送金指示」＝「トランザクション」を作成します。1でネットワーク参加者全員に送付された「送金指示」のための小さなカードが、これにあたります（Fig.2）。

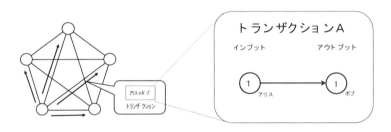

Fig.2：「アリスからボブに1BTC送る」トランザクション

アリスは、Fig.2のトランザクションAの中の「インプット」と呼ばれる場所に、自分が送金したい金額（1BTC）を記します。アリスのお金なので、「アリス」と下に書きます。続いて、右側の「アウトプット」に「1BTC」を書き「ボブ」と付すことで、「アリスの1BTCが、ボブの1BTCに変更されること」が表現されます。このトランザクションのカードは、「名義の変更」を指示するものと言えます。

(2) トランザクションの連鎖

ここで、ボブがこの1BTCの送金を受け、自由に使うことができるようになったとしましょう。ボブは、トランザクションBを作り、この1BTCを分割して、チャールズとダイアナに0.5BTCずつ送ることにしました（Fig.3）。そのとき、インプットには、さきほどアリスからもらった1BTCを記入し、アウトプットの部分には「チャールズへの送金」と「ダイアナへの送金」であることが分かるように、それぞれの名前を記入します。そして、このトランザクションBは後述するプロセスを経て正規のものとみなされ、送金を受けたチャールズもまた、その0.5BTCを誰かに送るためのトランザクションCを作ります。このような形で、トランザクションの連鎖が生まれます。

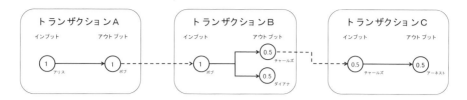

Fig.3：トランザクションの連鎖

　アウトプットには2つの状態、「未使用」と「使用済」があります。このことを、上記のトランザクションA～Cを用いて説明しましょう（Fig.4）。「未使用」は、アウトプットが支払いにあてられていないことを示し、そういったアウトプットは「未使用トランザクションアウトプット」＝「UTXO（unspent transaction output）」と呼ばれ、Fig.4ではシャドーがかけられています。あるUTXOが、ほかのトランザクションのインプットとなると、「使用済」となります（Fig.4では「×印」が付いています）。時間の経過（時点 $t_1 \rightarrow t_3$）とともに、「未使用」が「使用済」に変化していることが分かります。アリスがボブに送った1BTCも、過去のトランザクションにおける、アリス宛のUTXOだったのです。

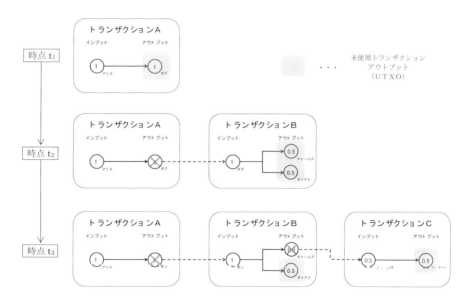

Fig.4：未使用トランザクションアウトプット（UTXO）の状態の遷移

　既存のシステムでは、銀行通帳を想像すると分かるように、管理者は「残高」の情報を保持し、これを更新しています。一方、ビットコインのブロックチェーン上では残高情報そのものは管理されておらず、かわりにビットコインが始まって以来のすべての個別取引の情報がトランザクションとして格納されています。ビットコインにおける「残高」は、「これま

での個別取引における資金移動の積み上げ」＝「自分宛のUTXOの合計値」として把握され、実際には、ユーザが残高を把握しようとするたびに、ソフトウェアが計算することになります。

　なお、以下のFig.5のように、複数の自分宛のUTXOを集めてインプットとすることも可能です（Fig.5）。

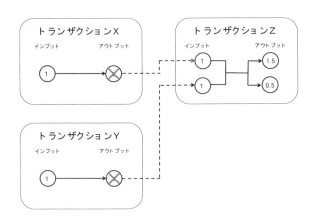

Fig.5：複数のUTXOからインプットを構成する

　また、これまでの説明では「自分が使いたいと思う金額」とちょうど釣り合うUTXO（の組み合わせ）があることを前提としていましたが、現実には、存在しない場合もよくあります。この場合は、「おつり」を自分自身に送ります。たとえばFig.5において、トランザクションZを作成している参加者が、何かの代金として1.5BTCを支払いたいとします。この参加者は、過去のトランザクションXとYから自分宛のUTXO（1BTC×2）を集め、トランザクションZで1.5BTCを受け手に送るのと同時に、残る0.5BTCの宛先を「自分」に設定し「おつり」を受け取ることができます。

　まとめると、以下の通りです。
　①送り手は、過去の自分宛の送金があるトランザクションの中から、まだ自分で使っていないアウトプット（UTXO）を見つけ、それを新たなトランザクションのインプットとする。
　②そのお金の名義を変更するため、アウトプットに受け手を記す[vi]。
　③このアウトプットが、受け手のUTXOとなる。①に戻って、今度は、この受け手が送り手になる。

（3）トランザクションの伝搬

　トランザクションは、作成されたのち、（資金の受け手であるボブだけにではなく）ネットワーク参加者全員に伝わります。ネットワーク参加者は、受け取ったトランザクションを、各自

が持つ「トランザクションプール」と呼ばれる保管庫に取り込みます。

3.ブロックとブロックチェーン

(1) トランザクションからブロックへ

　アリスの作ったトランザクションは、すべてのネットワーク参加者にたどり着きました。ここで、ある参加者が、トランザクションプールの中から、一定の優先順位のルールに則ってトランザクションを抽出し、アリスが作ったトランザクションAを含め、一くくりにまとめました。これを「ブロック」と呼びます（Fig.6）。

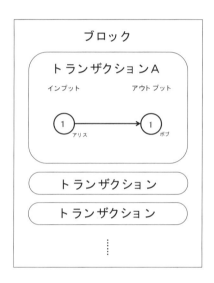

Fig.6：ブロックとトランザクションとの関係

(2) ブロックの伝搬

　次にこのブロックは、ネットワーク参加者に対して送付されます。ブロックを受け取った参加者は、そのブロックが一定の基準を満たすかを検証します。ネットワーク参加者は、各人が同一内容の「取引元帳」すなわちブロックチェーンを持っており、受け取ったブロックが条件を満たす場合、自分のブロックチェーン（内容は他の参加者のものと同一）の一部に取り込みます。これが繰り返され、ブロックはネットワーク全体に広がり、それぞれの参加者のブロックチェーンに接続されます。この作業は個々の参加者でバラバラに行われますが、「他の参加者と同一内容のブロックチェーン」に「他の参加者と同一内容のブロック」を追加するので、同期が取れた状態が維持されます。

(3) ブロックからブロックチェーンへ

　新たなブロックがブロックチェーンに取り込まれたとき、ブロックは過去の記録としてブロックチェーンに定着し、ブロックの中のトランザクションが執行されたことになります（Fig.7　なお、送金完了の時点についてはさまざまな論点がありますが、本稿では扱いません）。ブロックチェーンはブロックを次々に取り込み、時間とともに伸びていきます。

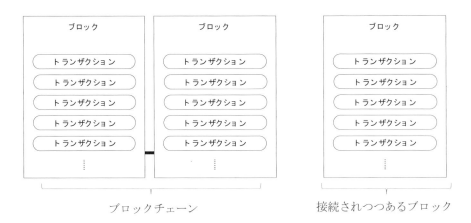

Fig.7：ブロックとブロックチェーン

　先ほど2.(2) の Fig.3と4で表現した「トランザクションの連鎖」は、ブロックチェーンの中で、改めて Fig.8のように表現されます。この図にあるように、「トランザクションにおける、UTXOとインプットの対応関係」と、「ブロック同士の繋がり」が並行して存在すると考えると、理解しやすいように思います。

　トランザクション、ブロック、ブロックチェーンの関係がどのようなものか、イメージはつかめたでしょうか。次節では、ブロックのブロックチェーンへの追加について、もう少し詳しく考えます。

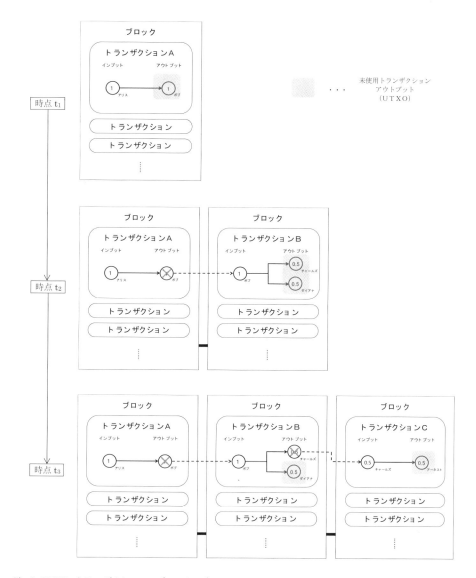

Fig.8：UTXO・トランザクション・ブロック・ブロックチェーン

| 4.マイニング（ブロックのブロックチェーンへの追加）

　ここまでで、ネットワーク参加者によって、トランザクションがブロックにまとめられ、さらにブロックがブロックチェーンに追加される一連の流れを説明しました。トランザクションをブロックにまとめて、ブロックチェーンの一部とするまでの作業は「マイニング」と呼ばれ、これを行うネットワーク参加者は「マイナー」と呼ばれます。

(1)マイニングはどのように行われるか

このマイニングがどのように行われるか、見てみましょう。参加者はトランザクションを作成して、ネットワークに送付します。マイナーはトランザクションを受け取ってトランザクションプールに取り込み、その中からトランザクションをいくつか集めてブロックにまとめます。

より詳細にみると、そのときマイナーは、トランザクションそのもの以外にも、以下の3つの情報をブロックに入れたうえで、「ヘッダ」としてくくっています。すなわち、①ブロックに入れたトランザクションを圧縮したデータ、②ブロックチェーン上の最新ブロックのヘッダを圧縮したデータ、③nonceと呼ばれる数値です（Fig.9）。

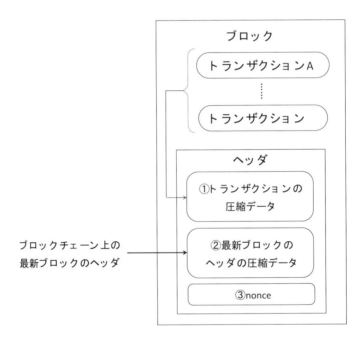

Fig.9：ブロックチェーンに接続されつつあるブロックの構成要素

上記の①トランザクションの圧縮データ、②ブロックチェーン上の最新ブロックのヘッダの圧縮データは機械的に計算されますが、③nonceは算出するのに大きな計算量が求められます。以下、このnonceの算出を中心に、マイニングについて簡単に説明します。

ブロックは参加者に送付されると、ある条件を満たすかを検証されると述べました。この条件には、「そのブロックのヘッダの圧縮データが、一定の数値を下回ること」が含まれています。「そのブロックのヘッダの圧縮データ」は、①、②、③をまとめて、ある関数（「ハッシュ関数」）に投入して算出するのですが、この関数は「どのような値を入れるとどのような値が返ってくるか、まったく見当がつかない」という性質をもっています。そこでマ

イナーは、①、②は機械的に算出される決まった値で動かせないので、③の値を任意の値として、①〜③をまとめて関数に投入し、出てくる結果が一定の数値を下回るかを見ます。しかし、たいていは下回らないため、③を少し変え③′とし、①、②、③′を関数に入れて計算する、ということを行います。

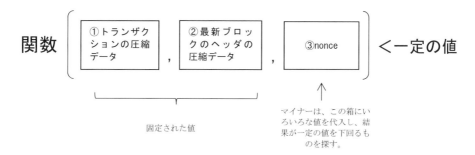

Fig.10：nonceを求める

こうした試行を繰り返し、ようやく結果が一定の数値を下回ると、そのときのnonceをブロックのヘッダに書き込むことができ、ブロックが完成します。nonceが書き込まれていることは、そのブロックのヘッダの圧縮データが一定の値を下回り、ブロックがブロックチェーンに接続されるための条件の1つを満たしていることの証なのです。ここでは「nonceは算出するのが大変なのだ」ということと、以下のポイントだけを覚えておいてください。

- ブロックが参加者から正当なものと認められるには、ヘッダのデータをある関数に入れて、出てきた値（圧縮されたデータ）が一定の値を下回る必要がある。
- 結果が条件を満たす（ある値を下回る）まで、nonceの値を少しずつ動かして、計算を繰り返す必要がある。
- 結果が条件を満たしたときのnonceをヘッダに書き込むと、ブロックが完成する。

ここで、アリスがつくったトランザクションAを含めトランザクションをいくつか集め、nonceを算出してブロックのヘッダを作成し、ブロックを完成させたとします。マイナーがこのブロックをネットワーク参加者に送付して、全員が自分のブロックチェーンに接続したとき、マイニングは完了したことになります。そのとき、全員の手元のブロックチェーンは、Fig.11の状態となっているはずです。

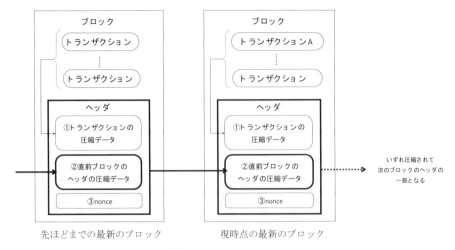

Fig.11：ブロックをブロックチェーンに接続する

　ここでは、トランザクションAを含むブロックが、ブロックチェーン上の最新ブロックとなっています（このため、Fig.10でのこのブロックの②の表記が「最新ブロックのヘッダの圧縮データ」から「直前ブロックのヘッダの圧縮データ」に変更されています）。マイニングが完了したことによって、トランザクションAはブロックチェーンの一部になり、送金が執行されたことになります。そして、このトランザクションAを含むブロックも、いずれはヘッダが圧縮されて、次のブロックのヘッダの一部となります。

　さきほどから、ブロックが「接続される」、「追加される」といった表現で表しているのは、「そのブロックの一部に、前のブロックのヘッダの圧縮データが含まれている」ことであり、「そのブロックのヘッダが、圧縮されて次のブロックのヘッダの一部として取り込まれている」ということです。

　ところで、マイナーは世界中にたくさん存在し、ブロックを作って接続する競争をしています。もし自分より一瞬でも早く、他のマイナーのブロックがネットワークに送付されブロックチェーンに接続されてしまうと、自分の手元の作りかけのブロックはブロックチェーンに繋げられなくなります。というのは、ブロックチェーン上の最新ブロックのヘッダが、自分が先ほどまで前提にしていたヘッダと異なってしまったからです。この場合、マイナーは次の新規のブロック追加の競争に切り替え、nonceの計算を開始します。したがって、マイナーは、nonceを少しでも早く計算して、ブロックを完成させ送付することを目指します。このため、マイナーの使うハードウェアは高速化が進んでいます。

　このようにブロックをブロックチェーンに繋げることに多大な計算量を要することと、前のブロックの圧縮データが次のブロックの一部に組み込まれていることは、よく言われる「ブロックチェーンはデータの改竄に強い」ということの背景となっています。すなわち、あるブロック（n番目）のトランザクションを改竄すると、まずそのブロックのヘッダの情報が変わり、このままだとヘッダの圧縮データが一定の値を下回らなくなるため、nonceをもう一度求める必要が出てきます。運良くすぐにそのnonceが見つかったとしても、そのブ

ロック（n番目）のヘッダの情報が変更となっているため、その次のブロック（n+1番目）のヘッダにおいても、再度nonceを求める必要が出てきます。そのnonceが求められたとしても、同様の考え方で、その次のブロック（n+2番目）におけるnonceを求める必要が出てきます。このように、あるブロックの情報を改竄すると、ブロックチェーン全体の整合性を維持するためには、それ以降のすべてのブロックについて再度nonceを求め、ブロックをブロックチェーンに接続しなおすという作業が必要となります。ブロックチェーンにおいては、最も長いチェーンが真とされます。ブロックを改竄した者がnonceの再計算に苦戦している間にも、世界中のマイナーたちの競争によりブロックが次々と接続されている中では、最新のブロックに至るすべてのブロックを一人で計算し、さらに既存のブロックチェーンより長く伸ばすことは事実上不可能になっています。

(2) なぜマイナーはマイニングを行うのか

どうしてマイナーは、このような大変な作業をしてまでブロックをブロックチェーンに繋げたがるかと言えば、もちろん報酬があるからです。報酬の1つは、マイナー自身が、ブロックの中に新規にトランザクションを1つ作って、一定の金額を自分宛に送ることができることです。このトランザクションはアウトプットのみでインプットがない特別なもので、これによって「無」からUTXOが、すなわち新たなビットコインが生まれることになります（これがビットコインの「新規発行」です）。もう1つの報酬は、トランザクション手数料です。トランザクションの中に、「このトランザクションをブロックチェーンに取り込んでくれたマイナー」に宛てた手数料が入っているのです[vii]。このように、利益を追求するマイナーの気持ちに支えられて、トランザクションはブロックになり、ブロックチェーンに取り込まれ、ブロックチェーンは維持されます。

これで、アリスのボブへのトランザクションは、晴れて参加者全員のブロックチェーンに正しく取り込まれました。ボブは、アリスからのトランザクションが入ったブロックがブロックチェーンに取り込まれ、その後もブロックが接続されていることを知り、入金を確認することができました。そしてアリスから受け取ったビットコインを、どう使おうか、思いを巡らせます。

以上で、「アリスがボブに1BTC送る」ことの意味を、簡単にご説明しました。この解説のみですべてを理解していただくことは難しいかもしれませんが、これから本文とじっくり向き合えば、徐々に全体像が浮かび上がってくるはずです。それでは、いよいよ本文をお楽しみください。

注

[i] マイニングの詳細や、ブロックチェーンのデータ改竄への耐性などの重要なポイントについては、あっさりした記述にとどめています。また、ウォレット・鍵、P2Pネットワークの詳細、スクリプト、ビットコインの暗号理論的背景などについては触れていません。

ii　ここでは、ビットコインのブロックチェーンとの比較を考えて、プロセスを便宜的に①〜④に分けています。金融機関の実際の決済については、別途専門書をご参照ください。

iii　ここでは、ビットコインのブロックチェーンとの比較で、送金指示を一定時間蓄積して処理する方式を挙げていますが、1件1件リアルタイムで処理する方式もあります。

iv　ここでは「中央の管理者と利用者から成る既存のシステム」に比較するために、「ネットワーク参加者が全体として管理者であり、かつ利用者でもあるシステム」を対置していますが、実際にはFig.2の右図においても、「分散化された管理者（マイナー）」のみならず、「ネットワークの維持管理を担わず、手数料を払う利用者」も存在し、分化しています。

v　以下、概ね本文の第2章に対応しています。この章は、全体のよいサマリーになっています。

vi　実際には、受け手の名前そのものではなく「ビットコインアドレス」に対して送ります。

vii　正確には、「インプットとアウトプットの金額の差」として与えられます。

さくいん

ABC

addr メッセージ………………………… 153
AES (Advanced Encryption Standard) …… 105
AML (anti-money laundering) ……………… 009
ASIC (application-specific integrated
　　circuits) ………………………………… 210
authentication path …………………………… 178
autogen.sh ……………………………………… 035
backupwallet コマンド ……………………… 044
Base58 ………………… 062, 070, 077–080, 107
Base58Check エンコード … 077–081, 087, 099, 144
Base64 …………………………………… 062, 078
BIP0016 ……………………………………… 197
BIP0032 ……………………… 095, 096, 099, 104
BIP0038 ………………… 104, 105, 113, 114, 249
BIP0039 ……………………………………… 094
BIP0043 ……………………………………… 103
BIP0044 ………………………………… 095, 096, 103
Bit Address …………………………………… 105
Bitcoin Average ……………………………… 011
Bitcoin Block Explorer ……………………… 015
Bitcoin Charts ………………………………… 011
Bitcoin Explorer ………………………… 061, 062
Bitcoin Wisdom ……………………………… 011
bitcoin.org ………………………… 007, 031, 036

Bitcoin: A Peer-to-Peer Electronic Cash System
　［ナカモト論文］……………………………… 003
bitcoinj ………………………………………… 061
Bitmessage …………………………………… 237
Bits of Proof (BOP) ………………………… 061
Bitstamp ……………………………………… 009
bi-twin チェーン ……………………………… 238
Blake［アルゴリズム］………………………… 236
blockchain explorer ウェブサイト ………… 015
Blockchain info ……………………………… 015
blockr Block Reader ………………………… 015
b-money ……………………………………… 003
BOINC オープングリッドコンピューティング … 239
btcd ……………………………… 061, 064, 065, 149
Buterin, Vitalik ……………………………… 088
CheckBlock 関数 …………………………… 211
CheckBlockHeader 関数 …………………… 211
CHECKMULTISIG ………………… 139, 142–144
coin_type［階層］…………………………… 103
Coinbase ……………………………………… 009
coinbase data …………………………… 196, 197
coinbase トランザクション … 121, 122, 137, 170, 173,
　188, 193, 211, 220, 223
coinbase 報酬 …………………………… 193–195
CoinJoin ……………………………………… 130

Colored coin（カラードコイン）……………… 231
configure スクリプト……………………… 035, 036
contract（コントラクト）［Ethereumのブロック
　チェーンの記録］……………………………… 244
createrawtransaction コマンド………………… 055
cURL ……………………………………………… 023
decoderawtransaction コマンド…… 048, 055, 057
demurrage 通貨………………………………… 235
difficulty……040, 042, 052, 053, 171, 173, 174, 193, 199,
　200, 203, 205-209, 211-213, 216, 217, 219-224, 237
difficulty target…… 199, 200, 207, 208, 221, 222, 224
DNS シード………………………………… 152-154
Dogecoin………………………………… 230, 235
DOS攻撃（denial of service attack）…… 119, 130,
　135, 159, 189, 223, 225-227
dumpprivkey コマンド…………………… 070, 071
dumpwallet コマンド…………………………… 044
ec-new コマンド………………………………… 071
ec-to-wif コマンド……………………………… 071
Electrumウォレット…………………………… 094
encryptwallet コマンド………………………… 043
「exodus」アドレス……………………………… 232
extra nonce による解決………………… 197, 220
filteradd メッセージ…………………………… 165
filterclear メッセージ…………………………… 165
filterload メッセージ…………………………… 165
generationトランザクション
　……………………………… 193, 194, 196, 199, 211
genesis ブロック……029, 052, 156, 157, 159, 169, 172-
　174, 197, 247
getaddressesbyaccount コマンド……………… 046
getbalance コマンド…………………………… 047
getblock コマンド……………………………… 051
getblockhash コマンド………………………… 052
GetBlockTemplate（GBT）…………………… 223
getheaders メッセージ………………………… 159
getinfo コマンド………………………… 042, 043, 045
getnewaddress コマンド…………… 045, 070, 071
getpeerinfo コマンド…………………………… 156

getrawtransaction コマンド…………… 048, 060
getreceivedbyaddress コマンド………………… 045
gettransaction コマンド…… 047, 048, 050, 051, 053,
　059
gettxout コマンド……………………………… 054
GetWork（GWK）［マイニングプロトコル］…… 223
GitHub………………………………… 033, 064, 152, 165
Go 言語…………………………………… 061, 065
GPU（graphical processing unit）…………… 108
Groestl［アルゴリズム］………………… 236, 237
importwallet コマンド………………………… 044
insight…………………………………………… 015
inv メッセージ………………………………… 157
isStandard()［関数］………………… 135, 139, 141, 145
JavaScript オブジェクト記法（JSON）………… 042
Kiss, Richard…………………………………… 062
KYC（know your customer）………………… 009
LevelDB データベース［Google］……………… 169
libbitcoin……………060-062, 081, 082, 108, 110, 111,
　179, 181, 197, 198
listtransactions コマンド……………… 046, 047
listunspent コマンド…………………………… 053
locking script…… 122-124, 126, 130-134, 136, 137,
　139, 142-145, 161, 188, 189
locktime……… 048, 050, 055, 058, 120, 127, 193, 194
MAX_BLOCKS_IN_TRANSIT_PER_PEER…… 157
MAX_ORPHAN_TRANSACTIONS……………… 130
mnemonic code………………………………… 094
Multibit クライアント………………… 007, 008
Namecoin…………………… 230, 233, 237, 241-244
OP_RETURN…… 122, 135, 136, 140, 141, 145, 230, 232
OpenSSL 暗号学的ライブラリ………………… 075
P2Pool…………………………………… 223, 224
Pay-to-Public-Key-Hash（P2PKH）…………… 136
Pay-to-Script-Hash（P2SH）…………… 076, 141
Peer-to-Peerネットワーク……………………… 147
picocoin………………………………………… 061
proof of stake……………………………… 236-238
proof of work…… 004, 027, 028, 159, 183, 187, 190,

……… 197, 203, 205, 211–214, 216, 222, 229, 230, 234–240, 242, 245

Proof-Of-Workアルゴリズム ……………… 200
purpose［階層］……………………………… 103
pybitcointools ………………………… 061, 088
pycoin ………………………………… 061–063
Python ……………… 061–063, 073, 088, 092, 200–203
Python ECDSAライブラリ ………………… 090, 092
QRコード ……………… 009, 010, 012, 017, 018
redeem script ……………………………… 142–145
RIPEMD (RACE Integrity Primitives Evaluation Message Digest) ………… 077
ripemd160［コマンド］……………………… 106
RIPEMD160アルゴリズム ………………… 143
satoshi
　…… 018, 023, 121–124, 126, 185, 191, 195, 198, 235
scriptハッシュ ……………… 077, 106, 144, 145
script-encode［コマンド］………………… 106
Script言語 ……………… 122, 130–133, 135, 140
scrypt［アルゴリズム］…………… 233, 235, 236, 239
Scrypt-N［アルゴリズム］…………………… 236
secp256k1曲線 ……………………… 072, 073
seedコマンド ……………………………… 071
sendrawtransactionコマンド …………… 059
SHA (Secure Hash Algorithm) ………… 077, 107
SHA256 …… 027, 070, 077, 079, 086, 094, 106, 141, 143, 169, 171, 176, 200–202, 210, 218, 236–238, 242
sha256［コマンド］…………………… 106, 201, 204
SHA3［アルゴリズム］……………………… 236
「sibling（兄弟姉妹）」ブロック ……………… 212
signrawtransactionコマンド …………… 057, 059
Skein［アルゴリズム］…………………… 236, 237
SPV (simplified payment verification)
　………………………………… 030, 149, 157, 181
Stratum［マイニングプロトコル］…… 147, 148, 223
Trezorウォレット …………………………… 094
txメッセージ ………………………… 160, 165
txindexオプション ……………………… 039, 051
txout［トランザクションアウトプット］

……… 041, 053, 054, 092
Type-0非決定性ウォレット ………………… 093
unlocking script …… 124, 126, 130–133, 136, 137, 139, 141–144, 188, 189, 196
UTXO …… 120–124, 126, 128–131, 132, 134, 140–142, 144, 145, 158, 159, 166, 188, 191, 194, 196, 225, 226
UTXOプール ……………………… 122, 166, 167
vanity address ……… 068, 104, 107–109, 110–112
vanityマイナー …………………………… 108
versionメッセージ ………………………… 152, 156
vout［トランザクションアウトプット］…… 040, 041, 048, 049, 053–056, 058, 092, 194
walletpassphraseコマンド ……………… 043
WIF (Wallet Import Format) … 070, 083, 084, 105
wif-to-ecコマンド ………………………… 083
X11［アルゴリズム］………………………… 236
ZeroBlock ………………………………… 011

あ

圧縮された鍵 ……………………………… 083, 084
圧縮された公開鍵 ………………………… 084–088
圧縮された秘密鍵 ……………………… 084, 087, 088
アラートメッセージ ………………………… 167, 168
暗号化秘密鍵 …………………… 104, 105, 113, 114
暗号学的に安全な擬似乱数生成器 (CSPRNG)
　……………………………………………… 070
安全性 …… 069, 070, 107, 112, 142, 159, 170, 184, 234, 238, 245–249, 251
ヴァニティアドレス　→vanity addressを見よ
ウェブクライアント ………………………… 006
オーファントランザクション ……… 129, 130, 166, 189
オーファンプール ……………… 130, 166, 167, 212
オーファンブロック ………………………… 212
おつり …… 020, 021, 024, 045, 050, 055, 056, 096, 103, 114, 121, 126, 128, 129, 184
親ブロック ……………………… 169, 170, 174, 212, 214
オルトコイン ……………………… 229, 230, 233–240
オルトチェーン …………… 229, 230, 233, 234, 241, 244

か

解除条件 ……… 019, 024, 057, 059, 122, 124, 130, 131, 138, 139, 145

階層的決定性ウォレット ……………… 093, 095, 097, 099

鍵束（JBOK、Just a Bunch Of Keys）……… 092

拡張鍵 ……………………………………… 099, 102

拡張ビットコインネットワーク ……………… 148-150

カニンガム鎖 ……………………………………… 238

株券 ……………………………………………… 140

強化子公開鍵の導出 ……………………………… 101

軽量クライアント ……… 006, 007, 030, 061, 149, 156, 157

決定性ウォレット ……………………………… 093-095

決定性鍵生成 …………………………………… 092

公開鍵 …… 067-071, 074-077, 081-087, 092, 096-103, 105-107, 131-133, 136-139, 142-144, 167

公開鍵暗号 …………………………………… 068, 071

交換レート ……………………………… 003, 011, 209

候補ブロック（candidate block）……………… 190

子鍵導出（CKD）…………………………………… 097

子公開鍵の導出 …………………………………… 099

子秘密鍵 ……………………………… 097-099, 101, 102

51%攻撃 …………………………………… 224-226

コールドストレージ ……… 100, 105, 112, 113, 249, 250

コンセンサス攻撃 ………………… 223-227, 234, 237

さ

在庫の更新 ……………………………………… 165

サトシ・ナカモト
……… 003-005, 052, 137, 174, 187, 197, 226

サバイバビリティ ……………………………… 251

シェアチェーン ……………………………… 223, 224

信用の根源 …………………………………… 247, 248

スタック ……… 001, 002, 131-133, 135, 139, 188, 197

ステータスの取得 ……………………………… 042

ステートレスな検証 …………………………… 135

スマートコントラクト ………………………… 140

スマートフォン …… 001, 006, 009, 012, 018, 149, 157, 246, 249

生成元 ……………………………………… 071, 074, 075

セカンダリーチェーン ……………… 212, 214, 217

前ブロックハッシュ値 ………………… 169, 174

創発的コンセンサス …………………… 184, 187, 188

素数体上のべき乗演算 ……………………… 068

その他のビットコインクライアント ………… 060

ソロマイナー ……………………… 220, 224, 227

た

タイムスタンプ ……… 120, 140, 171, 199, 211, 220

楕円曲線暗号 …………………………… 070, 071

楕円曲線上のスカラー倍算
……………………… 068, 069, 071, 075, 097

ダブルスペンド攻撃 ……………………… 225, 226

タンパク質フォールディング ……………… 238, 239

チェックサム ………………… 077, 079, 083, 094

チューリング完全 …………………… 135, 243, 244

通貨ではないオルトチェーン ……………… 241

通貨の発行 ……………………………………… 184

通貨発行パラメータ …………………………… 235

データセンター ………………… 219, 220, 222

デジタル公証人サービス …………………… 140, 141

デフレ的な傾向 ………………………………… 186

電気代 ……………………… 027, 209, 211-222

トランザクションデータベースインデックス
……………………………………………… 039, 051

トランザクションの連鎖 ……… 020, 030, 053, 129, 130

トランザクションプール …… 028, 064, 130, 166, 167, 188-190

な

二重の目的を持ったマイニング ……………… 238

二分ハッシュ木（binary hash tree）…………… 176

ネットワークの発見 ………………………… 151

は

ハードウェアウォレット ……………… 100, 249, 250

ハッカー ……………………… 003, 112, 248, 249

ハッシュ化競争 ………………………………… 218

ハッシュキャッシュ …………………………… 003

半減数·· 195

非決定性ウォレット······················· 093, 098

ビザンチン将軍問題····························· 004

ビットコインATM································· 010

ビットコインコア······ 031-033, 035, 039, 040, 042, 051,
070, 092, 093, 120, 124, 135, 136, 140, 141, 145, 149,
153-156, 168, 169, 172, 173, 192, 195, 208, 209, 211,
242

秘密鍵······· 010, 012, 016, 020, 022, 024, 026, 043, 057,
067-071, 074-077, 079-084, 086-088, 092, 093, 096
-102, 104-107, 112, 114, 118, 119, 124, 131, 136, 138
-140, 167, 225

フィールドプログラマブルゲートアレイ（FPGA）
·· 218

プールオペレータ················ 168, 223, 224, 227

フォーク／ダブルスペンド（二重使用）攻撃···· 225

ブルームフィルタ······················ 160-166, 182

フルノード········ 006, 061, 064, 122, 135, 140, 142, 148,
149, 155, 156, 158, 159, 174, 181, 182, 187, 189, 208,
223, 224

ブロック高········ 042, 052, 120, 152, 171, 172, 175, 195,
197, 210, 212, 226

ブロックチェーンアプリケーション·············· 230

ブロックチェーンの同期························ 156

ブロックテンプレート····················· 223, 224

ブロックハッシュ
················ 050-052, 171-173, 199, 210, 212, 223

ブロックヘッダハッシュ··· 171, 199, 200, 203, 207, 211,
222

分散化コンセンサス······························ 187

平衡木（balanced tree）························· 177

米国国立標準技術研究所（NIST）············ 072, 105

ペーパーウォレット
··················· 068, 100, 104, 105, 112-114, 249

ま

マークルツリー········ 159, 165, 171, 176-181, 199, 220

マークルパス··················· 159, 165, 178, 181, 182

マークルルート·············· 176-179, 182, 199, 220, 223

マイニング専用マシン··············· 112, 189, 200, 210

マイニングプール····· 027, 028, 149, 168, 189, 197, 220-
224, 226, 227, 237

マネージドプール······················· 223, 224, 227

マルチシグネチャ····· 104-107, 138, 139, 141-143, 145,
232, 249-251

未検証のトランザクション················· 028, 166

未使用トランザクションアウトプット（UTXO）
·· 022, 121-123

無限遠点···································· 073, 074

ムーアの法則·· 219

メインチェーン····························· 212, 213, 217

メタコイン···································· 230, 239

メタチェーン··· 230

メモリプール······················ 140, 166, 189-192

モバイルでのビットコイン························· 006

ら

リスク········· 005, 006, 026, 101, 111, 114, 145, 160, 221,
225, 227, 238, 249, 250

リリース候補··· 034

リリースタグ································· 033, 034

ルートシード··································· 096, 097

アンドレアス・M・アントノプロス（Andreas M. Antonopoulos）
1972年ギリシャ生まれ。IT技術者・起業家。ユニバーシティ・カレッジ・ロンドン修了（コンピュータ科学・データ通信・分散システム）。ビットコイン界で最も有名で尊敬されている一人。

今井崇也（いまい・たかや）
1980年新潟県生まれ。新潟大学大学院自然科学研究科修了。理学博士（素粒子理論物理学）。フロンティアパートナーズ合同会社代表CEO。株式会社ブロックチェーンハブ技術アドバイザー。

鳩貝淳一郎（はとがい・じゅんいちろう）
1979年千葉県生まれ。東京大学経済学部卒業。金融機関勤務。
hatogai.junichiro@gmail.com

ビットコインとブロックチェーン
暗号通貨を支える技術

2016年7月21日　初版第1刷発行
2022年5月26日　初版第13刷発行

著　者	アンドレアス・M・アントノプロス
訳　者	今井崇也　鳩貝淳一郎
発行者	東明彦
発行所	NTT出版株式会社
	〒108-0023 東京都港区芝浦3-4-1 グランパークタワー
	営業担当　TEL 03(5434)1010　FAX 03(5434)0909
	編集担当　TEL 03(5434)1001　https://www.nttpub.co.jp/
装　幀	松田行正＋杉本聖士
印刷・製本	中央精版印刷株式会社

©IMAI Takaya, HATOGAI Junichiro 2016
Printed in Japan
ISBN 978-4-7571-0367-2　C3055

乱丁・落丁はお取り替えいたします。
定価はカバーに表示してあります。